SPRINGER-VERLAG WIEN GMBH

Archiv für Meteorologie, Geophysik und Bioklimatologie

Herausgegeben von

Doz. Dr. W. Mörikofer
Physikalisch-Meteorologisches Observatorium, Davos

und

Prof. Dr. F. Steinhauser
Zentralanstalt für Meteorologie und Geodynamik, Wien

Serie A: Meteorologie und Geophysik

Zuletzt erschien:

Band 13, 3.—4. (Schluß-) Heft. (Abgeschlossen im Mai 1963)

Mit 38 Textabbildungen. 200 Seiten. 1963

S 456.—, DM 72.50, sfr. 77.90, $ 18.15

Inhaltsverzeichnis: **Drimmel, J.** Eine Theorie der anisotropen und inhomogenen Turbulenz in der bodennahen Luftschicht. — **Greenfield, H. S.** A Simplified Approach to Solving a Particular Atmospheric Diffusion Equation. — **Cehak, K.** Eine statistische Theorie der Böigkeit des Windes. — **Huber-Pock, F.** Divergenz, vertikaler Vorticitytransport und Twisting-Term als Folge orographischer Effekte im Bereich der Alpen. — **Reiter, E. R.** A Case Study of Severe Clear-Air Turbulence. — **Spier, J. L.** The Movement of an Upper-Level Vortex over Western Europe. — **Price, S., and J. C. Pales.** Local Volcanic Activity and Ice Nuclei Concentrations on Hawaii. — **Levert, C.** The Measurements of the Artificial Atmospheric Radioactivity. Statistical Aspects as to Errors, Comparability and Representativeness. — **Toperczer, M.** Zur Messung der geomagnetischen Deklination. — **Albrecht, H. J.** Über den Einfluß von elektrischen Erdbodeneigenschaften und meteorologischen Parametern auf praktische Feldstärkeberechnungen bei Kurzwellenausbreitung. — **Cehak, K.** Hilfsdiagramme für den t-Test. — **Pühringer, A.** Beiträge zu einer elektrischen Tornadotheorie. — **Diem, M.** Zur Struktur der Wolken II. — **Penndorf, R.** Ludwig F. Weickmann †. — Buchbesprechungen.

Serie B: Allgemeine und biologische Klimatologie

Zuletzt erschien:

Band 12, 3.—4. (Schluß-) Heft. (Abgeschlossen im März 1963)

Mit 45 Textabbildungen. 182 Seiten. 1963

S 452.—, DM 71.80, sfr. 77.20, $ 17.95

Inhaltsverzeichnis: **Flach, E.** Grundzüge einer spezifischen Bewölkungsklimatologie. Meteorologisch-geophysikalische Betrachtungen über die Zusammenhänge zwischen Bewölkung und Sonnenscheindauer, nebst einer Anwendung auf Ergebnisse von Zirkumglobalstrahlungsmessungen. — **Uttinger, H.** Die Dauer der Schneedecke in Zürich. — **Courvoisier, P.** On the Compensation Pyrheliometer. Beiträge zur Strahlungsmeßmethodik VI. — **Bener, P.** Der Einfluß der Bewölkung auf die Himmelsstrahlung. — **Valko, P.** Über das Verhalten des atmosphärischen Dunstes am Alpensüdfuß. — **Schüepp, W.** Cartes journalières du rayonnement au Congo. — **Mateer, C. L.** On the Relationship between Global Radiation and Cloudiness at Ocean Station P. — **Kraus, H.** Der Tagesgang des Energiehaushaltes der bodennahen Luftschicht. — **Müller, W.** Über die Häufigkeit winterlicher Trocken- und Niederschlagsperioden auf der Alpennordseite und ihre Beziehung zur Großwetterlage. — Buchbesprechungen.

Zu beziehen durch Ihre Buchhandlung

Thomas ENDER: Der Hohe Goldberg in Rauris

58.–59. Jahresbericht

des

Sonnblick-Vereines

für die Jahre 1960–1961

Geleitet von Prof. Dr. F. Steinhauser
und Doz. Dr. N. Untersteiner

Mit drei ganzseitigen Bildtafeln und 29 Abbildungen im Text

Springer-Verlag Wien GmbH
1963

ISBN 978-3-211-80643-2 ISBN 978-3-7091-2276-1 (eBook)
DOI 10.1007/978-3-7091-2276-1

Kunstdruckbeilage:
DER HOHE GOLDBERG IN RAURIS.
Von Maler Thomas ENDER.

Photographische Aufnahme von Dr. Tollner-Ing. Binder, nach einem chromolithographierten Farbkunstdruck, erschienen im Album der Deutschen Alpen; Druck und Verlag v. Reiffenstein und Rösch in Wien.

THOMAS ENDER (1793—1875) war Professor an der Akademie der bildenden Künste in Wien und galt als bekannter Landschaftsmaler und Radierer seiner Zeit. Durch Erzherzog Johann und den Fürsten Metternich fand er große Förderung seiner Arbeiten. Außer vielen Bildern aus dem Orient, Italien, Frankreich und Rußland arbeitete er 1823 im Auftrage Metternichs im Salzkammergut und bereiste 1829 mit Erzherzog Johann das Gebiet von Gastein. 1834 entstand ein Ölgemälde des Großglockners mit Pasterze. Es kann daher mit Sicherheit angenommen werden, daß das vorliegende Bild in der Zeit um 1830 entstanden sein mag. Leider ist es dem Sonnblick-Verein trotz eifrigen Nachforschungen bisher nicht gelungen, das Originalgemälde ausfindig zu machen.

Das Bild zeigt rechts den Sonnblick und in der Bildmitte den damals noch gewaltigen Sonnblickgletscher und links im Vordergrund die seinerzeit in Betrieb befindlichen Knappenhäuser der Rauriser Goldbergwerke im Sonnblickgebiet.

Ing. L. BINDER

Inhalt

	Seite
Die säkularen Änderungen der Niederschlagsmengen in Österreich, von F. Steinhauser	5
Die Eisablation auf dem Hintereisferner, von R. Rudolph	34
Ergebnisse von Niederschlagsmessungen mittels Totalisatoren im Großglocknergebiet, von F. Mitterecker u. H. Tollner	50
Das Mauna-Loa-Observatorium, von J. C. Pales u. S. Price	64
Die Bergwetterwarte Fichtelberg und die Störung des Windfeldes durch den Bau der Bergbahn, von H. Pleiß	68
Die Oberflächengestaltung der Sonnblickgruppe, von H. Stelzer	73
Über den Zustand der Gletscher der Großglocknergruppe und des Sonnblickgebietes im Spätsommer 1960 und 1961, von H. Tollner	74
Ergänzende Veröffentlichung von Niederschlags- und Schneepegelbeobachtungen im Sonnblick-Gebiet, von M. Roller	82
Welche Beziehungen hat heute die höhere Schule zur Meterologie, von P. Lautner	85
75 Jahre Sonnblick-Observatorium, von W. Friedrich	88
Arnold Durig †, von O. Eckel	105
Sonderpostmarke, von L. Binder	106
Eine Heimatkunde vom Unterpinzgau, von L. Binder	106
Chronik und Sagen des Rauriser Tales, von L. Binder	107
Vereinsnachrichten	107
Bericht über die Tätigkeit des Sonnblick-Vereines im Jahre 1961	107
Ergebnisse der meteorologischen Beobachtungen auf dem Sonnblickgipfel aus dem Jahre 1961	108

Die säkularen Änderungen der Niederschlagsmengen in Österreich

(Beiträge zur Kenntnis der Klimaschwankungen II)

Von F. Steinhauser[1], Wien

Mit 9 Textabbildungen und Tabellen I—V im Anhang

Zusammenfassung:

Zur Überprüfung der säkularen Änderungen der Niederschlagsmengen in Österreich wurden die langjährigen Beobachtungsergebnisse von 77 Stationen verwendet und durch Zusammenfassung von je 3 bis 7 Stationen zu Gebietsmittelwerten Beobachtungsreihen für 18 Teilgebiete der Untersuchung zugrunde gelegt. Dieser Vorgang hat den Vorteil, daß man dadurch Zufälligkeiten der Niederschlagsschwankungen einer einzelnen Station ausgleicht und mit größerer Wahrscheinlichkeit die wirklichen und für das Gebiet repräsentativen Niederschlagsänderungen erfaßt. Andererseits kann auch durch den Vergleich der Schwankungen in den verschiedenen Teilgebieten die Verbreitung der hauptsächlichsten Niederschlagsanomalien über mehr oder minder große Bereiche festgestellt werden, wodurch sozusagen eine Synoptik der Niederschlagsschwankungen ermöglicht und auch aufgedeckt wird, ob die Niederschlagsschwankungen das gesamte Gebiet oder nur einen Teil des ganzen Landes betroffen haben und ob sich regional fortschreitende Entwicklungstendenzen im Außmaß der Anomalien zeigen. Es konnten auf diese Art tatsächlich bemerkenswerte Unterschiede im Ablauf der Niederschlagsschwankungen vor allem im Vergleich zwischen dem Südalpengebiet und dem nördlich vom Alpenhauptkamm gelegenen Teil Österreichs, aber zum Teil auch Unterschiede zwischen anderen Teilgebieten festgestellt werden. Diese Unterschiede erklären sich nur zum Teil aus der Wirkung eines Wechsels von Luv- bzw. Leelage bei Schwankungen der allgemeinen Zirkulation.

Um einen objektiven Vergleich der verschiedenen Teilgebiete zu ermöglichen, wurden die Niederschlagsmengen in Prozenten der Mittelwerte der Periode 1891—1950 ausgedrückt. Die Untersuchung bezieht sich auf die Reihen der Jahresniederschlagsmengen und der Niederschlagsmengen der vier Jahreszeiten, die nach übergreifenden 5-, 10- und 30jährigen Mittelwerten geglättet wurden. Es zeigten sich dabei nicht unbeträchtliche Schwankungen, die aber keine über lange Zeit anhaltende einseitige Änderungstendenz aufweisen, sondern in sehr unregelmäßigen Rhythmen erfolgten.

Es wurden auch die durchschnittlichen Abweichungen der Jahresniederschlagsmengen und der Niederschlagsmengen der einzelnen Jahreszeiten für eine Auswahl von Teilgebieten berechnet, wobei sich wieder beträchtliche Unterschiede zwischen dem Norden und dem Süden des Landes und bei der Jahresmengen und in einzelnen Jahreszeiten im nördlich vom Alpenhauptkamm gelegenen Teil Österreichs auch Tendenzen einer Zunahme der durchschnittlichen Abweichungen von Westen gegen Osten hin engaben.

Den langjährigen Änderungen der Niederschlagsmengen kommt sowohl in wissenschaftlicher Hinsicht wie auch vom Gesichtspunkt verschiedener Zweige der Praxis große Bedeutung zu. Die Wissenschaft sieht in den Schwankungen der Niederschlagsmengen einen Ausfluß von Änderungen der allgemeinen Zirkulation und hat die Aufgabe, den Ursachen dieser Änderungen nachzugehen. Dabei ist es im allgemeinen nicht möglich, diese Ursachen auf Grund der Änderungen in einem verhältnismäßig kleinen Gebiet zu ergründen, sondern es sind dazu weltweite Untersuchungen oder zumindest Untersuchungen, die den Großteil der Nordhalbkugel der Erde umfassen, notwendig.

Zur Vorbereitung solcher weltweiter Forschungen ist es Vorbedingung, daß in den kleineren Teilgebieten Untersuchungen angestellt werden, die die einzelnen Beobachtungsreihen auf ihre Homogenität hin prüfen müssen, die eingetretenen Änderungen an einzelnen Stationen einer vergleichenden Betrachtung unterziehen und im besonderen in einem gebirgigen Gebiet, wie es Österreich ist, auch zeitweise oder abwechselnd in Erscheinung getretene Änderungen von Luv- oder Leewirkungen größeren Ausmaßes aufzudecken suchen, womit zugleich auch Richtungsschwankungen der allgemeinen Zirkulation und ihre Auswirkungen erfaßt werden können.

---

[1] Mit teilweiser Benutzung einer Dissertation von Waltraut Mehl, Universität Wien, 1951

Es ist auch zweckmäßig, den Untersuchungen nicht nur die Jahresniederschlagssummen zugrunde zu legen, sondern sie auch auf die Änderungen in kürzeren Zeitabschnitten, etwa auf die Änderungen der jahreszeitlichen Summen, zu erstrecken. Dies ist deshalb notwendig, weil die Schwankungen der allgemeinen Zirkulation auch in dem Sinne erfolgen können, daß diese in jahreszeitlichen Veränderungen eine Verstärkung oder eine Abschwächung oder auch Richtungsschwankungen aufweisen können, was sich in einer Änderung der jahreszeitlichen Niederschlagsmengen äußern müßte.

Für die Praxis hat die Kenntnis von langjährigen Änderungen der Niederschlagsmengen im Sinne von Klimaschwankungen deshalb Bedeutung, weil es, wenn solche Änderungen in größerem Ausmaße tatsächlich auftreten, notwendig ist, darauf bei Planungen verschiedenster Art Rücksicht zu nehmen. Dies gilt in erster Linie für Planungen der Wasserwirtschaft bei der Anlage von Wasserkraftwerken, es gilt aber auch für technische Planungen, etwa für die Anlage von Hochgebirgsstraßen oder für die Regulierung von Wasserläufen und schließlich auch für Planungen der Landwirtschaft.

Zur Untersuchung langjähriger Niederschlagsänderungen stehen in Österreich mehrere Stationen mit mehr als 100jährigen Beobachtungsreihen zur Verfügung. Es sind diese Beobachtungsreihen kürzer als die vorhandenen Temperaturbeobachtungsreihen, von denen zum Beispiel die Wiener Beobachtungen bis 1775 und die Beobachtungen von Kremsmünster bis 1763 zurückreichen.

Länger als 100 Jahre haben folgende 8 Stationen Niederschlagsmengen beobachtet:

Klagenfurt	seit 1813,
Kremsmünster	seit 1821,
Hallein	seit 1848, ohne 1915, 1920, 1922, 1939—1941,
Wien	seit 1850,
Salzburg	seit 1851,
Altaussee	seit 1852,
Graz	seit 1856,
Ischl	seit 1858, ohne 1920, 1921 und 1924.

Die Beobachtungen zahlreicher Stationen reichen bis 1880 zurück. Für einzelne Teilgebiete Österreichs stehen aber nur Beobachtungsreihen seit der Gründung des Hydrographischen Dienstes, das ist seit 1896, zur Verfügung.

Um die wirklichen Niederschlagsänderungen zu erfassen, sollten die Beobachtungen von möglichst vielen Orten verwendet werden. Da bekanntlich die Niederschlagsmengen sehr veränderlich sind und oft auf kleinem Raum schon beträchtliche Unterschiede zeigen, die in den einzelnen Monatssummen häufig nur durch lokale Starkregen oder Gewitter begründet sind, wurden zur Ausschaltung der mehr oder minder zufälligen kleinräumigen Unterschiede Gebietsmittelwerte aus mehreren Stationen berechnet. In einem Gebirgsland wie Österreich könnte man erwarten, daß die Niederschlagsschwankungen nicht im ganzen Lande gleichmäßig verlaufen, weil bei Änderungen der allgemeinen Zirkulation, die ja die Schwankungen der Niederschlagsmengen mit sich bringen, Unterschiede in Stau- und Leelagen auftreten können, die in einzelnen Teilgebieten entgegengesetzte Abweichungen zur Folge haben. Um auch solche Unterschiede richtig zu erfassen, wurde das gesamte Bundesgebiet in 18 Teilgebiete unterteilt, und für jedes Gebiet wurden aus mehreren Stationen Gebietsmittel berechnet.

Diese Gebietsmittel stammen aus einer durch den Zufall der zur Verfügung stehenden langen Beobachtungsreihen beeinflußten Kombination einiger Stationen und geben daher keine wahren Mittelwerte der einzelnen Teilgebiete. Diese müßten planimetrisch aus

Niederschlagskarten gewonnen werden. Um aber gleichwertige Vergleichszahlen für die Größe der Abweichungen und der Schwankungsweiten der Niederschlagsänderungen zu bekommen, wurden die Gebietsmittelwerte der einzelnen Jahre in Prozenten der Normalwerte der Jahres- bzw. Jahreszeitensummen der Niederschlagsmengen der Periode 1891 bis 1950 ausgedrückt. Diese Prozentwerte sind für die 18 Teilgebiete in den Tabellen im Anhang I bis V wiedergegeben.

Ein Verzeichnis der für jedes Teilgebiet benutzten Stationen und der Normalwerte dieser Stationen bringt die Tabelle 1. Daraus ist zu entnehmen, daß lange Beobachtungsreihen von insgesamt 77 Orten für die Untersuchung verwendet werden konnten. Es war nicht möglich, für alle Teilgebiete gleich weit zurückreichende Beobachtungsreihen zu finden. Die kombinierte Niederschlagsreihe des Salzkammergutes geht bis zum Jahre 1852 zurück, die des Salzburger Nordalpenrandes bis 1858 und die des oberösterreichischen Alpenvorlandes bis 1864. Von den übrigen Teilgebieten beginnen die Reihen von West-Kärnten im Jahre 1871, der östlichen niederösterreichischen Voralpen 1873, von Vorarlberg 1874, des inneralpinen Salzachgebietes 1876, des steirischen Alpenvorlandes und des Kärntner Beckens 1877, des Mühlviertels 1878, des Tiroler Inntales, des Waldviertels und des oberen Murtales 1880, des Weinviertels 1886, des Tiroler Alpennordrandes, des Strudengau-Machlandes und der westlichen niederösterreichischen Voralpen 1896.

Die Lage der Stationen und die Abgrenzung der einzelnen Teilgebiete sind der Abbildung 1 zu entnehmen.

Abb. 1. Lage der verwendeten Beobachtungsstationen und Abgrenzung der 18 Teilgebiete.

Bekanntlich ändern sich die Niederschlagsmengen von Jahr zu Jahr oft sehr stark, so daß es schwierig ist, aus den Werten der einzelnen Jahre, wie sie in den Tabellen im Anhang I bis V zusammengestellt sind, allgemeine Änderungstendenzen im Sinne von Klimaschwankungen deutlich zu erkennen. Um dies zu ermöglichen, ist es notwendig, eine Glättung der Reihen durchzuführen. Einen guten Einblick in die Änderungstendenzen gibt bereits eine Glättung durch übergreifende 5jährige Mittelwerte. Eine derartige Glättung wurde für alle 18 Teilgebiete sowohl für die Jahresniederschlagssummen wie auch für die Jahreszeitensummen durchgeführt. Die Abbildungen 2 bis 6 geben die graphische Darstellung dieser geglätteten Reihen und zugleich auch eine Übersicht über die gleichzeitigen Änderungen in verschiedenen Teilgebieten. Dabei besagt ein ähnlicher Kurvenverlauf in

Tabelle 1. Gebietseinteilung und Verzeichnis der verwendeten Stationen. Normalwerte der Niederschlagsmengen (mm) in der Periode 1891 bis 1950

Station:	Höhe, m	Frühling	Sommer	Herbst	Winter	Jahr
I. Vorarlberg						
Bregenz	399	330	559	345	240	1474
Dornbirn	430	332	569	335	224	1459
Feldkirch	537	258	454	260	190	1162
Gaschurn	964	261	437	258	243	1199
Langen	1220	451	643	418	445	1957
II. Tiroler Inntal						
Rotholz	528	236	430	244	212	1122
Innsbruck	582	178	351	201	150	880
Ried i. Oberinntal	877	110	254	133	92	589
III. Tiroler Alpennordrand						
Hinterriß	930	341	608	328	257	1534
Scharnitz	963	285	477	268	244	1274
IV. Inneralpines Salzachgebiet						
Bischofshofen	545	201	394	213	176	984
Zell am See	754	205	430	221	177	1033
Rauris	945	186	408	222	149	965
Badgastein	973	249	457	284	183	1173
Krimml	1050	224	491	238	146	1099
V. Salzburger Nordalpenrand						
Salzburg	436	306	557	291	205	1359
Hallein	450	305	549	294	241	1389
Lofer	639	352	591	341	305	1589
VI. Salzkammergut						
Bad Ischl	480	375	618	366	340	1699
Gosau	744	329	591	334	320	1574
Altaussee-Salzberg	950	495	748	476	501	2220
VII. Steirisches Ennstal						
Admont	641	247	459	249	206	1161
Schladming	732	202	377	230	192	1001
Ramsau	1105	259	472	269	249	1249
VIII. Oberösterreichisches Alpenvorland						
Aschach	270	175	286	172	170	803
Braunau	352	202	321	185	155	863
Ried im Innkreis	429	230	364	207	165	966
St. Florian	294	209	328	182	155	874
Kremsmünster	390	238	377	216	186	1017
Kirchdorf	431	283	427	254	233	1200
IX. Mühlviertel						
Tragwein	489	174	324	166	122	788
Freistadt	560	173	297	148	129	747
Kollerschlag	725	239	324	227	275	1065
Schwarzenberg	756	225	347	231	279	1082
X. Waldviertel						
Pernegg	539	141	245	136	105	627
Stift Zwettl	513	159	269	141	102	671
Gutenbrunn	828	203	314	187	177	881
XI. Strudengau-Machland						
Melk	245	148	268	134	96	646
Grein	235	207	336	185	157	885
Mauthausen	244	181	314	173	140	808
Amstetten	277	231	364	209	197	1001
XII. Westliche niederösterreichische Voralpen						
St. Pölten	279	177	279	157	105	718
Türnitz	461	322	446	293	281	1342
Waidhofen a. d. Ybbs	358	275	398	247	223	1143

Tabelle 1 (Fortsetzung)

Station:	Höhe, m	Frühling	Sommer	Herbst	Winter	Jahr
Lackenhof	835	451	623	401	407	1882
Neuhaus a. Z.	1002	431	571	372	414	1788
Mariazell	862	274	426	260	218	1178
XIII. Östliche niederösterreichische Voralpen						
Rekawinkel	370	218	314	201	138	871
Gutenstein	482	235	327	219	192	973
Pottschach	402	180	306	180	132	798
Reichenau	487	211	346	209	154	920
Mürzsteg	783	183	323	189	141	836
XIV. Weinviertel						
Wien, Hohe Warte	203	171	220	160	128	679
Groß-Enzersdorf	153	135	200	141	92	568
Ernstbrunn	293	157	234	149	112	652
Retz	243	126	198	114	77	515
XV. Steirisches Alpenvorland						
Radkersburg	206	217	321	241	151	930
Bad Gleichenberg	300	206	321	226	132	885
Stainz	340	225	352	248	128	953
Graz	346	188	363	226	102	879
Lankowitz	525	211	333	234	111	889
Friedberg	604	186	341	190	104	821
XVI. Oberes Murtal						
Leoben	540	174	301	181	102	758
Murau	825	187	341	222	114	864
Tamsweg	1021	154	293	194	111	752
XVII. Kärntner Becken						
Klagenfurt	453	225	347	280	139	991
St. Veit a. d. Glan	476	195	349	245	112	901
Eisenkappel	558	327	425	396	223	1371
Bleiberg	904	371	435	439	248	1493
Radenthein	685	220	356	276	126	978
Sirnitz	853	217	375	260	115	967
Knappenberg	1036	188	361	223	88	860
XVIII. West-Kärnten						
Greifenburg	624	285	367	365	186	1203
Oberdrauburg	635	290	349	351	208	1198
Techendorf	936	308	414	382	201	1305
Kornat	1025	336	382	411	246	1375
Luggau	1174	304	379	359	203	1245

benachbarten Gebieten nicht nur, daß in den säkularen Niederschlagsänderungen dieser Gebiete keine großen Unterschiede aufgetreten sind, sondern die Ähnlichkeit der Kurven der Teilgebiete bestärkt auch die Realität der aufgedeckten Schwankungen, weil dadurch erwiesen wird, daß durch die Mittelbildung aus mehreren Stationen nicht gegensätzliche oder voneinander abweichende Änderungen verwischt worden sind, sondern im Gegenteil die Ähnlichkeit von Schwankungen im Verlaufe der Beobachtungsreihen stärker hervorgehoben wird.

Bevor die aus den geglätteten Reihen der Niederschlagsmengen ersichtlichen Schwankungen besprochen werden, soll in der Tabelle 2 noch eine Übersicht über die Schwankungsweite der Gebietsmittel der Niederschläge der einzelnen Jahre bzw. der Jahreszeiten gegeben werden. In dieser Tabelle sind für den 66jährigen Zeitabschnitt von 1896 bis 1961, für den von allen Teilgebieten geschlossene Beobachtungsreihen vorliegen, die absoluten Maxima und Minima der Niederschlagsmengen zugleich mit Angabe des Jahres, in dem die Extremwerte vorgekommen sind, zusammengestellt.

Die Unterschiede in den einzelnen Teilgebieten sind oft recht beträchtlich. Einen groben

Tabelle 2. Extremwerte der Gebietsmittelwerte der Einzeljahre von 1896 bis 1961 (Prozente der Mittelwerte 1891—1950)

Gebiet	Jahresmenge			Frühling			Sommer			Herbst			Winter		
	Max.	Jahr	Min. Jahr	Max.	Jahr	Min. Jahr	Max.	Jahr	Min. Jahr	Max.	Jahr	Min. Jahr	Max.	Jahr	Min. Jahr

I. Vorarlberg:
137 1922 77 1949   174 1896 55 1934   142 1910 56 1949   179 1939 47 1948   172 1954/55 52 1933/34
                                                                                 1961

II. Tiroler Inntal:
133 1916 76 1953   199 1896 34 1946   142 1954 62 1899   190 1944 38 1953   250 1947/48 46 1933/34

III. Tiroler Alpennordrand:
150 1956 69 1917   178 1896 43 1946   144 1959 63 1917   189 1922 40 1948   205 1947/48 44 1929/30

IV. Inneralpines Salzachgebiet:
135 1954 80 1921   170 1896 42 1946   140 1948 71 1899   158 1958 47 1908   193 1950/51 45 1900/01
    1947   1953

V. Salzburger Nordalpenrand:
128 1912 71 1911   182 1896 56 1918   142 1924 51 1911   186 1899 35 1959   214 1944/45 46 1917/18

VI. Salzkammergut:
169 1956 72 1953   224 1912 35 1946   152 1918 52 1911   188 1899 35 1948   212 1947/48 54 1903/04

VII. Steirisches Ennstal:
126 1907 72 1946   185 1907 35 1946   140 1949 63 1935   183 1913 35 1948   216 1947/48 53 1938/39

VIII. Oberösterreichisches Alpenvorland:
128 1910 73 1898   168 1896 46 1946   152 1959 56 1911   180 1922 35 1959   204 1947/48 51 1903/04

IX. Mühlviertel:
131 1941 73 1953   148 1899 42 1946   169 1926 46 1935   181 1930 28 1953   208 1947/48 51 1948/49

X. Waldviertel:
136 1906 68 1924   182 1897 45 1946   166 1959 55 1924   196 1950 23 1920   235 1947/48 39 1942/43

XI. Strudengau-Machland:
138 1944 70 1961   166 1912 45 1946   154 1949 51 1904   207 1950 31 1953   174 1919/20 45 1912/13

XII. Westliche niederösterreichische Voralpen:
138 1944 76 1934   176 1944 38 1946   168 1949 51 1911   196 1922 37 1959   211 1947/48 54 1924/25

XIII. Östliche niederösterreichische Voralpen:
135 1910 81 1908   175 1907 55 1931   164 1920 65 1923   196 1922 36 1959   210 1947/48 20 1942/43
                                                1950

XIV. Weinviertel:
144 1941 65 1932   181 1941 19 1946   168 1959 46 1904   218 1950 31 1908   172 1899/00 42 1897/98

XV. Steirisches Alpenvorland:
138 1937 72 1932   159 1916 53 1943   146 1926 51 1932   168 1922 41 1942   221 1950/51 42 1912/13

XVI. Oberes Murtal:
149 1916 70 1921   155 1897 44 1903   142 1960 51 1932   181 1916 40 1897   251 1950/51 40 1912/13

XVII. Kärntner Becken:
144 1916 63 1921   161 1916 37 1952   145 1924 57 1932   182 1916 30 1921   255 1950/51 29 1912/13

XVIII. West-Kärnten:
157 1916 46 1921   170 1914 51 1952   158 1931 59 1921   194 1935 14 1921   410 1950/51 22 1912/13

Vor 1896 kamen in den Niederschlagsreihen einzelner Teilgebiete noch folgende absolute Extremwerte vor, die die Extremwerte der Periode 1896—1961 übertroffen haben:

Jahresmenge: Maximum: Gebiet IV: 138%, 1878; Gebiet VII: 128%, 1878; Gebiet VIII: 136%, 1867.
              Minimum: Gebiet I: 68%, 1886; Gebiet II: 76%, 1887; Gebiet IV: 60%, 1883; Gebiet V: 49%, 1865; Gebiet VI: 66%, 1865; Gebiet IX: 62%, 1887; Gebiet XIII: 80%, 1881.

Frühling: Maximum: Gebiet VIII: 202%, 1867; Gebiet XVIII: 204%, 1876.
       Minimum: Gebiet I: 46%, 1886; Gebiet V: 29%, 1865; Gebiet IX: 39%, 1883; Gebiet XIII: 45%, 1875; Gebiet XV: 48%, 1893; Gebiet XVIII: 35%, 1893.

Sommer: Maximum: Gebiet I: 167%, 1890; Gebiet II: 143%, 1891; Gebiet XVIII: 190%, 1890.
       Minimum: Gebiet I: 56%, 1885.

Herbst: Maximum: Gebiet IV: 246%, 1878; Gebiet VIII: 182%, 1875; Gebiet XVII: 190%, 1878; Gebiet XVIII: 220%, 1889.
     Minimum: Gebiet V: 32%, 1865.

Winter: Maximum: —
      Minimum: Gebiet I: 29%, 1881/82; Gebiet II: 22%, 1881/82; Gebiet V: 24%, 1864/65; Gebiet VI: 30%, 1890/91; Gebiet VII: 29%, 1881/82 und 1890/91; Gebiet VIII: 37%, 1893/94; Gebiet IX: 31%, 1893/94; Gebiet X: 37%, 1879/80; Gebiet XIV: 12%, 1893/94; Gebiet XV: 26%, 1881/82; Gebiet XVI: 30%, 1888/89; Gebiet XVII: 27%, 1881/82; Gebiet XVIII: 21%, 1880/81.

Überblick geben die nachfolgend angeführten Durchschnittswerte, die aus allen Teilgebieten berechnet worden sind und annähernd als Extremwerte für das Gesamtgebiet von ganz Österreich angesehen werden können:

	Jahresmenge	Frühling	Sommer	Herbst	Winter
Durchschnittliches Maximum	140	175	152	187	223%
Durchschnittliches Minimum	71	43	56	35	43%

Daraus ist ersichtlich, daß die relative Schwankungsweite der Niederschlagsmengen im Winter am größten und im Sommer am kleinsten ist. Das Maximum der Gesamtniederschlagsmengen von Österreich ist im Herbst und Winter mehr als fünfmal so groß, im Frühling ungefähr viermal so groß und im Sommer nicht einmal dreimal so groß wie das Minimum. Die größte Jahressumme des Gesamtniederschlags von Österreich ist doppelt so groß wie die kleinste Jahressumme.

Als Ergänzung sind der Tabelle 2 für die Teilgebiete, die eine weiter zurückreichende Beobachtungsreihe aufweisen, auch alle Extremwerte angefügt, die vor 1896 die Maxima der Reihe 1896 bis 1961 übertroffen oder die Minima dieser Reihe unterschritten haben. Bei Beurteilung dieser Werte ist aber zu bedenken, daß nicht von allen Teilgebieten die Beobachtungsreihen in die Zeit vor 1896 zurückreichen und auch nicht alle Reihen gleich weit zurückreichen.

Die säkularen Änderungen der Jahresniederschlagsmengen

Bei Betrachtung der Abbildung 2 erkennt man, daß in den nach übergreifenden 5jährigen Mittelwerten ausgeglichenen Reihen der Jahresniederschlagsmengen der einzelnen Teilgebiete Schwankungen vorkommen, die durchweg sehr unregelmäßige Rhythmen aufweisen und sowohl in der Schwankungsweite wie auch in der Folge der Rhythmenlängen und in den Eintrittszeiten der Extreme Unterschiede in den einzelnen Teilgebieten auftreten, die zum Teil nur geringfügig, zum Teil aber auch beträchtlich sind und reelle Unterschiede in den langjährigen Änderungen der Niederschlagsverhältnisse in verschiedenen Teilen Österreichs aufzeigen.

Wenn man nur die Zeit in Betracht zieht, in der für alle Teilgebiete Niederschlagsreihen vorliegen, das ist ab 1896, so kann man feststellen, daß die Schwankungsweiten der Reihen der 5jährigen Mittelwerte in den einzelnen Teilgebieten zwischen 21 und 38% des jeweiligen 60jährigen Gebietsmittelwertes liegen. Vor 1896 kamen in mehreren Teilgebieten nördlich des Alpenhauptkammes, von denen weiter zurückreichende Reihen von Niederschlagsbeobachtungen vorhanden sind, noch niedrigere Minimumswerte vor, so daß sich dort die Gesamtschwankungsweite der 5jährigen Mittelwerte bis auf 45% erhöht.

Die Abbildung 2 gibt durch die Vergleichsmöglichkeit der 18 Teilgebiete einen Einblick in die Niederschlagsschwankungen und läßt einerseits erkennen, welche Eintrittszeiten von Niederschlagsextremen für ein weiteres Gebiet charakteristisch sind und welche nur kleinräumig in Erscheinung getreten sind. Man kann daraus auch eine Vorstellung davon gewinnen, wie sehr die aus einzelnen Stationsreihen abgeleiteten Niederschlagsschwankungen oft in Teilabschnitten nur örtlich bedingt sind und dadurch irreführende Vorstellungen von den wirklichen Niederschlagsschwankungen geben können, wenn man aus dem Vergleich der in der Abbildung 2 dargestellten Reihen sieht, wie große Unterschiede in benachbarten Gebieten selbst bei Be-

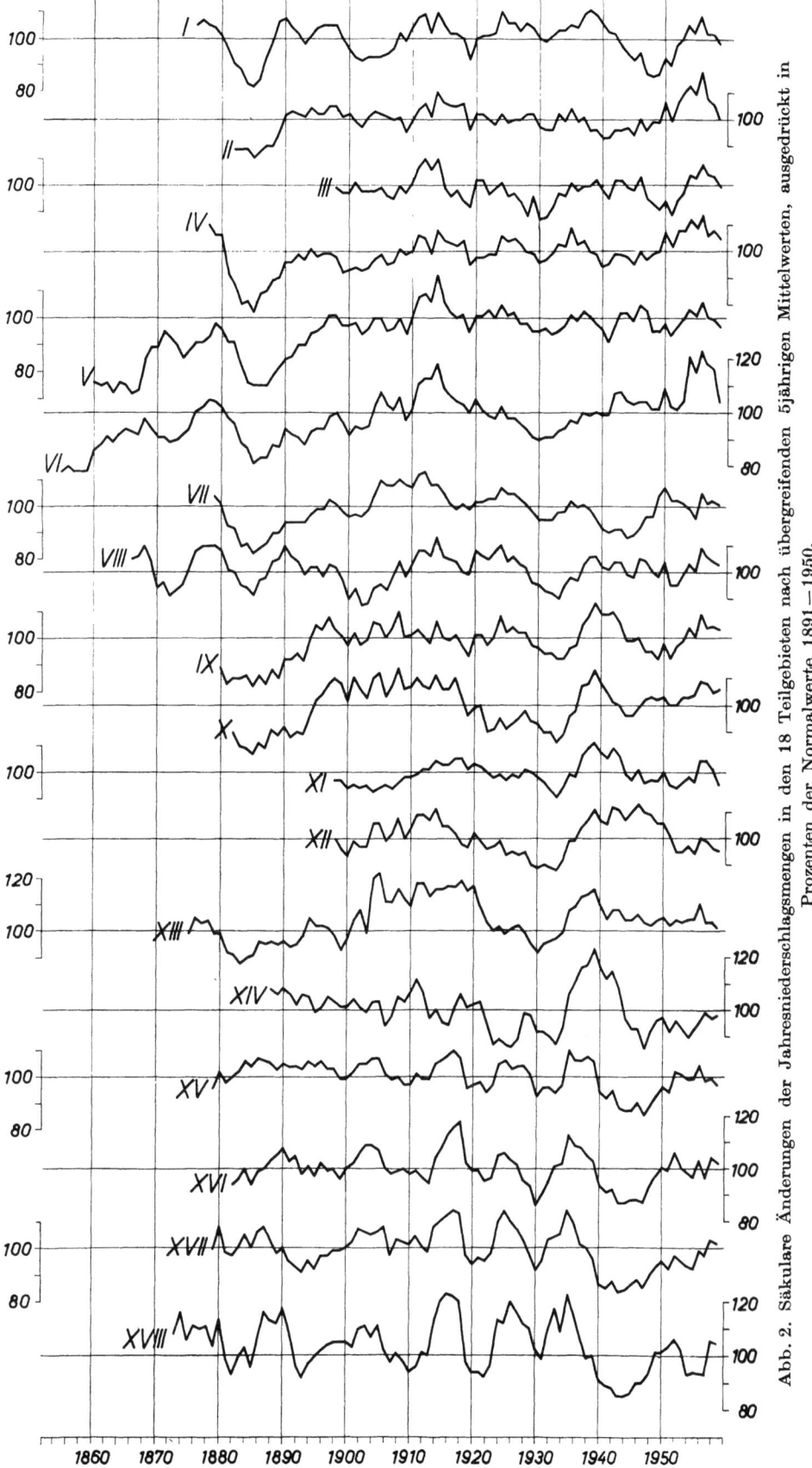

Abb. 2. Säkulare Änderungen der Jahresniederschlagsmengen in den 18 Teilgebieten nach übergreifenden 5jährigen Mittelwerten, ausgedrückt in Prozenten der Normalwerte 1891—1950.

rücksichtigung von Gebietsmittelwerten noch vorkommen. So zeigen sich schon bei noch ziemlich guter Ähnlichkeit im Verlauf der nach übergreifenden 5jährigen Mittelwerten gezeichneten Kurven der Jahresniederschlagsmengen Vorarlbergs und des Tiroler Nordalpenrandes bemerkenswerte strukturelle Unterschiede im Kurvenverlauf, so daß selbst bei diesen ähnliche Stauverhältnisse aufweisenden benachbarten Gebieten nicht alle Eintrittszeiten der Extremwerte genau übereinstimmen und auch sonst im Kurvenverlauf Unterschiede auftreten. Das Maximum um 1914[1] ist wohl in beiden Gebieten nahezu gleich stark entwickelt (109 bzw. 110%), danach folgt in beiden Gebieten ein rascher Abfall, der in Vorarlberg schon 1919 zu einem Minimum von 92% führt, am Tiroler Nordalpenrand aber nach einem vorübergehenden schwachen Wiederanstieg das Minimum mit 87% erst 1930 erreicht, während in der Vorarlberger Reihe nur ein schwaches relatives Minimum von 99% auf 1931 fällt. Es folgt in beiden Gebieten eine Zunahme der Jahresniederschlagsmengen bis zu einem markanten Maximum von 111% um 1938 in Vorarlberg und zu einem schwachen Maximum von 102% um 1939 am Tiroler Nordalpenrandgebiet. Ein nachfolgend starker Rückgang der Jahresniederschlagsmengen führte in Vorarlberg 1948 zu einem Minimum von 86%, im Tiroler Nordalpenrandgebiet aber erst 1951 zu einem schwächeren Minimum von 89%. Hierauf nahmen die Jahresniederschlagsmengen in beiden Gebieten stark zu bis zu einem Maximum 1956 von 108% in Vorarlberg und im Tiroler Nordalpenrandgebiet. Seither nehmen in beiden Gebieten die Jahresniederschlagsmengen in der 5jährig geglätteten Kurve wieder ab.

Größere Unterschiede zeigen diese beiden Gebiete gegenüber dem Tiroler Inntal, wo das Maximum um 1938 überhaupt nicht mehr vorkommt und bereits 1941 ein Minimum von 93% eintrat, von dem aus der Anstieg bis 1956 auf 118% erfolgte. Einen der Niederschlagskurve des Tiroler Inntales sehr ähnlichen Verlauf zeigt auch die Niederschlagskurve des inneralpinen Salzachgebietes. Die Niederschlagskurve des Salzburger Nordalpenrandes weist im allgemeinen einen zur Niederschlagskurve des inneralpinen Salzachgebietes ähnlichen Verlauf auf; in jüngster Zeit zeigen sich aber insofern Abweichungen, als sich das auch im Nordtiroler Alpenrandgebiet aufgetretene Minimum von 1951 mit einem Rückfall auf 93% bemerkbar macht, wodurch der Anstieg vom Hauptminimum von 1941 (91%) bis zum Maximum von 1956 (106%) unterbrochen wurde.

Einen wesentlich anderen Verlauf nimmt die Niederschlagskurve des Salzkammergutes, die Niederschlagsschwankungen in größeren Rhythmen erkennen läßt, als in den weiter westlich gelegenen Gebieten vorgekommen sind. Von einem Minimum 1858 mit 76% nahmen dort die Jahresniederschlagsmengen mit Schwankungen bis 1878 auf ein Maximum von 106% zu, hernach rasch bis 1885 auf ein Minimum von 81% wieder ab, worauf unter Schwankungen ein lang andauernder Anstieg bis 1914 auf ein Maximum von 118% erfolgte; einem Abfall bis 1930 auf ein Minimum von 90% folgte wieder ein lang andauernder Anstieg bis 1956 auf ein Maximum von 123%. Der Folge und der Dauer nach ähnliche Rhythmen weist auch die Niederschlagskurve des steirischen Ennstales auf, allerdings nur bis 1937, von wo an an Stelle der weiteren Zunahme der Jahresniederschlagsmengen eine Abnahme bis 1944 auf ein Minimum von 88% folgte und hernach ein rascher Anstieg bis auf ein Maximum von 108%, das bereits 1950 eintrat.

Der im Salzkammergut und im steirischen Ennstal festgestellte lange Rhythmus geht im oberösterreichischen Alpenvorland wieder verloren, wo wieder kürzere Rhythmen vorherrschen. Es finden sich dort folgende Extreme: Maximum 1877 110%, Minimum 1885 91%,

---

[1] Im nachfolgenden beziehen sich die Jahresangaben jeweils immer auf das mittlere Jahr des gemittelten 5jährigen Zeitabschnittes.

Maximum 1890, 110%, Minimum 1902 87%, Maximum 1914 113%, Minimum 1933 90%, Maximum 1939 106%, Minimum 1951 95% und Maximum 1956 109%.

Das benachbarte Mühlviertel nördlich der Donau weist im Verlauf der Änderungen der Jahresniederschlagsmengen schon wieder beträchtliche Abweichungen gegenüber dem oberösterreichischen Alpenvorland südlich der Donau auf. Nach einem raschen Anstieg von einem Minimum 1885 von 82% auf ein Maximum 1897 von 108% folgte eine 30jährige Zeitspanne mit verhältnismäßig geringfügigen Schwankungen der übergreifenden 5jährigen Mittelwerte, die sich in ähnlicher Weise auch im benachbarten Waldviertel wieder findet. Danach setzten im Mühlviertel wieder deutlich rhythmische Niederschlagsschwankungen ein: auf ein Maximum 1924 von 107% folgte ein Minimum 1933 von 92%, darauf wieder ein Maximum 1939 mit 113%, dann ein Minimum 1949 von 92% und schließlich ein Maximum 1956 von 109%. Einen in groben Zügen ähnlichen Verlauf zeigt die nach übergreifenden 5jährigen Mittelwerten geglättete Jahresniederschlagskurve des Waldviertels.

Die geglättete Jahresniederschlagskurve des Gebietes um den Strudengau weist demgegenüber geringere Schwankungen auf: Von einem Minimum 1904 mit 93% steigt die Kurve bis zu einem Maximum 1917 mit 105%, darauf folgt ein Abfall auf ein Minimum 1933 mit 90%, dann ein Anstieg auf ein Maximum 1939 mit 111%, hernach wieder ein Abfall auf ein Minimum 1952 mit 94% und schließlich ein Anstieg auf ein schwaches Maximum 1956 mit 104%.

In den niederschlagsreichen westlichen niederösterreichischen Voralpen sind die Schwankungsweiten größer, und die Eintrittszeiten der Extreme waren zum Teil verschieden: Minimum 1900 mit 93%, Maximum 1914 mit 111%, Minimum 1933 mit 88%, Maximum 1946 mit 113% und schließlich Minimum 1955 mit 94%. Die geglättete Jahresniederschlagskurve des östlichen niederösterreichischen Voralpengebietes verläuft bis 1940 zur Kurve des westlichen niederösterreichischen Voralpengebietes nahezu parallel, während der weitere Kurvenverlauf mehr der Kurve der Jahresniederschlagsmenge des Gebietes um den Strudengau ähnelt. Es scheint demnach, daß sich in einzelnen Zeitabschnitten die Niederschlagsschwankungen in benachbarten Teilgebieten verschieben. Ähnliche Verhältnisse zeigen sich auch beim Vergleich anderer benachbarter Gebiete.

Die gemittelte Jahresniederschlagskurve des Weinviertels weist, abgesehen von stärkeren Abweichungen vor 1896, eine sehr große Ähnlichkeit mit dem Kurvenverlauf des Waldviertels auf, wobei allerdings im Weinviertel die Schwankungsweiten der Rhythmen größer waren.

Es ist nicht verwunderlich, daß die geglätteten Kurven der Jahresniederschlagsmengen der Teilgebiete des südlichen Alpenbereiches gegenüber dem nördlichen Alpenraum und dem nördlichen Alpenvorland beträchtliche Abweichungen in ihrem Verlauf zeigen; sie weisen aber untereinander große Ähnlichkeiten auf. Die kleinsten Schwankungen findet man in der Kurve des steirischen Alpenvorlandes. Besonders auffallend sind dort die nur sehr geringen Schwankungen bis etwa 1905. Erst nachher setzten deutliche Rhythmen ein, die in den nördlichen Teilgebieten des Südalpenbereiches wesentlich stärker entwickelt sind. Als Beispiel seien die Folgen von Extremen in Westkärnten angeführt; Maximum 1874 mit 116%, Minimum 1882 mit 93%, Maximum 1890 mit 117%, Minimum 1893 mit 92%, Maximum 1905 mit 111%, Minimum 1910 mit 94%, Maximum 1916 mit 123%, Minimum 1922 mit 92%, Maximum 1926 mit 120%, Minimum 1931 mit 99%, Maximum 1935 mit 122%, Minimum 1943 mit 85% und Maximum 1958 mit 106%.

Die wesentlichen Merkmale aller Kurven der Abbildung 2 wurden hier ausführlicher besprochen, um als Beispiel aufzuzeigen, was aus diesen Kurven herausgelesen werden kann, wie weit Ähnlichkeiten und wie weit Unterschiede in den säkularen Niederschlagsschwankungen der einzelnen Teilgebiete auftreten und wie sich zeigt, daß in Teilgebieten, die untereinander ähnliche orographische Lagen aufweisen, wie etwa die Teilgebiete der westlichen Nordalpenrandgebiete, die inneralpinen Täler der Nordalpen, die Gebiete nördlich der Donau oder die Südalpengebiete, durch die besondere Lage dieser Gebiete bedingte und daher verständliche Ähnlichkeiten im Verlauf der säkularen Schwankungen vorkommen.

Was hier an den säkularen Schwankungen der Jahresniederschlagsmengen gezeigt wurde, gilt in ähnlicher Weise auch für die säkularen Schwankungen der jahreszeitlichen Niederschlagsmengen. Diesbezüglich muß auf die Abbildungen 3 bis 6 verwiesen werden. Aus Raumsparungsgründen werden die Einzelheiten hier nicht mit gleicher Ausführlichkeit angeführt, da sie ohne Schwierigkeit den Abbildungen entnommen werden können. Naturgemäß sind die Schwankungen der Niederschlagsmengen kleinerer Zeitabschnitte, wie z. B. die Schwankungen der jahreszeitlichen Niederschlagsmengen, ausgedrückt in Prozent der 60jährigen Mittelwerte, im allgeemeinen wesentlich größer als die der Jahresmengen, wo sich entgegengesetzte Änderungen in einzelnen Teilabschnitten des Jahres zum Teil wieder kompensieren.

Hier sei noch auf einen anderen **Vorzug der Nebeneinanderstellung der säkularen Schwankungen der Niederschlagsmengen von benachbarten Teilgebieten**, wie es in Abbildung 2 bis 6 geschehen ist, hingewiesen: Es fallen bei diesen Darstellungen die bedeutendsten Anomalien deutlich auf, und es ist möglich, ihre intensitätsmäßige Abstufung in den Teilgebieten und damit in größeren Teilen des Gesamtgebietes übersichtlich und vergleichend zu beurteilen. Dies sei nachfolgend an einigen Beispielen an Hand der Abbildung 2 erläutert.

In den Kurven der 5jährig übergreifend gemittelten Jahresniederschlagsmengen der Abbildung 2 fällt vor allem die starke negative Anomalie um 1885 auf. Es zeigt sich, daß diese am stärksten im Westen entwickelt war, im gesamten Nordalpenraum und im nördlichen Österreich deutlich in Erscheinung trat (Gebiete I bis XIII), im östlichen Nordalpengebiet stark an Intensität verlor und im Südalpenbereich (Gebiete XV bis XVIII) überhaupt nicht mehr vorhanden war oder nur sehr schwach angedeutet ist. Die in Vorarlberg sehr deutlich entwickelte negative Anomalie um 1948 ist mit abgeschwächter Intensität nur am Nordalpenrand bis Salzburg (Gebiete I, III, V) merkbar, in den übrigen Gebieten aber kaum mehr vorhanden. Dagegen fällt um 1943 eine sehr deutliche negative Anomalie in allen Teilgebieten des Südalpenbereiches (Gebiete XV bis XVIII) auf, die auch noch in das steirische Ennstal (Gebiet VII) abgeschwächt übergriff, sonst aber nirgends merkbar ist. Eine negative Anomalie um 1933 zeigte sich besonders deutlich im Gebiet nördlich der Donau und im Donauraum selbst (Gebiete VIII bis XII).

An positiven Anomalien fällt vor allem die um 1914 auf, die im gesamten Nordalpenbereich (Gebiete I bis VIII und XII) deutlich in Erscheinung trat, im Südalpenbereich aber fehlt. Dagegen fällt dort (Gebiete XV bis XVIII) eine starke positive Anomalie um 1917 auf, die noch bis in die östlichen niederösterreichischen Voralpen (Gebiet XIII) wirksam war, in anderen Gebieten aber nicht mehr vorkam. Eine starke positive Anomalie findet sich um 1939 im Gebiet nördlich der Donau, im Donauraum selbst und im niederösterreichischen Voralpengebiet (Gebiete VIII bis XII). Die jüngste positive Anomalie um 1956 war stark im Westen entwickelt (Gebiete I bis VI), fehlt aber im Südalpengebiet gänzlich. Positive Anomalien, die nur in den Südalpen auftraten (Gebiete XV bis XVIII) kamen 1925 und um 1935 vor.

Aus den vergleichenden Betrachtungen der verschiedenen Anomalien der Teilgebiete in Abbildung 2 gewinnt man sozusagen eine **synoptische Übersicht über die Intensitätsverteilung der Niederschlagsschwankungen**, die zeigt, daß selbst in einem so kleinen Gebiet wie Österreich bereits beträchtliche regionale Unterschiede vorkommen. Es erscheint daher eine derartige Synoptik der Niederschlagsschwankungen als notwendige Ergänzung zur Beurteilung der Reichweite der aus einzelnen langjährigen Reihen abgeleiteten Klimaschwankungen sehr aufschlußreich und empfehlenswert.

Die früher beschriebenen Ähnlichkeiten der größten Anomalien in benachbarten Teilgebieten lassen es angezeigt erscheinen, **zur besseren Übersicht über die Niederschlagsschwankungen mehrere Teilgebiete zusammenzufassen.** In Abbildung 7 sind die nach übergreifenden 5jährigen Mittelwerten gezeichneten Kurven der Niederschlagsschwankungen für die Jahresniederschlagsmengen und für die Jahreszeitenmengen in der Zusammenfassung zu drei großen Teilgebieten Österreichs, und zwar für **Westösterreich** (Gebiete I bis VI), für den **Nordosten Österreichs** (Gebiete VII bis XIV) und für den **Süden Österreichs** (Gebiete XV bis XVIII), wiedergegeben.

In den 5jährig geglätteten Kurven der Jahresniederschlagsmengen kommen hier die Ähnlichkeit der Niederschlagsschwankungen in den Gebieten nördlich vom Alpenhauptkamm und die stärkeren Abweichungen in den Südalpen deutlich zum Ausdruck. Die Kurven für den westlichen und für den östlichen Teil des nördlich vom Alpenhauptkamm gelegenen Gebietes von Österreich zeigen, abgesehen von dem unsicheren Beginn der Reihe vor 1870, bei allgemein ähnlicher Struktur des Verlaufes der beiden Kurven nur kleinere graduelle Unterschiede. So ersieht man z. B. aus dem Vergleich der Kurven, daß in den Zeitabschnitten[1] 1874 bis 1878, 1884 bis 1888, 1904 bis 1910 und 1937 bis 1943 die in Prozenten der 60jährigen Mittelwerte ausgedrückten relativen Niederschlagsmengen im Osten des nördlichen Österreichs größer waren als im Westen, während es im Abschnitt 1953 bis 1958 umgekehrt war.

Die geglättete Kurve des südlichen Alpenraumes weist aber gegenüber den beiden anderen Kurven des nördlichen Österreichs sowohl quantitativ wie auch im Verlauf beträchtliche Unterschiede auf. Es waren die Niederschlagsmengen im Südalpengebiet bei Betrachtung der prozentuellen Abweichungen vom 60jährigen Normalwert zu den in gleicher Weise dargestellten relativen Niederschlagsmengen der Gebiete des nördlichen Österreichs in den Zeitabschnitten 1873 bis 1878, 1883 bis 1891, 1902 bis 1903, 1915 bis 1918, 1924 bis 1927 und 1932 bis 1936 merklich zu hoch, in den Zeitabschnitten 1911 bis 1913, 1920 bis 1922, 1940 bis 1948 und 1954 bis 1957 aber merklich zu niedrig.

Die Größen und Eintrittszeiten der Extreme und die Rhythmenlängen der Schwankungen sind für die drei Gebiete der Tabelle 3 zu entnehmen. Eine durchgehend einheitliche Tendenz der Niederschlagsänderungen zeigt sich jedenfalls in den Kurven der übergreifenden 5jährigen Mittelwerte nicht, es gibt aber Zeitabschnitte mit längerer Andauer einer zunehmenden oder abnehmenden Tendenz. Diese Tendenzen hielten in den Gebieten nördlich des Alpenhauptkammes meist länger an als in den Südalpen. Wenn man von der Zeit vor 1870 absieht, fällt die niederschlagsärmste Zeit im nördlichen Österreich auf die Jahre um 1885 und die niederschlagsreichste Zeit auf die Jahre um 1914.

Deutlicher kommen die Tendenzen der langzeitigen Niederschlagsänderungen in den nach übergreifenden 10jährigen bzw. 30jährigen Mittelwerten noch stärker ausgeglichenen Kurven zum Ausdruck. Diese Reihen sind für die drei Großgebiete Westen, Nordosten und Süden Österreichs in der Abbildung 8 für die Jahressummen und für die Jahreszeitensummen wiedergegeben.

Aus den Kurven der Jahressummen sieht man, daß sich sowohl in der Reihe der

---

[1] Im nachfolgenden beziehen sich die Jahresangaben jeweils immer auf das mittlere Jahr des gemittelten fünfjährigen Zeitabschnittes.

Tabelle 3. Eintrittszeiten der relativen Maxima und Minima in den nach übergreifenden 5-, 10- und 30jährigen Mittelwerten geglätteten Kurven der Jahres- und Jahreszeitenniederschlagsmengen im Westen, Nordosten und Süden Österreichs

Prozente der Gebietsmittelwerte von 1891 bis 1950. Die Jahreszahlen geben jeweils die Mitte des 5-, 10- oder 30jährigen Zeitabschnittes an

	5jährige Mittelwerte	10jährige Mittel	30jährige Mittel
Jahresmenge:			
Westen Österreichs (Gebiet I bis VI)			
Maximum: Jahr	1887 1914 1937 1956	1914 1956	1924
%	103 112 103 113	106 105	102
Minimum: Jahr	1885 1931 1948	1860 1933	1870 1938
%	80 94 96	79 97	87 98
Nordosten Österreichs (Gebiet VII bis XIV)			
Maximum: Jahr	1877 1914 1939 1956	1914 1940	1908
%	107 109 111 105	107 107	104
Minimum: Jahr	1885 1933 1951	1884 1930 1949	1885 1941
%	86 91 97	91 96 99	97 100
Süden Österreichs (Gebiet XV bis XVIII)			
Maximum: Jahr	1874 1890 1905 1917 1925 1935 1958	1875 1914 1955	1924
%	116 108 108 116 110 115 103	110 108 102	104
Minimum: Jahr	1882 1895 1910 1922 1930 1944	1895 1944	1943
%	96 96 98 94 93 86	99 89	97
Frühling:			
Westen Österreichs			
Maximum: Jahr	1880 1897 1914 1926 1942 1954	1875 1899 1939	1906 1944
%	109 125 113 105 110 107	103 113 109	103 99
Minimum: Jahr	1856 1884 1903 1919 1936 1948	1858 1886 1919 1949	1878 1931
%	72 63 99 84 89 80	75 71 87 90	87 95
Nordosten Österreichs			
Maximum: Jahr	1869 1897 1912 1926 1942 1954	1871 1898 1939	1901 1930
%	120 130 116 112 126 111	113 116 118	107 102
Minimum: Jahr	1884 1903 1922 1932 1948	1886 1920 1950	1878 1922 1943
%	70 96 88 83 74	85 92 87	99 98 97
Süden Österreichs			
Maximum: Jahr	1878 1899 1906 1916 1924 1936 1955	1875 1896 1936 1954	1911
%	133 122 110 112 115 119 96	113 112 108 91	106
Minimum: Jahr	1882 1904 1911 1919 1931 1944	1884 1916 1947	1895 1943
%	80 94 91 94 72 72	88 99 76	100 90
Sommer:			
Westen Österreichs			
Maximum: Jahr	1890 1914 1955	1892 1916 1956	1902 1945
%	115 109 116	110 105 109	102 102
Minimum: Jahr	1861 1900 1951	1863 1902 1942	1866 1937
%	81 92 89	86 93 93	92 98
Nordosten Österreichs			
Maximum: Jahr	1890 1914 1939 1957	1892 1913 1955	1883 1944
%	113 113 114 122	112 109 113	105 105
Minimum: Jahr	1874 1900 1930 1952	1871 1902 1931	1935
%	88 89 91 95	91 94 95	100
Süden Österreichs			
Maximum: Jahr	1876 1890 1925 1946 1958	1878 1941 1956	1888 1945
%	122 123 112 109 114	118 108 106	111 103
Minimum: Jahr	1885 1901 1934 1951	1903 1951	1907
%	106 89 91 89	92 96	97
Herbst:			
Westen Österreichs			
Maximum: Jahr	1880 1904 1914 1943	1877 1940	1926
%	110 111 120 114	102 111	105
Minimum: Jahr	1863 1896 1909 1919 1947	1863 1897 1950	1867 1946
%	58 83 79 89 80	67 90 87	84 97

Tabelle 3 (Fortsetzung)

	5jährige Mittelwerte						10jährige Mittel			30jährige Mittel	
Nordosten Österreichs											
Maximum: Jahr	1877	1904	1914	1937			1870	1914	1939	1917	
%	114	126	124	118			104	114	111	106	
Minimum: Jahr	1896	1909	1925	1947			1897	1924	1956	1886	1945
%	82	84	85	81			88	90	85	95	95
Süden Österreichs											
Maximum: Jahr	1880	1905	1917	1935			1884	1930		1925	
%	127	125	132	122			112	118		111	
Minimum: Jahr	1897	1908	1922	1947			1894	1945		1900	1943
%	85	90	87	70			89	79		100	94
Winter:											
Westen Österreichs											
Maximum: Jahr	1877	1921	1937	1946				1919	1950	1913	1945
%	104	129	111	133				116	122	104	106
Minimum: Jahr	1858	1889	1932	1941			1886	1929		1867	1928
%	55	63	77	77			68	82		74	99
Nordosten Österreichs											
Maximum: Jahr	1877	1921	1937	1946			1872	1919	1948	1910	
%	114	132	99	135			101	121	113	105	
Minimum: Jahr	1884	1932	1941	1951			1886	1929		1884	1938
%	72	84	81	91			73	85		83	97
Süden Österreichs											
Maximum: Jahr	1875	1887	1904	1917	1936	1949		1914	1950	1911	
%	132	102	130	157	116	144		128	117	111	
Minimum: Jahr	1882	1892	1907	1930	1942	1955	1892	1941		1888	1932
%	66	65	94	75	68	79	77	81		89	90

10jährigen Mittelwerte wie auch in der Reihe der 30jährigen Mittelwerte im Westen Österreichs im vorigen Jahrhundert bis zur Jahrhundertwende eine steigende Tendenz zeigte, während im 20. Jahrhundert die Schwankungen nur sehr gering waren. Ähnliches gilt auch für den Nordosten Österreichs. Im Süden Österreichs wiesen die 10jährigen und 30jährigen Mittelwerte vom Beginn der Reihe bei den 10jährigen Mittelwerten bis 1933/1942 und bei den 30jährigen Mittelwerten bis 1914/1943 keine nennenswerten Änderungen auf, zeigten hernach aber eine fallende Tendenz, die bei den 10jährigen Mittelwerten seit 1941/1950 wieder in eine steigende Tendenz umschlug. Die Eintrittszeiten und Beträge der Extremwerte sind in Tabelle 3 zusammengestellt.

Die säkularen Änderungen der Niederschlagsmengen im Frühling.

Ähnlich wie bei den nach übergreifenden 5jährigen Mittelwerten gezeichneten Kurven der Jahresmengen des Niederschlags lassen auch die in Abbildung 3 in gleicher Weise für die Niederschlagsmengen des Frühlings wiedergegebenen Kurven der 18 Teilgebiete Österreichs große Ähnlichkeiten in benachbarten Gebieten einerseits und die gebietsweise unterschiedliche Erstreckung einzelner markanter relativer Maxima oder Minima in den Kurven andererseits erkennen. Die Niederschlagsmengen ändern sich auch im Frühling in sehr unregelmäßigen Rhythmen, ohne daß eine durchgehende Tendenz zu beobachten wäre.

Von den bedeutendsten Extremen seien folgende erwähnt: Sofern die Beobachtungsreihen so weit zurückreichen, ist ein Höhepunkt einer schwachen übernormalen Abweichung um 1879 zu bemerken, worauf eine rasche und beträchtliche Abnahme der Niederschlagsmengen folgte, die am stärksten im westlichen Teil des nördlich vom Alpenhauptkamm gelegenen Teils von Österreich und abgeschwächt auch im Osten sich zeigte, im Süden aber nur sehr schwach zu merken ist. Im Westen und Norden dauerte die Zeit der unternormalen Niederschläge ziemlich lange, wobei die niedrigsten Werte um 1884 erreicht wurden. Nach

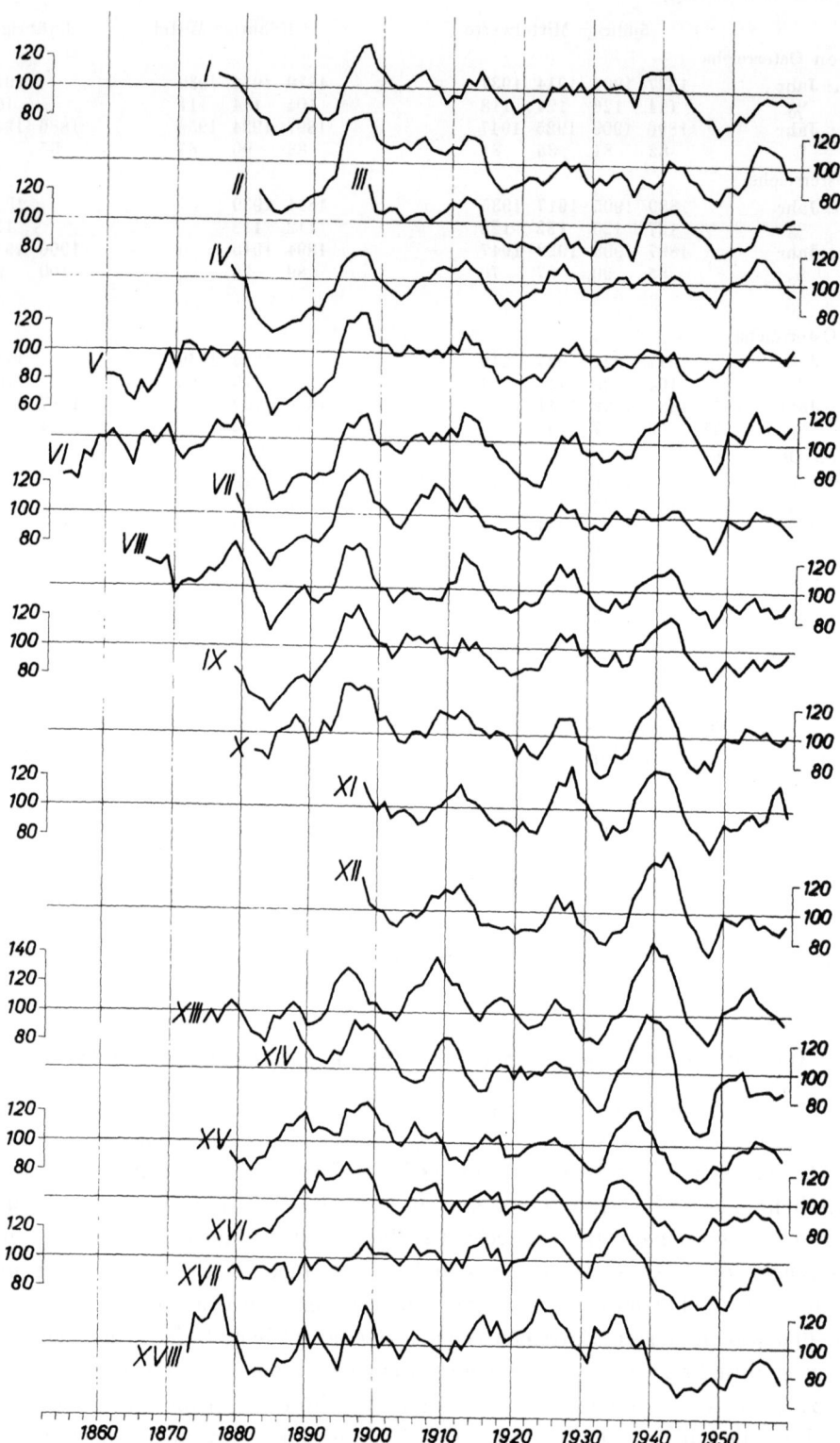

Abb. 3. Säkulare Änderungen der Niederschlagsmengen im Frühling in den 18 Teilgebieten nach übergreifenden 5jährigen Mittelwerten, ausgedrückt in Prozenten der Normalwerte 1891—1950

einer zuerst langsamen und dann raschen Zunahme folgte eine kurze Andauer übernormaler Niederschläge, die ihr Maximum um 1898 erreichten, das ebenfalls im gesamten nördlich vom Alpenhauptkamm gelegenen Gebiet von Österreich ziemlich gleichmäßig entwickelt war. Im südlichen Österreich nahmen in dieser Zeit die Niederschlagsmengen des Frühlings von einem schwächeren Minimum um 1882 mit Schwankungen bis zu einem Maximum um 1899 in einer vom Norden Österreichs abweichenden Form zu. Von dem Minimum unmittelbar vor der Jahrhundertwende nahmen in allen Teilgebieten die Niederschlagsmengen zuerst rasch wieder auf ein schwach unternormales Minimum um 1903 ab und von da an im Westen und Norden Österreichs meist unter unregelmäßigen Schwankungen wieder langsam auf ein schwach übernormales Maximum um 1912 zu, während in den südlichen Teilgebieten die Niederschlagsmengen mit unregelmäßigen Schwankungen um den Normalwert bis nahe 1920 sich nicht viel änderten. In den westlichen Teilgebieten, vor allem im weiteren Verlauf, traten Maxima um 1941, Minima um 1948 und wieder Maxima um 1954 auf. Im Donauraum, im nördlichen Voralpengebiet und in den Gebieten nördlich der Donau sind die rhythmischen Schwankungen der Niederschlagsmengen deutlicher entwickelt als im Westen. Es folgten dort auf ein niedriges Minimum um 1919 ein Maximum um 1926, ein Minimum um 1933, ein Maximum um 1941, ein Minimum um 1948 und ein schwaches Maximum um 1954. Das Maximum um 1941 war am stärksten in Niederösterreich entwickelt. In den Teilgebieten des südlichen Österreich folgte auf ein schwaches Minimum um 1931 ein rascher Anstieg auf ein deutliches Maximum um 1936 und hernach ein gleichmäßiger starker Abfall zu einem stark unternormalen Minimum um 1944, von dem aus die Niederschlagsmengen allmählich wieder bis 1955 zunahmen, ohne dabei aber den Normalwert zu überschreiten.

Eine bessere Übersicht über die großräumigen Niederschlagsänderungen im Frühling gibt wieder die Zusammenfassung der Gebiete I—VI für den Westen, VII—XIV für den Nordosten und XV—XVIII für den Süden Österreichs. Nach übergreifenden 5jährigen Mittelwerten sind die Niederschlagsänderungen für diese Räume für den Frühling in Abbildung 7 wiedergegeben. Die Eintrittszeiten und Werte der Hauptextreme findet man in Tabelle 3 zusammengestellt. Daraus ersieht man wieder eine große Ähnlichkeit in der Struktur der Niederschlagsänderungen im gesamten Gebiet Österreichs nördlich des Alpenhauptkammes, aber graduelle Unterschiede zwischen den westlichen und östlichen Teilen. Die negativen prozentuellen Abweichungen von den Normalwerten waren im Osten in der Zeit von 1882 bis 1892 kleiner, von 1931 bis 1934 und auch von 1946 bis 1948 aber größer als im Westen. Die prozentuellen Abweichungen waren in allen Zeiten relativ maximaler Niederschlagsmengen im Osten größer als im Westen, und zwar in den Zeitabschnitten 1895 bis 1897, 1908 bis 1912, 1926 bis 1928 und besonders 1937 bis 1943. Im letzten Maximum der Niederschlagskurven um 1954 waren die Niederschlagsmengen nur im Westen übernormal, im Osten sind sie aber zum Teil unternormal geblieben. Die Niederschlagskurve des südlichen Österreich zeigt nicht nur graduelle, sondern auch im Verlauf wesentliche Abweichungen von den Niederschlagskurven der nördlichen Teile Österreichs. Von 1874 bis 1878 finden sich im Süden große positive Anomalien, denen im Norden nur geringe positive Abweichungen gegenüberstehen. Die unternormalen Niederschläge des anschließenden Zeitabschnittes erreichten im Süden ihre größten Abweichungen schon 1883, das ist um zwei Jahre früher als im Norden, die Abweichungen waren dabei im Süden wesentlich kleiner, und die Zeit unternormaler Niederschläge dauerte um 5 Jahre kürzer. Das Niederschlagsmaximum um 1898 war im Süden wesentlich schwächer ausgebildet als im Norden Österreichs. Während im Norden Österreichs im Zeitabschnitt von 1915 bis 1924 die Niederschlagsmengen beträchtlich unternormal waren,

waren sie in dieser Zeit im Süden Österreichs meist sogar übernormal. Das Niederschlagsmaximum, das im Norden 1926 bis 1928 eintrat, ist im Süden schon um zwei Jahre früher eingetreten. Der Anstieg der Niederschlagsmengen vom nachfolgenden Minimum begann im Süden schon 1931, im Nordosten 1932 und im Westen sogar erst 1936. Ein beträchtliches Maximum wurde im Süden im Jahre 1936 erreicht, das ist zu einer Zeit, wo im ganzen Norden Österreichs die Niederschlagsmengen noch unternormal waren. Im ganzen Norden und besonders im Nordosten wurden beträchtlich übernormale Niederschlagsmengen von 1938 bis 1942 verzeichnet, während in dieser Zeit im Süden eine rasche Abnahme der Niederschläge eingetreten ist und dort ein sehr stark unternormales Minimum 1944 erreicht wurde, also zu einer Zeit, wo gleichzeitig die Niederschlagsmengen im gesamten Norden im Durchschnitt normal waren und dort das Minimum erst 1948 eintrat. Es zeigen sich demnach in den übergreifenden 5jährig gemittelten Niederschlagsreihen des Frühlings in den drei Teilgebieten Österreichs wieder sehr unregelmäßige Schwankungen, die keine durchgehende eindeutige Tendenz aufweisen, aber beträchtliche Unterschiede zwischen dem Süden und dem Norden des Landes erkennen lassen.

Einen deutlicheren Einblick in die langjährigen Schwankungstendenzen bekommt man wieder aus den Reihen der übergreifenden 10jährigen bzw. 30jährigen Mittelwerte der Frühlingsniederschläge, die in Abbildung 8 dargestellt sind. Die Eintrittszeiten und Werte der Extreme dieser Reihen sind der Tabelle 3 zu entnehmen.

In den nach übergreifenden 10jährigen Mittelwerten geglätteten Reihen fällt auf, daß im Norden des Landes die Niederschlagsmengen von einem Maximum im Dezennium 1871/1880 rasch auf ein Minimum im Dezennium 1882/1891 im Westen um 32% und im Nordosten um 24% abfielen, um dann sehr rasch auf ein Maximum im Dezennium 1894/1903 im Westen um 41% und im Nordosten um 31% anzusteigen. Im Süden war um diese Zeit der Abfall der Niederschlagskurve und auch der nachfolgende Anstieg schwächer, und das Minimum wurde dort um 2 Jahre früher erreicht. Nach dem Maximum im Dezennium 1884/1903 zeigt sich eine unter Schwankungen lang andauernde abnehmende Tendenz, wo die Dezennien-Mittelwerte bis 1911/1920 meist noch übernormal, nachher aber bis zum Dezennium 1929/1938 meist unternormal waren. Hernach erfolgte ein Anstieg der 10jährigen Mittelwerte bis zu einem Maximum im Dezennium 1935/1944, das im Nordosten stärker ausgebildet war als im Westen. Im Süden blieben die 10jährigen Niederschlagsmittelwerte des Frühjahrs unter geringfügigen Schwankungen vom Dezennium 1887/1896 bis 1933/1942 fast durchweg schwach übernormal. In der Zeit nachher wurden die Dezennienmittelwerte im Süden wesentlich stärker unternormal als im Westen und im Nordosten Österreichs.

Noch deutlicher zeigen sich langjährige Entwicklungstendenzen der Niederschlagsänderungen in den stark geglätteten Reihen der übergreifenden 30jährigen Mittelwerte in Abbildung 8. Im Westen und Nordosten fallen darin ein Anstieg der 30jährigen Mittelwerte von 1864/1893 bis 1887/1916 um 16% bzw. um 8% und hernach eine allmähliche langsame Abnahme bis zu schwach unternormalen 30jährigen Mittelwerten in der jüngsten Zeit auf. Im Süden waren dagegen die 30jährigen Mittelwerte vom Anfang der Reihe bis 1916/1945 schwach übernormal, nahmen aber seither bis zur Gegenwart um 11% ab.

Die säkularen Änderungen der Niederschlagsmengen im Sommer.

Aus den nach übergreifenden 5jährigen Mittelwerten der Sommerniederschlagsmengen der einzelnen Teilgebiete gebildeten Kurven, die in Abbildung 4 wiedergegeben sind, ist ersichtlich, daß die Schwankungen der Niederschlagsmengen im Sommer verhältnismäßig ` sind, aber unregelmäßig erfolgen, so daß deutliche Rhythmen nur wenig in Erscheinung treten und auch nicht in allen Teilgebieten gleichzeitig vorkommen. Ein deutliches Maximum fällt um 1890 im äußersten Westen, im oberösterreichischen Alpenvorland und andererseits auch im Kärntner Becken auf. Im nördlichen Niederösterreich zeigt sich ein Maximum um

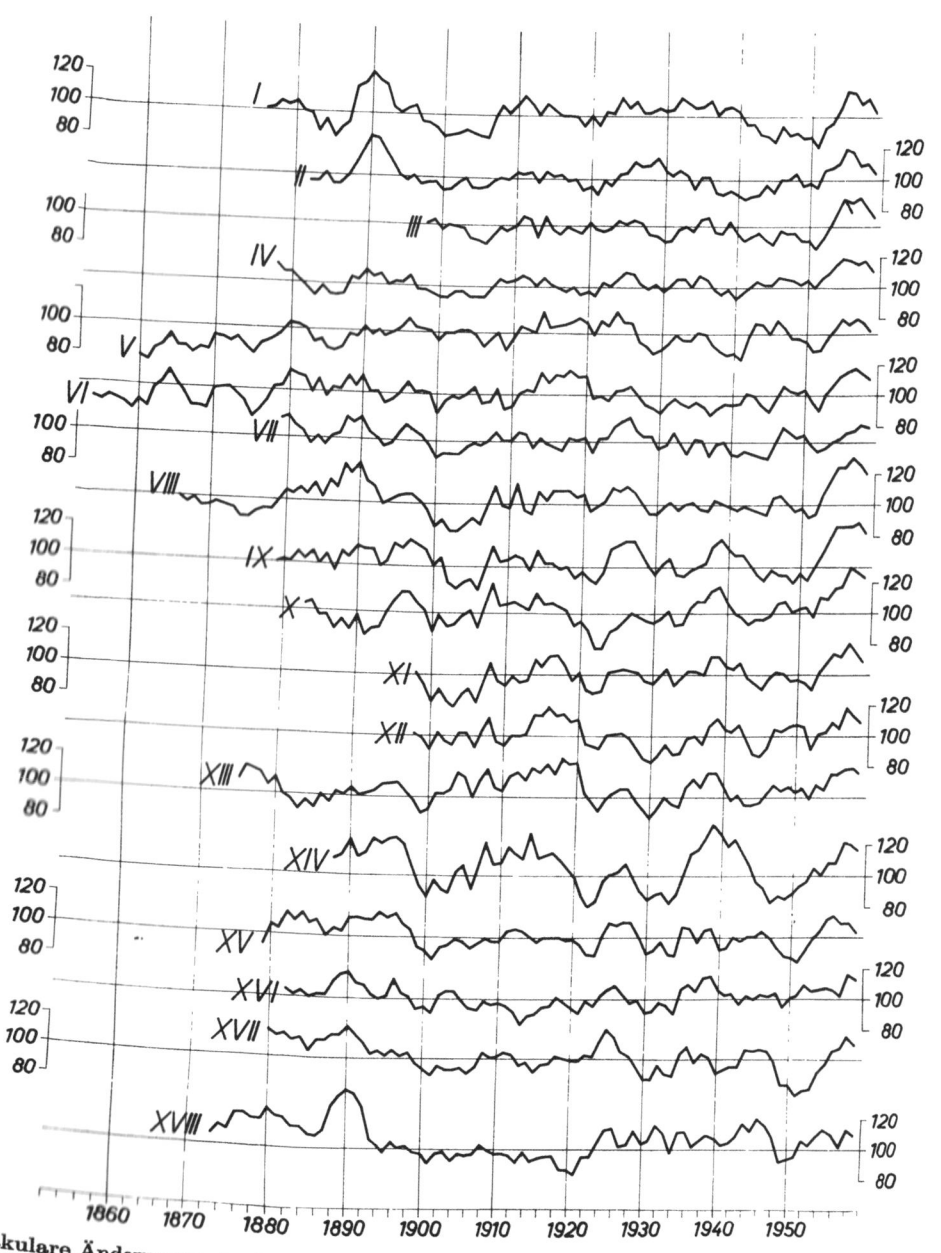

Abb. 4. Säkulare Änderungen der Niederschlagsmengen im Sommer in den 18 Teilgebieten nach übergreifenden 5jährigen Mittelwerten, ausgedrückt in Prozenten der Normalwerte 1891—1950.

1896. Um 1903 findet sich ein Minimum im westlichen Donauraum, um 1939 ein Maximum im Gebiet nördlich der Donau. Deutlich ist auch ein Maximum in neuester Zeit um 1957 zu merken, das am stärksten in den nördlichen Landesteilen in Erscheinung tritt, im Südalpengebiet aber nur schwach entwickelt ist.

Einen besseren Überblick über die Schwankungstendenzen der Sommerniederschläge zeigt wieder die Zusammenfassung zu Großteilgebieten in Abbildung 7. Auf den in dieser

Abbildung nach übergreifenden 5jährigen Mittelwerten dargestellten Kurven kommen die unregelmäßigen und verhältnismäßig kleinen Schwankungen der Sommerniederschläge deutlich zum Ausdruck. Die Kurven für den Westen und für den Nordosten Österreichs zeigen wieder große strukturelle Ähnlichkeit im Verlauf mit der Ausnahme, daß von 1936 bis 1942 im Nordosten Österreichs die Niederschlagsmengen übernormal, im Westen aber gleichzeitig unternormal waren. Die größten positiven Niederschlagsanomalien sind in beiden Reihen erst in jüngster Zeit um 1956 vorgekommen; ansonsten sind übernormale Niederschläge in geringerem Ausmaße zu erwähnen in den Jahren um 1890, 1896, 1914 und 1926. In jüngster Zeit waren auch im Süden Österreichs die sommerlichen Niederschlagsmengen übernormal, aber in geringerem Ausmaß als in den nördlichen Landesteilen. Im Süden findet man übernormale Niederschläge vom Beginn der Reihe bis 1898 mit 2 deutlichen Maxima um 1877 und 1890, in der Zeit von 1889 bis 1923 aber vorwiegend unternormale Werte. In der Folgezeit schwankten die Niederschlagsmengen unregelmäßig um den Normalwert; nur ein mäßiges Maximum um 1926, das etwas größer als das im Norden Österreichs ist, und ein schwaches Minimum um 1951 sind noch erwähnenswert.

In den nach übergreifenden 10jährigen Mittelwerten gezeichneten Kurven der Abbildung 8 sind wieder die geringen Schwankungen in den nördlichen und westlichen Teilen Österreichs auffallend. Vom Beginn der Reihe steigen die Kurven allmählich bis zu einem Maximum im Dezennium 1888/1897 an und fallen hernach zu einem schwachen Minimum 1898/1907 ab, während in der Folgezeit die 10jährigen Niederschlagsmittelwerte nur geringfügig unregelmäßig um den Normalwert schwankten und erst in der jüngsten Zeit wieder deutlich angestiegen sind. Im Süden waren dagegen die Niederschlagsmengen am Beginn der Reihe deutlich übernormal, und die nach 10jährigen Mittelwerten gezeichnete Kurve nimmt von einem Maximum im Dezennium 1875/1884 auf ein schwaches Minimum im Dezennium 1899/1908 ab, während in der Folgezeit die 10jährigen Mittelwerte nur geringe unregelmäßige Abweichungen vom Normalwert zeigen.

Einen noch stärkeren Ausgleich geben die nach übergreifenden 30jährigen Mittelwerten gezeichneten Kurven der Abbildung 8. Im Westen nahmen die 30jährigen Mittelwerte vom Beginn der Reihe bis 1869/1898 zu und zeigten in der ganzen Folgezeit nur geringfügige Abweichungen vom Normalwert, ebenso wie die erst später beginnende Reihe für die nordöstlichen Gebiete. Im Süden macht sich auch in den 30jährigen Mittelwerten noch ein deutlicher Abfall von einem Maximum 1874/1903 bis 1894/1923 bemerkbar, dem ein schwacher Anstieg bis 1919/1948 folgte, während in der Folgezeit wieder nur geringe unregelmäßige Abweichungen vom Normalwert vorkamen.

Die säkularen Änderungen der Niederschlagsmengen im Herbst

Wie die aus übergreifenden 5jährigen Mittelwerten der einzelnen Teilgebiete gezeichneten und in Abbildung 5 wiedergegebenen Kurven zeigen, sind die Schwankungen der Herbstniederschläge wieder größer als die der Sommerniederschläge, und es treten auch wieder einzelne Rhythmen deutlich hervor. Im besonderen fällt ein Niederschlagsmaximum um 1904 auf, das in allen Teilgebieten vorkam. Das nachfolgende Niederschlagsminimum um 1909 war am deutlichsten im Westen ausgebildet, im Süden aber nur in schwach unternormalen Werten angedeutet. Es folgte dann ein Niederschlagsmaximum um 1914, das am stärksten im nördlichen Voralpengebiet von Niederösterreich bis Salzburg in Erscheinung trat, im weiteren Westen und im nördlichen Donauraum aber schwächer entwickelt war. Im Süden wurde das Maximum erst um 1917 erreicht, in welchem Zeitabschnitt in allen nördlichen Gebieten Österreichs bereits eine rasche Abnahme der Niederschlagsmengen im Gange war. Nach diesem Maximum nahmen die Niederschlagsmengen im Süden sehr rasch auf unternormale Werte ab. Ferner fällt ein Maximum um 1941 auf, das am stärksten im äußersten Westen und im Mühlviertel auftrat, während um diese Zeit in Niederösterreich und im südlichen Österreich die Niederschlagsmengen bereits unternormal waren. Ein deutliches Mini-

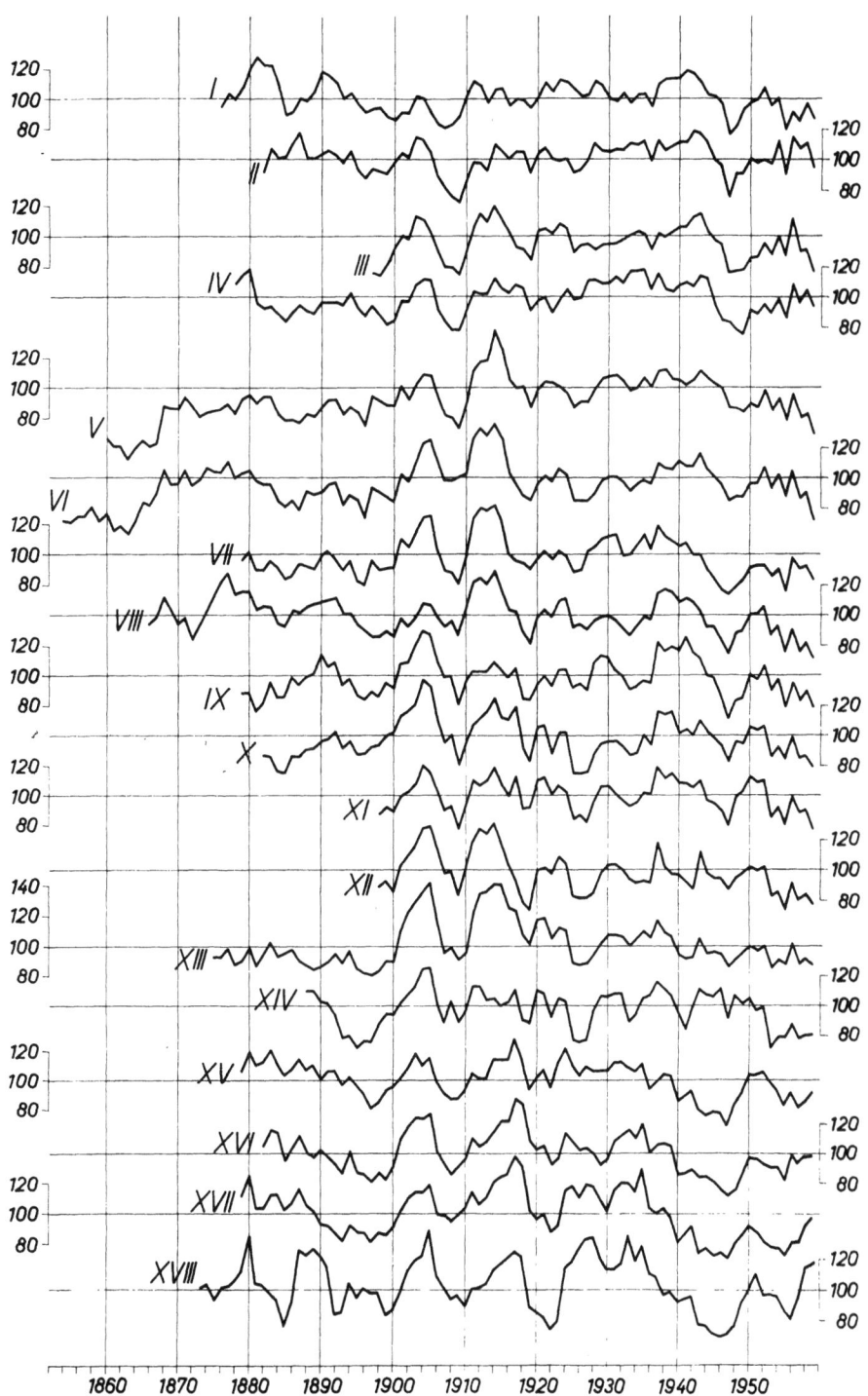

Abb. 5. Säkulare Änderungen der Niederschlagsmengen im Herbst in den 18 Teilgebieten nach übergreifenden 5jährigen Mittelwerten, ausgedrückt in Prozenten der Normalwerte 1891—1950.

mum 1947 ist in allen Gebieten auffallend, in Niederösterreich war es aber nur sehr schwach entwickelt. In den letzten Jahren der Beobachtungsreihen haben die Herbstniederschläge in allen Teilen des nördlich des Alpenhauptkammes gelegenen Gebietes von Österreich abgenommen, im Süden aber gleichzeitig zugenommen.

In der Zusammenfassung nach den 3 Teilgebieten Westen, Nordosten und Süden Österreichs werden in den aus übergreifenden 5jährigen Mittelwerten gezeichneten Kurven der Abbildung 7 die Hauptzüge der Niederschlagsschwankungen wieder deutlicher. Ab 1884 verlaufen die Kurven für das westliche und das nordöstliche Österreich ziemlich ähnlich, während sich vorher größere Unterschiede zeigen. Die Maxima um 1904 und 1914 waren im östlichen Teil des nördlichen Österreichs stärker ausgebildet als im westlichen Teil. Dagegen war es beim Maximum um 1943 und beim Minimum um 1947 umgekehrt. Im Süden Österreichs zeigen sich gegenüber dem Norden starke Abweichungen. Das im Norden um 1914 aufgetretene Maximum wurde im Süden erst 1917 erreicht. Von 1919 bis 1934 verläuft die Niederschlagskurve des Südens von Österreich nahezu invers zu der Niederschlagskurve des Nordostens von Österreich. Das 1947 seinen Höhepunkt erreichende Maximum war im Süden am stärksten entwickelt; die negativen Niederschlagsabweichungen begannen dort bereits 1940, das ist um 4 Jahre früher als im Norden.

In den in Abbildung 8 wiedergegebenen Kurven der nach übergreifenden 10jährigen Mittelwerten gezeichneten Niederschlagsreihen erscheinen die kurzfristigen Schwankungen wieder zum Teil ausgeglichen, und es zeigen sich deutlicher allgemeine Tendenzen der Niederschlagsentwicklung. Im Westen Österreichs nahmen die 10jährigen Mittelwerte am Beginn der Reihe von 1859/1868 an von stark negativen Abweichungen rasch zu und erreichten einen schwach übernormalen Wert 1873/1882. Hernach folgte eine langsame Abnahme bis 1893/1902 und von da an eine lang andauernde schwache Zunahme bis 1936/1945 und seither wieder eine rasche Abnahme bis zu einem Minimum im Dezennium 1946/1955. Die Niederschlagsänderungen im Osten nahmen einen etwas anderen Verlauf. Auf eine Zeit mit geringfügigen Schwankungen der 10jährigen Mittelwerte um den Normalwert 1866/1875 bis 1876/1885 folgte ein von 1877/1886 bis 1895/1904 dauernder Abschnitt mit schwach negativen Abweichungen, dem von 1896/1905 bis 1915/1924 wieder ein Abschnitt mit schwach positiven Abweichungen folgte. Ein rascher Abfall auf unternormale Mittelwerte wurde von einem allmählichen bis 1935/1944 dauernden Anstieg auf übernormale Werte abgelöst. Seither haben die Mittelwerte bis zur Gegenwart wieder auf unternormale Werte abgenommen. Im Süden Österreichs wurde ein Rückgang der 10jährigen Mittelwerte der Herbstniederschläge von einem Maximum des Dezenniums 1880/1889 bis zu einem Minimum im Dezennium 1891/1900 durch einen Anstieg bis zu einem Maximum im Dezennium 1910/1919 abgelöst. Die 10jährigen Mittelwerte blieben von 1896/1905 bis 1933/1942 fast durchwegs übernormal. Von einem Maximum im Dezennium 1926/1935 fielen die 10jährigen Mittelwerte stark auf ein Minimum im Dezennium 1941/1950 ab und nahmen seither wieder allmählich zu im Gegensatz zu Änderungen in den nördlichen Gebieten Österreichs.

In den noch stärker geglätteten Reihen der übergreifenden 30jährigen Mittelwerte zeigen sich die langjährigen Entwicklungstendenzen der Niederschlagsänderungen noch deutlicher, wie aus Abbildung 8 zu ersehen ist. Im Westen Österreichs folgten auf einen raschen Anstieg der 30jährigen Mittelwerte von 1857/1886 bis 1866/1895 ein langsamer weiterer Anstieg bis 1916/1945. Seither nahmen die 30jährigen Mittelwerte wieder langsam ab. Im Nordosten Österreichs stiegen die 30jährigen Mittelwerte der Herbstniederschläge von einem schwachen Minimum 1872/1901 auf ein schwaches Maximum 1902/1932 an, seither nahmen sie aber wieder allmählich ab. Im Süden waren die Schwankungen bedeutend größer: Von

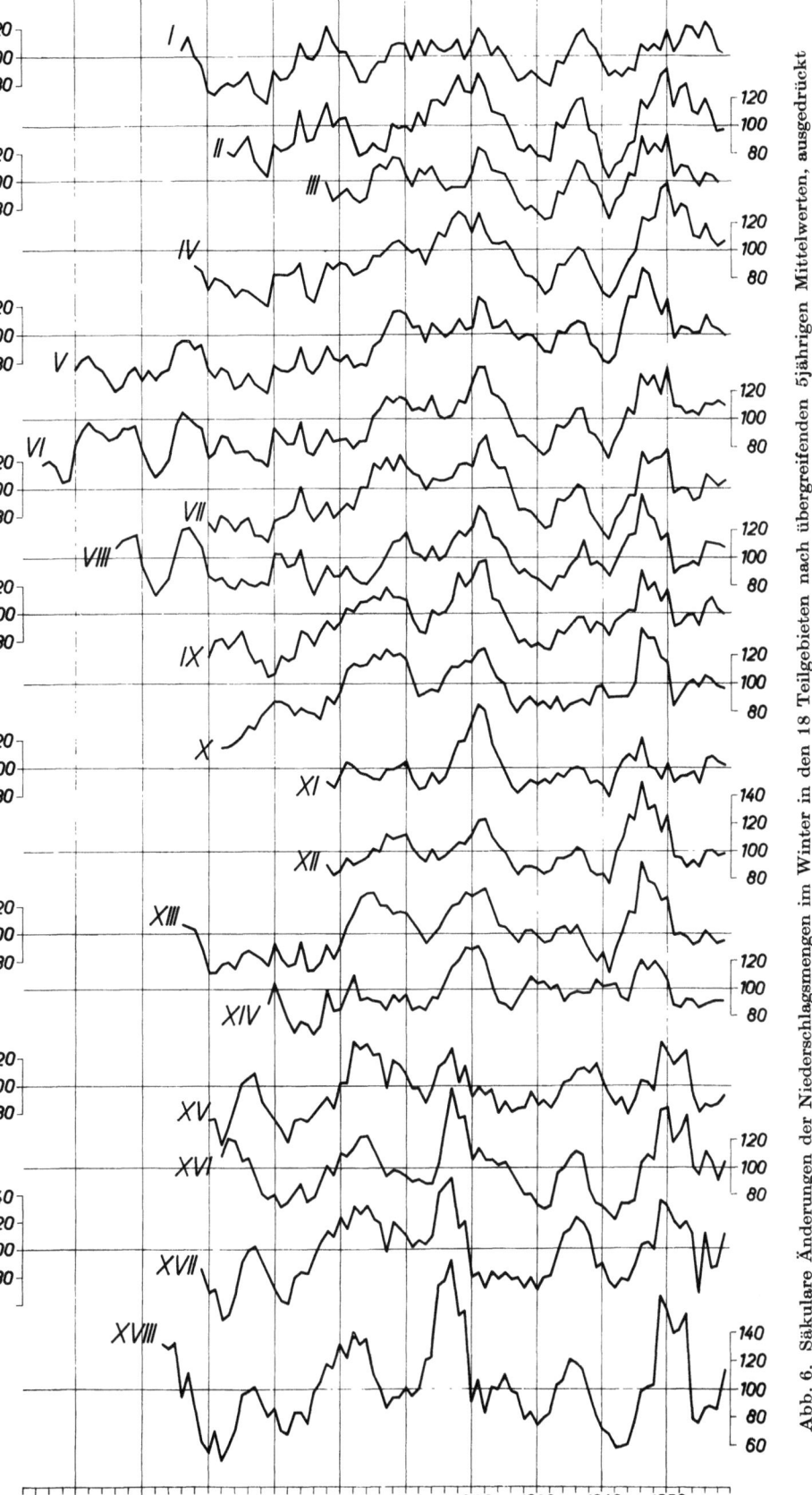

Abb. 6. Säkulare Änderungen der Niederschlagsmengen im Winter in den 18 Teilgebieten nach übergreifenden 5jährigen Mittelwerten, ausgedrückt in Prozenten der Normalwerte 1891—1950.

schwach übernormalen Werten 1874/1903 stiegen die 30jährigen Mittelwerte bis zu einem beträchtlichen Maximum 1911/1940 an und fielen seither bis zur Gegenwart wieder stark ab.

Die säkularen Änderungen der Niederschlagsmengen im Winter

Aus den in Abbildung 6 dargestellten nach 5jährig übergreifenden Mittelwerten der Winterniederschlagsmengen gezeichneten Kurven ist ersichtlich, daß die relativen Schwankungen der Winterniederschläge im allgemeinen merklich größer als die Niederschlagsschwankungen in den anderen Jahreszeiten sind. Es heben sich auch deutlich einzelne Rhythmen, allerdings wieder in unregelmäßiger Folge, heraus und es zeigen sich auch wieder merkliche Unterschiede zwischen verschiedenen Gebieten.

In den weit zurückreichenden Reihen fallen zunächst ein deutliches Minimum um 1872 und ein darauffolgendes schwaches Maximum um 1877 in den Gebieten nördlich des Alpenhauptkammes auf. In den nördlichen und westlichen Gebieten folgte ein Abschnitt mit stärker unternormalen Niederschlägen zwischen 1880 und 1898, in dem das Minimum in den westlichen Teilgebieten 1898, in den östlichen Teilgebieten meist aber schon früher erreicht wurde. In den südlichen Teilgebieten ist ein Minimum um 1882 zu verzeichnen, dem aber ein rascher Anstieg auf schwach übernormale Niederschlagsmengen um 1887 folgte, also gerade zur selben Zeit, wo in den nördlichen und westlichen Gebieten stark unternormale Niederschlagsmengen vorkamen. Auf ein in den südlichen Teilgebieten stark entwickeltes Minimum um 1892, dem in den nördlichen und westlichen Teilgebieten nur schwach unternormale Niederschläge gegenüberstehen, folgte im Süden ein stark entwickeltes Maximum um 1903, während im Norden ein gleichzeitiges schwach entwickeltes Minimum erreicht wurde. Dagegen stehen dem im Süden folgenden schwachen Minimum um 1907 im Norden gleichzeitig wieder übernormale Niederschlagsmengen gegenüber. Es scheint demnach, daß im Winter mehr als in den übrigen Jahreszeiten eine Tendenz zu einem gegenläufigen Verhalten der Niederschlagsänderungen in den nördlichen Gebieten einerseits und in den südlichen Gebieten Österreichs andererseits besteht. Ein im Süden sehr stark entwickeltes Maximum um 1917, das dort das Hauptmaximum der ganzen Reihe darstellt, griff auch noch auf das Tiroler Inntal und das inneralpine Salzachtal über. In den übrigen Teilgebieten ging aber der Anstieg der Winterniederschlagsmengen weiter und erreichte das Maximum erst 1912, während gleichzeitig in den südlichen Teilgebieten die Niederschlagsmengen auf schwach unternormale Werte rasch abgenommen haben. In den westlichen Teilgebieten bis einschließlich Oberösterreich folgte auf das Niederschlagsmaximum von 1912 eine starke Abnahme der Niederschlagsmengen bis zu einem beträchtlichen Minimum um 1932, während in den östlichen und südlichen Teilen Österreichs diese Abnahme der Niederschlagswerte wesentlich kleiner war. Von dem Minimum 1932 nahmen in den westlichen und südlichen Teilgebieten die Niederschlagsmengen in der Folgezeit auf ein durch schwach übernormale Werte charakterisiertes Maximum um 1936 zu, während in den östlichen Teilgebieten dieser Anstieg nur mäßig war. Ein Minimum um 1941 ist in den Kurven für die westlichen Teilgebiete deutlich ausgebildet und auch in den südlichen Gebieten vorhanden, dort aber auf 1942 verschoben. In den nördlichen und westlichen Teilgebieten folgte ein rascher Anstieg von dem Minimum zu einem deutlichen zweigipfeligen Maximum um 1946 bzw. 1950. In den südlichen Teilgebieten trat dieses zweigipfelige Maximum mit sehr hohen Werten erst 1949 bzw. 1953 ein. Darauf folgte in allen Teilgebieten ein sehr rascher Abfall auf Werte, die in den westlichen Gebieten etwas über, in den östlichen und südlichen Gebieten aber etwas unter den Normalwerten lagen.

In der Zusammenfassung nach den drei Großgebieten Westen, Nordosten und Süden Österreichs zeigen sich in den nach übergreifenden 5jährigen Mittelwerten der Winterniederschlagsmengen in Abbildung 7 dargestellten Kurven große Schwankungen und die

Unterschiede der einzelnen Teilgebiete sehr deutlich. Die Kurven für den Westen Österreichs und für den Norden Österreichs zeigen untereinander der Struktur nach im allgemeinen große Ähnlichkeit, in einzelnen Abschnitten aber auch bemerkenswerte Abweichungen. Es waren z. B. zwischen 1901 und 1906 die Niederschlagsmengen im Nordosten übernormal,

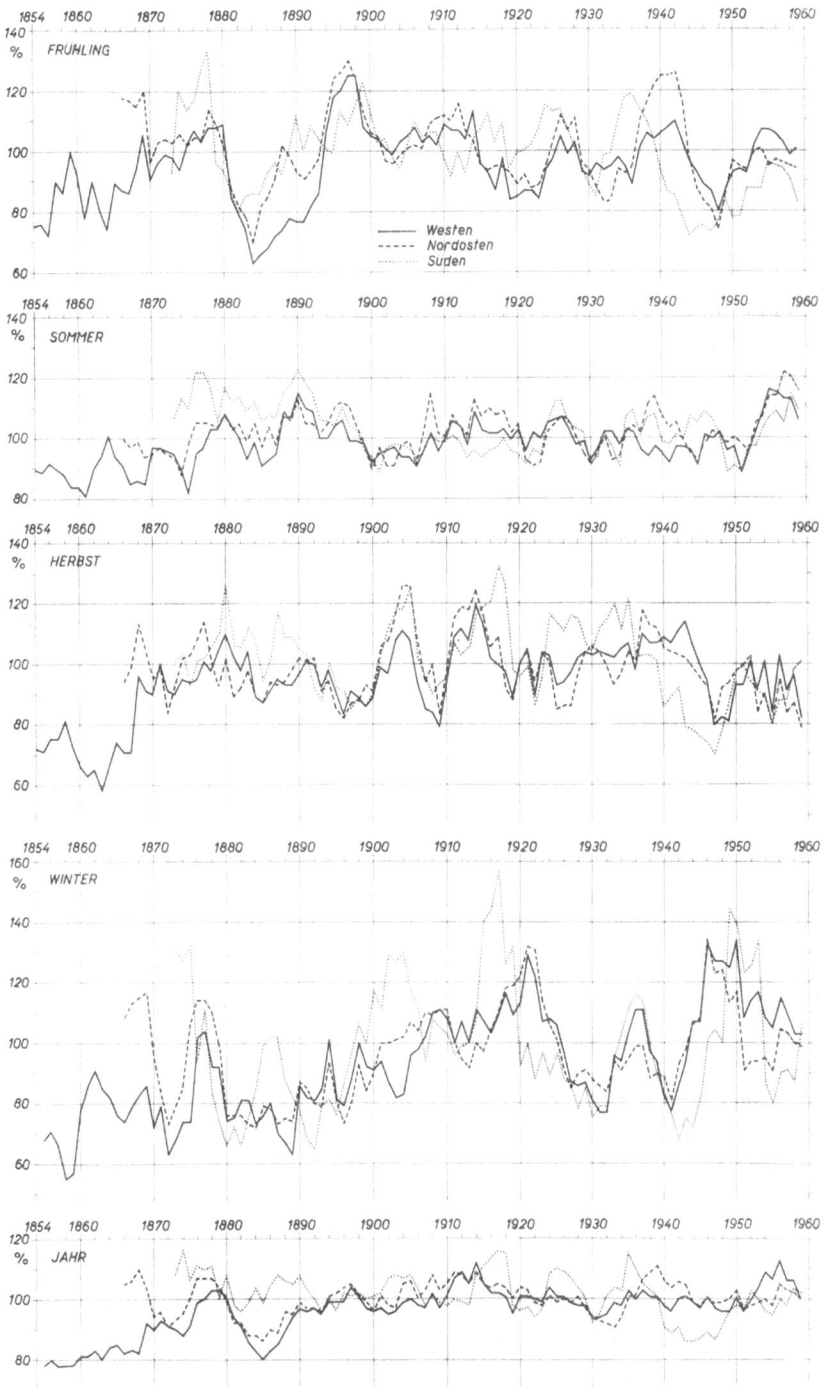

Abb. 7. Säkulare Änderungen der Jahresniederschlagsmengen und der Niederschlagsmengen im Frühling, Sommer, Herbst und Winter im Westen, Nordosten und Süden Österreichs nach übergreifenden 5jährigen Mittelwerten, ausgedrückt in Prozenten der Normalwerte 1891—1950.

während sie gleichzeitig im Westen unternormal waren; zwischen 1935 und 1937 und später auch zwischen 1951 und 1955 war es aber umgekehrt. Einen fast völlig anderen Verlauf nimmt die Kurve der winterlichen Niederschlagsmengen des Südens. Die Abweichungen wurden bereits bei der Besprechung der einzelnen Teilgebiete nach Abbildung 6 hinreichend hervorgehoben und sollen daher hier nicht mehr wiederholt werden.

Da die Schwankungen der 5jährig übergreifenden Mittelwerte zwar sehr groß waren, aber in kurzen Rhythmen erfolgten, wird durch die nach übergreifenden 10jährigen und 30jährigen Mittelwerten gezeichneten Kurven der Abbildung 8 eine starke Glättung bewirkt, die die den kurzen Rhythmen überlagerten großzügigen Tendenzen deutlich in Erscheinung treten läßt.

In der Reihe der übergreifenden 10jährigen Mittelwerte der Winterniederschlagsmengen des Westens traten am Beginn über mehrere Dezennien hin stark unternormale Werte auf.

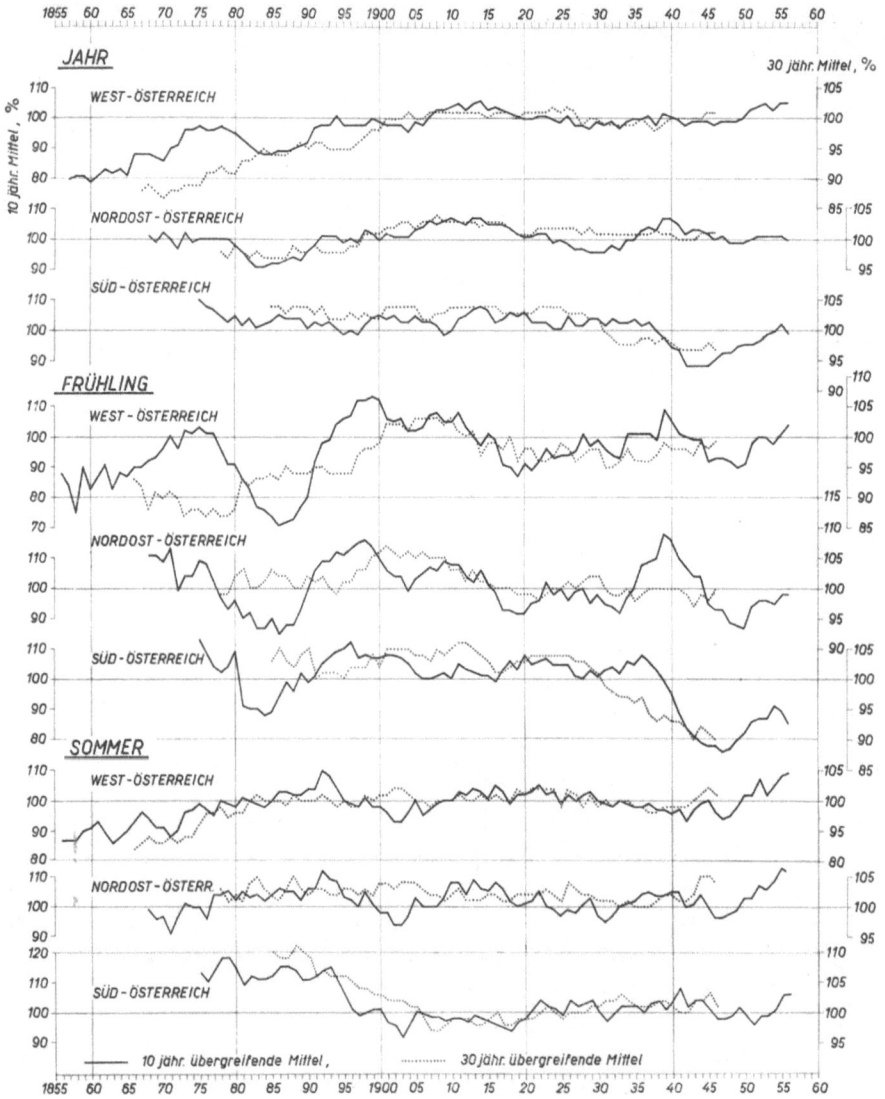

Abb. 8. Säkulare Änderungen der Jahresniederschlagsmengen und der Niederschlagsmengen im Frühling, Sommer, Herbst und Winter im Westen, Nordosten und Süden Österreichs nach übergreifenden 10- und 30jährigen Mittelwerten, ausgedrückt in Prozenten der Normalwerte 1891—1950.

Abb. 8 (Fortsetzung)

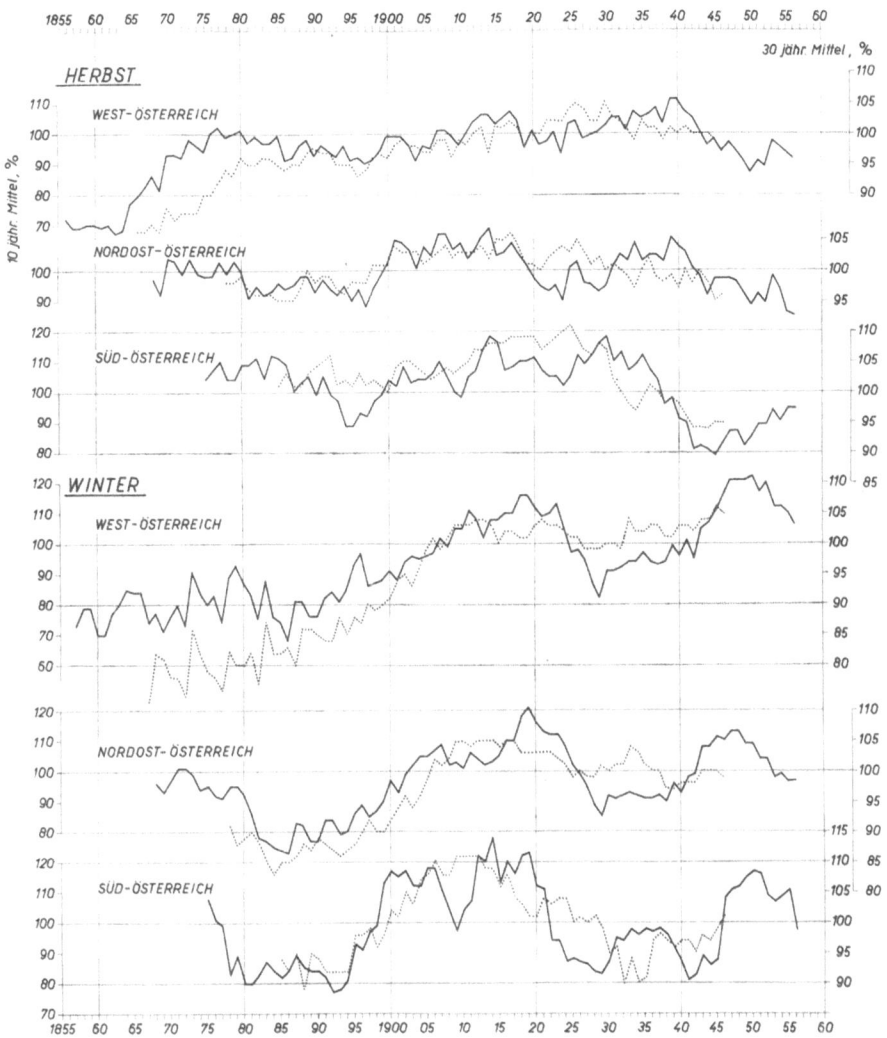

Beginnend von einem Minimum mit einem stark unternormalen Mittelwert im Dezennium 1882/1891, erfolgte dann ein lang andauernder Anstieg bis zu einem beträchtlichen Maximum im Dezennium 1915/1924, darauf ein Abfall bis zu einem Minimum im Dezennium 1925/1934, dann wieder ein Anstieg bis zum höchsten Maximum der ganzen Reihe im Dezennium 1946/1955 und seither wieder ein Rückgang, der aber den Normalwert noch nicht unterschritten hat. Abgesehen vom Beginn der Reihe, ist auch in der Kurve der 10jährigen Niederschlagsmittelwerte des Nordostens ein in groben Zügen ähnlicher Verlauf festzustellen: Von einem schwach übernormalen Wert im Dezennium 1868/1877 ein Abfall bis zu einem Minimum im Dezennium 1882/1891, dann ein Anstieg zu einem Maximum im Dezennium 1915/1924, darauf wieder ein Abfall zu einem Minimum im Dezennium 1925/1934, dann ein schwächerer Anstieg als im Westen bis zum Maximum im Dezennium 1944/1953 und seither wieder ein Abfall auf schwach unternormale Mittelwerte. Der Kurvenverlauf für den Süden zeigt ein anderes Bild: stark unternormale Werte vom Dezennium 1874/1883 bis 1890/1899, darauf ein rascher Anstieg zu stark übernormalen Werten vom Dezennium 1896/1905 bis 1902/1911, von da an ein rascher Abfall auf einen schwach unternormalen Wert im Dezennium 1905/1914 und darauf wieder ein rascher Anstieg auf den Höchstwert der ganzen

Reihe im Dezennium 1910/1919; es folgte ein Abfall zu einem Minimum im Dezennium 1925/1934, nach 8 nur wenig unternormalen 10jährigen Mittelwerten ein neues Minimum im Dezennium 1937/1946, darauf ein Anstieg zu einem Maximum im Dezennium 1946/1955 und seither wieder eine Abnahme auf einen schwach unternormalen Wert im letzten Dezennium.

In noch stärkerer Glättung nach übergreifenden 30jährigen Mittelwerten ist nach Abbildung 8 für den Westen ein lang andauernder Anstieg von 1853/1882 bis zu einem mäßig übernormalen Maximum 1899/1929 festzustellen, darauf eine schwache Abnahme bis zu einem nur wenig unternormalen Minimum um 1914/1943 und seither wieder ein langsamer Anstieg zu einem schwachen Maximum in jüngster Zeit. In der Kurve der übergreifenden 30jährigen Mittelwerte des Nordostens folgt auf einen lang andauernden Anstieg von einem stark unternormalen Wert um 1870/1899 auf ein mäßig übernormales Maximum um 1896/1925 unter unregelmäßigen Schwankungen kleineren Ausmaßes eine schwache Abnahme auf einen wenig unternormalen Wert im letzten 30jährigen Mittel. Auch die starken Schwankungen der Winterniederschlagsmengen im Süden sind in der nach übergreifenden 30jährigen Mittelwerten geglätteten Kurve stark ausgeglichen. Es findet sich dort ein Anstieg von einem Minimum 1874/1903 auf ein stark übernormales Maximum 1896/1925, darauf eine Abnahme auf ein Minimum 1920/1949 und seither wieder ein Anstieg auf einen nur wenig übernormalen letzten 30jährigen Mittelwert.

Die Veränderlichkeit der Niederschlagsmengen

Während in den vorhergehenden Abschnitten die zeitlichen Folgen der Niederschlagsänderungen in der Glättung der Beobachtungsreihen nach mehrjährigen Mittelwerten dargestellt worden sind, seien zum Abschluß noch einige Bemerkungen über die Veränderlichkeit

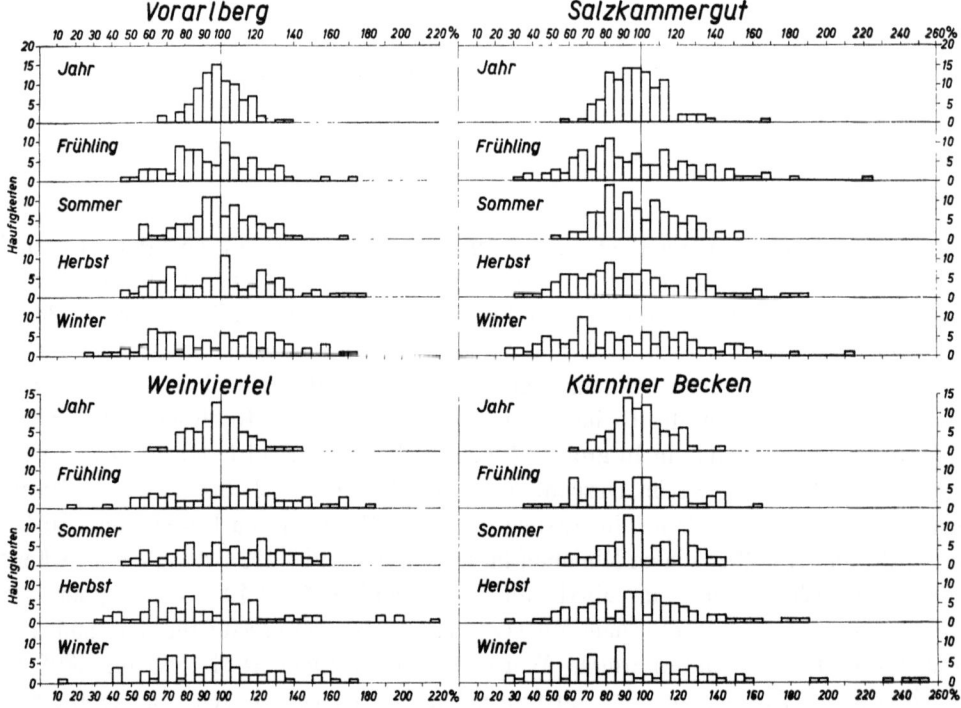

Abb. 9. Häufigkeitsverteilung der Gebietsniederschlagsmengen von Vorarlberg, Salzkammergut, Weinviertel und Kärntner-Becken für die Jahres- und Jahreszeitenmengen, ausgedrückt in Prozenten der Normalwerte 1891—1950.

Tabelle 4. Häufigkeitsverteilung der Gebietsniederschlagsmengen von Vorarlberg, Salzkammergut, Weinviertel und Kärntner Becken für die in Prozenten der Normalwerte 1891—1950 ausgedrückten Jahres- und Jahreszeitenmengen

%	I. Vorarlberg Jahr	Fr.	So.	He.	Wi.	VI. Salzkammergut Jahr	Fr.	So.	He.	Wi.	XIV. Weinviertel Jahr	Fr.	So.	He.	Wi.	XVII. Kärntner Becken Jahr	Fr.	So.	He.	Wi.
— 200	—	—	—	—	—	—	1	—	—	1	—	—	—	1	—	—	—	—	—	4
196—200	—	—	—	—	—	—	—	—	—	—	—	—	2	—	—	—	—	—	—	1
191—195	—	—	—	—	—	—	—	—	—	—	—	—	—	—	—	—	—	—	—	1
186—190	—	—	—	—	—	—	—	—	1	—	—	—	2	—	—	—	—	—	1	—
181—185	—	—	—	—	—	—	1	—	1	1	—	1	—	—	—	—	—	—	1	—
176—180	—	—	—	—	1	—	—	—	1	—	—	—	—	—	—	—	—	—	1	—
171—175	—	1	—	1	1	—	—	—	—	—	—	—	—	—	1	—	—	—	—	—
166—170	—	—	1	1	1	1	2	—	—	—	—	3	—	—	—	—	—	—	—	—
161—165	—	—	—	1	—	—	1	—	2	1	—	1	—	—	1	—	1	—	1	—
156—160	—	1	—	—	3	—	—	—	1	2	—	1	3	—	3	—	—	—	1	1
151—155	—	—	—	2	—	—	1	2	1	3	—	—	1	2	2	—	—	—	1	2
146—150	—	—	—	1	2	—	3	—	1	3	—	3	2	2	—	—	—	—	1	—
141—145	—	—	1	—	—	—	—	2	1	1	1	2	3	1	—	1	4	2	2	1
136—140	1	1	1	2	3	1	4	—	3	2	1	2	3	2	1	—	3	2	2	2
131—135	1	4	4	5	4	2	1	4	6	2	1	2	4	1	3	—	1	4	—	2
126—130	—	3	3	4	6	2	4	6	5	4	1	4	3	1	3	1	1	5	3	4
121—125	2	3	4	7	2	2	5	4	1	6	3	—	7	1	2	6	4	9	4	3
116—120	7	6	6	3	6	—	3	6	3	4	4	5	4	6	2	4	3	1	5	2
111—115	6	3	5	2	5	11	8	7	3	6	5	4	2	—	2	5	4	6	5	5
106—110	10	6	9	3	4	9	4	10	5	3	9	6	5	5	4	7	6	5	7	1
101—105	11	10	6	11	6	13	4	5	7	6	9	6	4	7	7	12	8	1	2	2
96—100	15	4	11	5	2	14	7	8	6	3	13	3	6	2	5	11	8	9	8	1
91—95	13	5	11	5	4	14	5	12	6	5	8	5	3	3	4	14	3	13	8	2
86—90	9	8	6	3	2	11	6	8	5	4	5	2	—	3	2	8	7	6	3	9
81—85	5	8	4	3	5	13	11	14	9	6	6	2	6	7	7	5	5	5	1	3
76—80	3	9	4	3	1	6	9	7	7	2	5	2	4	3	1	4	5	5	6	2
71—75	—	2	3	8	6	5	3	7	6	7	—	4	3	4	7	3	5	2	5	7
66—70	2	3	1	4	6	1	8	2	5	10	1	3	2	1	6	—	2	2	4	3
61—65	—	3	1	4	7	—	6	2	6	4	1	4	1	6	1	1	8	3	—	6
56—60	—	3	4	3	3	1	2	—	6	3	—	3	4	3	3	—	1	2	4	1
51—55	—	1	—	1	1	—	3	1	4	4	—	3	2	1	—	—	—	—	3	5
46—50	—	1	—	2	2	—	2	—	2	5	—	—	1	1	—	—	1	—	1	3
41—45	—	—	—	—	1	—	—	—	1	3	—	—	—	3	4	—	1	—	1	3
36—40	—	—	—	—	1	—	2	—	1	1	—	1	2	—	—	—	1	—	—	3
31—35	—	—	—	—	—	—	1	—	1	2	—	—	1	—	—	—	—	—	—	1
26—30	—	—	—	—	1	—	—	—	—	2	—	—	—	—	—	—	—	—	1	2
21—25	—	—	—	—	—	—	—	—	—	—	—	—	—	—	—	—	—	—	—	—
16—20	—	—	—	—	—	—	—	—	—	—	—	1	—	—	—	—	—	—	—	—
11—15	—	—	—	—	—	—	—	—	—	—	—	—	—	—	—	1	—	—	—	—

der einzelnen Jahres- oder Jahreszeitenwerte ohne Rücksicht auf ihre zeitlichen Folgen angefügt. Diese Veränderlichkeit zeigt sich am übersichtlichsten in Häufigkeitsverteilungen, die für die vier Teilgebiete Vorarlberg, Salzkammergut, Weinviertel und Kärntner Becken in Tabelle 4 wiedergegeben und in Abbildung 9 graphisch dargestellt sind.

Daraus ist ersichtlich, daß in allen Gebieten die Häufigkeitsverteilung der Jahresniederschlagsmengen einer Gaußschen Normalverteilung ähnlich ist, wobei der Scheitelwert auf schwach unternormale Werte fällt. Die Häufigkeitsverteilungen der jahreszeitlichen Niederschlagsmengen zeigen dagegen eine sehr weite Streuung, und es kommen dabei meist mehrere Scheitelwerte vor, die oft weite Abstände voneinander haben und besagen, daß größere Abweichungen verschiedenen Ausmaßes sowohl im Sinne übernormaler wie auch unternormaler Niederschlagsmengen mit relativ großer und annähernd gleich großer Häufigkeit vorkommen.

Die Variationsbreite der Niederschlagsmengen ist, beurteilt nach den in Prozenten der 60jährigen Normalwerte ausgedrückten Abweichungen, bei den Jahresniederschlagsmengen bedeutend kleiner als bei den Niederschlagsmengen der Jahreszeiten und im Winter ungefähr doppelt so groß wie im Sommer, was sich auch schon aus der Tabelle 2 und aus der Zusammenfassung der durchschnittlich größten und kleinsten relativen Niederschlagsmengen aller 18 Teilgebiete auf Seite 11 ergeben hat.

Um einen quantitativen Vergleich der Veränderlichkeit der Niederschlagsmengen in verschiedenen Teilgebieten zu ermöglichen, sind in Tabelle 5 die durchschnittlichen Abweichungen der Einzelwerte von den 60jährigen Mittelwerten für 6 ausgewählte Gebiete für die Periode 1891—1950 zusammengestellt.

Tabelle 5: Durchschnittliche Abweichung der in % der Mittelwerte der Periode 1891—1950 ausgedrückten Niederschlagsmengen.

	Jahresmenge	Frühling	Sommer	Herbst	Winter
Vorarlberg	9,9	19,0	15,3	22,6	25,1%
Inneralpines Salzachgebiet	8,7	16,3	11,4	21,6	28,7%
Salzkammergut	10,6	26,4	16,7	27,8	27,6%
Mühlviertel	11,5	20,1	19,1	29,2	25,3%
Waldviertel	12,4	27,0	25,4	31,2	25,1%
Kärntner Becken	11,7	21,1	17,8	25,8	38,1%

Unter den ausgewählten Teilgebieten ist die Veränderlichkeit der Jahresniederschlagsmengen am kleinsten im inneralpinen Salzachgebiet. In den nördlichen Alpenrandgebieten und im nördlichen Alpenvorland nehmen die durchschnittlichen Abweichungen der Jahresniederschlagsmengen von den Normalwerten von Vorarlberg bis zum Weinviertel, das ist von Westen gegen Osten hin, zu. Im Kärntner Becken ist die durchschnittliche Abweichung der Jahresniederschlagsmengen kleiner als im Weinviertel, aber größer als in den anderen Teilgebieten und bedeutend größer als in den Gebieten der westlichen Nordalpen.

Mit Ausnahme des Winters sind auch die durchschnittlichen Abweichungen der jahreszeitlichen Niederschlagsmengen im inneralpinen Salzachgebiet am kleinsten unter den 6 Teilgebieten, während sie ebenfalls mit Ausnahme des Winters in den übrigen Jahreszeiten am größten im Weinviertel sind. Im Frühling ist die durchschnittliche Abweichung der Niederschlagsmengen auch im Salzkammergut sehr groß. Im Sommer und im Herbst nehmen die durchschnittlichen Abweichungen im nördlichen Alpenrandgebiet und im nördlichen Alpenvorland ähnlich wie bei den Jahresmengen von Westen gegen Osten zu. Im Kärntner Becken ist die durchschnittliche Abweichung der Niederschlagsmengen im Sommer kleiner als in den Gebieten nördlich der Donau und im Herbst ebenso wie im Frühling auch kleiner als im Salzkammergut. In allen 6 Teilgebieten sind die durchschnittlichen Abweichungen der Niederschlagsmengen im Herbst merklich größer als im Frühling, bei sonst ähnlicher regionaler Verteilung. Im Winter ist die durchschnittliche Abweichung der Niederschlagsmengen im Kärntner Becken weitaus größer als in den übrigen Teilgebieten; am kleinsten sind die durchschnittlichen Abweichungen in dieser Jahreszeit in Vorarlberg und in den Gebieten nördlich der Donau.

Aus diesen Vergleichen ergibt sich, daß die Veränderlichkeit der Niederschlagsmengen in den verschiedenen Jahreszeiten große Unterschiede zwischen den einzelnen Teilgebieten aufweist, die nicht in allen Jahreszeiten gleich groß sind, zum Teil aber doch Tendenzen einer kontinuierlichen Änderung erkennen lassen, wie etwa die Zunahme der durchschnittlichen Abweichungen der Jahresniederschlagsmengen und der Sommer- und Herbstniederschläge von Westen gegen Osten am Nordalpenrand und im nördlichen Alpenvorland.

Die Eisablation auf dem Hintereisferner im Haushaltsjahr 1953/54 [1] [2]

Von R. Rudolph

(Aus dem Geographischen Institut der Universität Innsbruck)

Mit 7 Textabbildungen

Der Hintereisferner liegt zu Füßen der Weißkugel (3739 m) auf der Nordseite des Alpenhauptkammes (Gletschertor 1954 etwa bei 2380 m in 46° 49′ N und 10° 49′ ö. L.). Er ist wie fast alle Gebirgsgletscher der Erde seit Jahren in ständigem Rückzug begriffen und bedeckt derzeit ein Areal von knapp 10 km². Mit einer Gesamtlänge von 7 km zählt der E—NE exponierte Eisstrom im obersten Rofental aber nach wie vor zu den größten und eindrucksvollsten Gletschern der Ostalpen (Abb. 1).

Eine Reihe äußerst günstiger Faktoren ließ den Hintereisferner schon früh zu einer klassischen Stätte der modernen Gletscherforschung werden. Seit A. Blümcke und H. Hess hier im Jahre 1893 mit großangelegten systematischen Studien begannen, versuchten immer wieder Wissenschaftler der verschiedensten Fachgebiete am Hintereis Aufschlüsse über das Wesen und Verhalten der Gletscher zu erlangen. Da die nicht zu stark und fast gleichmäßig geneigte Zunge, ihre leichte Zugänglichkeit, die äußerst geringe Zerklüftung und ein besonders günstiges Verhältnis zwischen Nähr- und Zehrgebiet ein Aufspüren allgemein gültiger Gesetzmäßigkeiten erleichtert, entstammen einige grundlegende Erkenntnisse der Glaziologie den Forschungen am Hintereisferner. Auf Grund der zahlreichen Untersuchungen können für diesen Gletscher darüber hinaus eindeutige Aussagen über seine Ausdehnung und Bewegungstendenz im Verlauf der letzten 70 Jahre gemacht werden. Nur wenige Gletscher der Erde sind seit so langer Zeit und in so befriedigender Weise definiert. Die Möglichkeit, eine Haushaltsbestimmung am Hintereisferner durch vergleichbare Daten aus früheren Studien abgrenzen zu können, war für die Arbeitsgemeinschaft eine sehr wertvolle Hilfe. Stark gefördert wurden die Untersuchungen ferner durch eine photogrammetrische Neuvermessung des Hintereisferners von R. Finsterwalder im August 1953 [3].

Als Standquartier für die Untersuchungen diente der Arbeitsgemeinschaft das Hochjochhospiz (2412 m), von dem der Gletscherrand des Hintereisferners ohne besondere Schwierigkeiten in etwa 30 Minuten erreicht werden konnte. Da der Gletscher im Jahre 1954 im Zungengebiet fast vollständig spaltenfrei war, wurden bei den Begehungen keine besonderen Sicherungsmaßnahmen notwendig. Vorsicht erforderten allerdings in einzelnen — meist randlichen — Zonen eine Reihe sehr ausgedehnter Gletschermühlen. In den fünf Monaten der Hauptarbeitszeit von Ende Mai bis Ende Oktober 1954 war an 113 Tagen immer mindestens ein Angehöriger der Arbeitsgemeinschaft auf dem Hochjochhospiz stationiert.

Für die flächenhafte Ablationsbestimmung wurden auf dem Hintereisferner vom Gletschertor bis in eine Höhe von fast 3100 m insgesamt 70 Signale aufgestellt. Ein Teil

---

[1] Diese Arbeit ist dem Vorstand des Geographischen Institutes der Universität Innsbruck, Herrn Professor Dr. Hans Kinzl, zum 60. Geburtstag gewidmet.

[2] Im Rahmen einer umfassenden Haushaltsbestimmung wurden von einer Arbeitsgemeinschaft des Geographischen Institutes der Universität Innsbruck (unter der Leitung von O. Schimpp und R. Rudolph) im Jahre 1954 eingehende Ablationsmessungen auf dem Hintereisferner (Ötztaler Alpen) durchgeführt. Die Arbeiten, die sich über die ganze Ablationsperiode und auf das gesamte Zehrgebiet erstreckten, fanden eine großzügige Förderung durch die Innwerk AG. (Töging/Obb.), den Deutschen Alpenverein und die Deutsche Forschungsgemeinschaft. Den genannten Institutionen sei an dieser Stelle nochmals für ihre Subventionen gedankt. Sehr verpflichtet ist die Arbeitsgemeinschaft auch Herrn Prof. Dr. H. Hoinkes für viele wertvolle Hinweise und Anregungen. Von den zahlreichen Mitarbeitern gebührt D. Andrée, I. Appel, W. Lutz, H. Rankenhohn und J. Schaper besonderer Dank.

[3] Dankenswerterweise überließ Herr Prof. Dr. R. Finsterwalder der Arbeitsgemeinschaft sofort nach der Auswertung der Aufnahmen einen Höhenlinienplan im Maßstab 1:10.000.

dieser Gletscherpegel war bereits im Spätherbst 1952 von O. Schimpp in das Eis eingebohrt und von ihm für Haushalts- und Geschwindigkeitsmessungen benutzt worden. Die Vervollständigung des Signalnetzes erfolgte ebenfalls durch O. Schimpp Anfang März 1954. Lage und Anordnung der am 4. März 1954 vorhandenen Pegel sind aus Abb. 2 ersichtlich. Während die Signale der 2. Ordnung (o) ausschließlich zur Ablationsbestim-

Abb. 1. Der Hintereisferner (Ötztaler Alpen) im Sommer 1953, rechts die Langtauferer Spitze und dahinter die Weißkugel.

mung dienten, wurden alle als Signale 1. Ordnung (●) ausgewiesenen Pegel gleichzeitig für Geschwindigkeitsmessungen benutzt. Abb. 2 enthält zur Orientierung auch die Nummern, mit denen die einzelnen Pegel in den Feldbüchern geführt wurden. Jedoch sind dabei der besseren Übersicht wegen die ehemals römischen Kennziffern, mit denen die Signalreihen der 1. Ordnung (I, II, III usw.) belegt waren, durch große Buchstaben (A, B, C usw.) ersetzt worden.

Die genaue Ortsbestimmung der Signale erfolgte durch eine tachymetrische Einmessung, die D. Andrée und E. Rütting Ende Juli 1954 mit großer Sorgfalt durchführten. Eine Überprüfung des gesamten Netzes und seinen Anschluß an die im Gelände eingemessenen Höhenpunkte besorgte H. Kampe in den ersten Oktobertagen 1954. Bei der sehr geringen Fließgeschwindigkeit des Eises im Untersuchungsgebiet (maximal 35 m im Jahr) fiel die horizontale Veränderung der einzelnen Pegelstandorte nicht sonderlich ins Gewicht. Die in Abb. 2 für jeden Pegel angegebene Lage kann daher für den gesamten Beobachtungszeitraum gelten. Stärker waren die Abweichungen allerdings in der Vertikalen. Die eingemessene Höhenlage der Signale ist streng genommen nur für die Zeit der Aufnahme (Ende Juli) zutreffend. Aus der krummlinigen Anordnung der Pegel in einigen

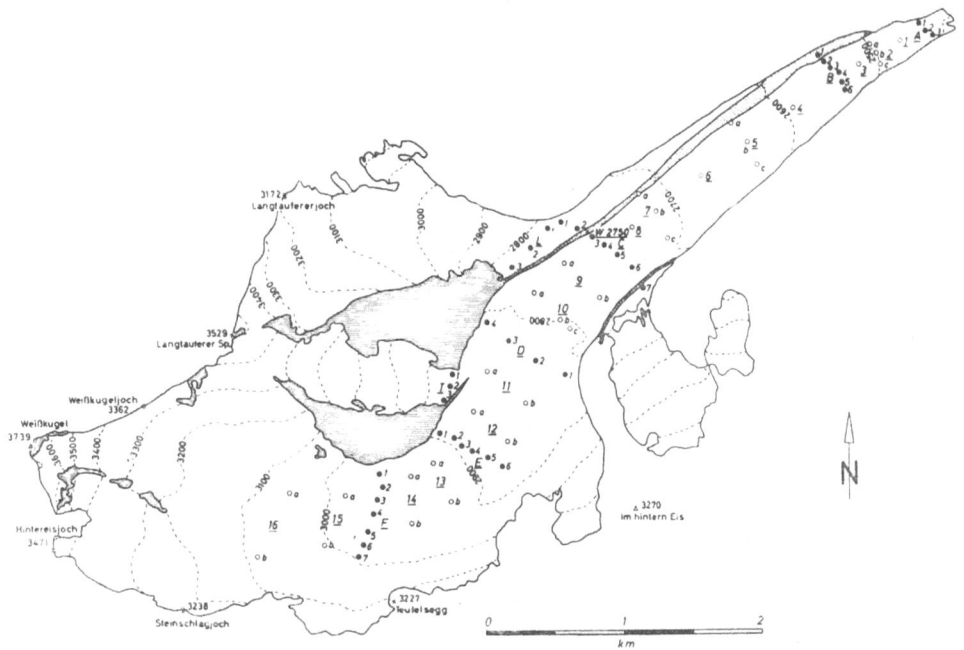

Abb. 2. Das Signalnetz auf dem Hintereisferner (Ötztaler Alpen) im Haushaltsjahr 1953/54. Gletscherumriß und Höhenlinien nach einer photogrammetrischen Aufnahme des Institutes für Photogrammetrie, Topographie und Allgemeine Kartographie der Technischen Hochschule München (Direktor Prof. Dr. R. Finsterwalder) im August 1953. Tachymetrische Aufnahme der Signale im Juli 1954. ● = am Beginn des Haushaltsjahres bereits vorhandene Signale, ○ = Signalaufstellung Anfang März 1954.

Querprofilen kann im übrigen nicht auf eine unterschiedliche Geschwindigkeit in den einzelnen Gletscherpartien geschlossen werden, da die Signale bei der Aufstellung nicht ausgerichtet worden sind.

Als Pegel wurden 1 m lange Holzstäbe mit einem Querschnitt von 3×3 cm verwendet. Sie waren oben mit einem eingelassenen Eisenbolzen und unten mit einer Ausbohrung versehen, so daß aus den Einzelstücken entsprechend den Erfordernissen 2—3 m lange Signale zusammengesetzt werden konnten. Die Pegel, die gleichzeitig für Geschwindigkeitsmessungen Verwendung fanden, waren farbig abgesetzt (je 50 cm weiß und rot); die übrigen blieben ohne Anstrich. Bei der Aufstellung wurden die Stangen im allgemeinen 140—145 cm tief in das Eis eingesenkt. Die hiefür erforderlichen Löcher ließen sich (mit einem 1,5 m langen Spezialbohrer aus dünnem Stahlrohr von 4 cm Durchmesser) bei normalen Eisverhältnissen in durchschnittlich 15 Minuten herstellen. Wesentlich längere Bohrzeiten wurden jedoch in Bereichen mit sehr feuchter Gletscheroberfläche notwendig. Durch das ständige Verkleben des Bohrkopfes dauerte die Absenkung eines Pegels in Nähe der Gletscherstirn nicht selten mehr als eine Stunde. Im Verlauf der Ablationsperiode mußten die Löcher, um ein Ausschmelzen der Pegel zu verhindern, laufend nachgebohrt und die Stangen tiefergesetzt werden. Allerdings ließ es sich nicht immer vermeiden, daß der eine oder andere Pegel durch den Wind schiefgedrückt wurde, bei nur noch geringer Lochtiefe schräg in das Eis einschmolz und schließlich umfiel. Doch konnten solche Mißstände bei den ständigen Kontrollgängen vielfach sofort beseitigt werden. Nur im untersten Zungenbereich schmolzen Ende Juni einige Pegel völlig unbemerkt aus, als zwischen dem 13. und 27. Juni 1954 keine Gletscherbegehung stattfand und an diesen Pegeln die Ablation in der Zwischenzeit bei Bohrlochtiefen von nur noch knapp einem Meter etwa die gleiche Größenordnung erreichte.

Die Höhenbestimmung der Gletscheroberfläche erfolgte an den Signalen immer einheitlich als Differenzmessung von der Oberkante des Pegels — dessen jeweilige Gesamtlänge im Feldbuch verzeichnet war — bis auf das Eis. Aus der Kenntnis der Tiefe beim Einbau (Mitte Oktober 1953 bzw. Anfang März 1954), den späteren neuen Absenkungen und der noch gegebenen Tiefe beim letzten Kontrollgang Ende November 1954 (bei dem an allen Pegeln der inzwischen erfolgte Schneeauftrag bis auf das Eis entfernt wurde) ergab sich der Ablationswert für den Bereich der einzelnen Signale im Haushaltsjahr 1953/54.

Als Ablation ist hier lediglich der wirkliche Substanzverlust des Eises an der Oberfläche verstanden. Nicht mitgerechnet wird dabei die Aufzehrung des im Winter und Frühling vor Beginn der Eisablation erfolgten Schneeauftrages sowie der Abbau von sommer- und herbstlichen Neuschneedecken. Die Frage, in welchem Umfang Messungen an Holzstangen überhaupt einwandfreie Ablationsbestimmungen zulassen, kann an dieser Stelle noch nicht widerspruchsfrei beantwortet werden, da bisher zu wenig Vergleichsmessungen zwischen Pegeln und Ablesungen an einfachen Bohrlöchern vorliegen. Es ist jedoch sicher, daß die Holzpegel durch ihr Gewicht und durch Wärmeleitung (sie sind besonders bei starker Einstrahlung erheblich wärmer als das umgebende Eis) immer etwas in die Gletscheroberfläche einschmelzen. H. H o i n k e s und N. U n t e r s t e i n e r [1] haben nach Versuchen auf dem Vernagtferner bereits darauf hingewiesen, daß an Pegeln gemessene Ablationswerte immer um nennenswerte Beträge zu gering sein dürften. Wahrscheinlich ist die Verfälschung bei tiefer Einsenkung in das Eis nicht sehr bedeutend — sie wächst aber zweifellos mit der Abnahme der Bohrlochtiefe. Eine kaum vermeidbare Fehlbestimmung der wahren Ablationshöhen ist ferner durch die Ausweitung der Bohrlöcher gegeben, da dann die darin aufgestellten Pegel nicht mehr senkrecht zur Gletscheroberfläche stehen.

Diese Gegebenheiten zwangen in den Monaten Juli und August zu einer ständigen Kontrolle des Signalnetzes und mindestens alle 8—10 Tage zu einem Tiefersetzen der Stangen. Wegen anderer anfallender Arbeiten war es jedoch unmöglich, die Pegel — wie an sich wünschenswert — ständig mindestens 70—80 cm tief im Eis zu halten. Die im folgenden aufgezeigten Ablationshöhen sind daher als Mindestwerte zu betrachten. Ihre Abweichung von der wirklichen — wahrscheinlich mit Pegeln niemals eindeutig faßbaren — Ablation dürfte nicht nur von der jeweiligen Einsenktiefe abhängen, sondern auch durch die Dauer der Ablationszeit bedingt sein; d. h. die Pegel im untersten Zungenbereich sind mit größeren Fehlern behaftet als die in der Nähe der Firngrenze. Wie groß diese möglichen Fehler sein können, läßt sich kaum abschätzen — es bleibt zu hoffen, daß sie selbst bei Pegeln an der Gletscherstirn unter 5 Prozent liegen.

Die Ergebnisse einiger Pegelkontrollen, für die eine große Anzahl vergleichbarer Ablesungen vorliegen, sind in Tabelle 1 zusammengestellt. Der Vollständigkeit wegen und zur ungefähren Abgrenzung der Ablationszeit sind dort nicht nur die Beträge für die reine Eisablation aufgeführt, sondern alle beobachteten Veränderungen an den einzelnen Pegeln im Verlauf der Untersuchungen festgehalten. Die mit einem Pluszeichen versehenen Werte geben die Höhe des noch vorhandenen Schneeauftrages aus der winterlichen Akkumulationsperiode an; die übrigen Angaben (ohne Vorzeichen) stellen den Gesamtwert der Eisablation dar, der bis zum genannten Ablesetag am jeweiligen Pegel gemessen wurde. Es blieb bei den Ablationsbestimmungen unberücksichtigt, ob der Gletscher beim Kontrollgang am Pegel aper war, oder ob dort die Reste eines sommerlichen Schneefalles die Eisoberfläche überdeckten. Im letzten Fall wurde von der Ober-

Tabelle 1. Akkumulation und Ablation (m) am Hintereisferner im Haushaltsjahr 1953/54 (+ bedeutet das Vorhandensein einer Schneedecke)

Pegel	Seehöhe	4. 3.	6. 5.	30. 5.	13. 6.	29. 6.	16. 7.	25. 7.	31. 7.	6. 8.	18. 8.	5. 9.	17. 9.	4. 10.	Gesamte Eisablation 1954
A 1	(2432 m)	+ 1,39	+ 1,24	+ 0,08	0,32	1,32	1,58	2,12	2,54	2,91	3,49	4,19	4,58	4,86	5,01
A 2	(2415 m)	+ 0,96	+ 0,98	+ 0,07	0,38	1,40	1,78	2,29	2,71	3,08	3,60	4,35	4,78	5,09	5,19
A 3	(2412 m)	+ 0,69	+ 0,55	0,51	1,16	2,23	2,80	3,55	3,95	4,42	5,02	5,82	6,35	6,84	7,02
A 4	(2382 m)	+ 0,33	+ 0,26	0,66	1,11	2,16	2,73								
1	(2460 m)	+ 0,60	+ 0,77	+ 0,13	0,29	1,01	1,39	1,90	2,42	2,73	3,32	3,97	4,38		4,65
2a	(2495 m)	+ 0,76	+ 1,27	+ 0,60	+ 0,03	0,72	1,01	1,45	1,74	2,12	2,70	3,25	3,71	3,92	3,96
2b	(2493 m)	+ 0,78	+ 1,05	+ 0,47	+ 0,04	0,75	1,04	1,51	1,93	2,26	2,84	3,40	3,87		4,15
2c	(2494 m)	+ 0,72	+ 0,85	+ 0,19	0,21	0,98	1,47	1,77	2,13	2,45	2,89	3,45	3,95	4,17	4,17
3	(2513 m)	+ 1,00	+ 1,21	+ 0,63	+ 0,30	0,35	0,63	1,05	1,36	1,68	2,15	2,70	3,17	3,38	3,43
B 1	(2531 m)	+ 0,74	+ 0,94	+ 0,27		0,71	0,91	1,27	1,46		1,99	2,52	2,83		3,11
B 2	(2529 m)	+ 1,20	+ 1,52	+ 0,97		0,31	0,59	1,05	1,41	1,66	2,01	2,56	2,94		3,11
B 3	(2534 m)	+ 0,75	+ 1,01	+ 0,35		0,73	1,06	1,50	1,83	2,15	2,75	3,32	3,68		3,86
B 4	(2533 m)	+ 1,10	+ 1,39	+ 0,90		0,51	0,67	1,15	1,62	1,94	2,39	2,94	3,41	3,58	3,59
B 5	(2534 m)	+ 0,75	+ 0,99	+ 0,44		0,59	0,92	1,38	1,66	1,94	2,22	2,79	3,09	3,24	3,27
B 6	(2535 m)	+ 0,38	+ 0,55	+ 0,08		0,89	1,34	1,79	2,14	2,41	2,74	3,23	3,60		3,78
4	(2582 m)	+ 1,10	+ 1,42	+ 0,91	+ 0,55	0,50	0,77	1,20	1,44	1,65	1,95	2,42	2,77	2,92	2,94
5a	(2631 m)	+ 1,35	+ 1,73	+ 1,21	+ 0,90	0,02	0,17	0,62	0,92	1,22	1,60	1,97	2,33		2,52
5b	(2630 m)	+ 1,02	+ 1,35	+ 0,90	+ 0,74	0,25	0,45	0,83	1,16	1,47	1,81	2,25	2,56	2,69	2,71
5c	(2629 m)	+ 1,16	+ 1,46	+ 0,87	+ 0,60	0,40	0,62	1,15	1,51	1,83	2,08	2,58	2,87	3,00	3,03
				1. 6.	12. 6.										
6	(2672 m)	+ 1,06	+ 1,45	+ 1,00	+ 0,74	0,21	0,39	0,77	1,07	1,39	1,66	2,05	2,32	2,40	2,41
7a	(2701 m)	+ 1,34	+ 1,72	+ 1,26	+ 0,97	0,13	0,28	0,77	0,94		1,61	1,87	2,19		2,38
7b	(2706 m)	+ 1,16	+ 1,60	+ 1,25	+ 0,95	0,07	0,25	0,57	0,83	1,09	1,40	1,68	1,97	2,02	2,07
7c	(2705 m)	+ 1,57	+ 1,95	+ 1,46	+ 1,18	+ 0,18	+ 0,01	0,29	0,64	0,90	1,16	1,56	1,84	1,95	2,02
8	(2727 m)	+ 1,40	+ 1,56	+ 1,06	+ 0,82	0,05	0,23	0,47	0,74	0,89	1,23	1,49	1,77	1,81	1,86
						30. 6.	18. 7.	24. 7.							
C 1	(2758 m)	+ 1,78	+ 2,17	+ 1,70	+ 1,45			0,07	0,46	0,81	1,15	1,56	2,02		2,10
C 2	(2751 m)	+ 1,65	+ 1,96	+ 1,58	+ 1,25		0,12	0,17	0,59	0,91	1,17	1,47	1,77		1,88
C 3	(2751 m)	+ 1,45	+ 1,85	+ 1,43	+ 1,20		+ 0,05	0,21	0,48	0,68	0,93	1,26	1,50		1,60
C 4	(2745 m)	+ 1,79	+ 2,04	+ 1,50	+ 1,27	+ 0,16	+ 0,18	0,08	0,46	0,69	0,99	1,32	1,67		1,77
C 5	(2742 m)					0,13	0,22	0,41	0,75	0,93	1,22	1,50	1,82		1,95
C 6	(2738 m)	+ 1,98	+ 2,25	+ 1,77			+ 0,22	0,08	0,47	0,80	1,07	1,39	1,74		1,87
C 7	(2739 m)	+ 2,00	+ 2,18	+ 1,69			+ 0,18	0,20	0,69	0,95	1,26	1,69	2,02		2,11
				6. 6.	8. 6.								12. 9.		
9a	(2770 m)	+ 1,79	+ 2,08	+ 1,64			+ 0,35	0,05	0,33	0,56	1,00	1,35	1,53		1,73
9b	(2764 m)	+ 1,60	+ 1,89		+ 1,43										
L 1	(2768 m)	+ 1,30	+ 1,61	+ 1,09			0,36	0,73			1,85	2,20	2,67		2,80
L 2	(2780 m)	+ 1,58	+ 1,97	+ 1,54			+ 0,20	0,11			1,08	1,40	1,72		1,85
L 3	(2789 m)	+ 1,40	+ 1,84	+ 1,44			÷ 0,35	0,07			0,82	1,10	1,27		1,40
10a	(2791 m)	+ 1,71	+ 2,00	+ 1,61			+ 0,49	+ 0,09		0,34	0,80	1,10	1,27		1,45
10b	(2798 m)	+ 1,76	+ 2,15	+ 1,76		+ 0,41	+ 0,69	+ 0,37	+ 0,05	0,20	0,48	0,72	0,88		0,99
10c	(2802 m)	+ 1,86	+ 2,24		+ 1,87		+ 0,79	+ 0,44	+ 0,05	0,02	0,43	0,75	0,94		1,10
D 1	(2812 m)	+ 1,60	+ 2,01		+ 1,61		+ 0,56	+ 0,32		0,29		0,76	0,87		1,10
D 2	(2813 m)	+ 1,62	+ 2,09		+ 1,67	+ 0,50	+ 0,61	+ 0,22		0,24		0,66	0,73		0,96
D 3	(2811 m)					+ 0,44	+ 0,58	+ 0,29		0,25		0,71	0,74		0,93
D 4	(2806 m)	+ 1,67	+ 2,06		+ 1,76		+ 0,63	+ 0,28		0,31		0,80	0,93		1,15
11a	(2829 m)	+ 1,87	+ 2,29	+ 1,92		+ 0,69	+ 0,91	+ 0,59		+ 0,02	0,20	0,37	0,47		0,67
11b	(2847 m)	+ 1,96	+ 2,36		+ 1,96	+ 0,85	+ 1,00	+ 0,68		+ 0,24	0,11		0,35		0,55
T 1	(2847 m)	+ 2,09	+ 2,56		+ 2,12	+ 0,70							1,05		1,20
T 2	(2839 m)	+ 2,38	+ 2,63		+ 2,33	+ 1,03	+ 1,04						0,59		0,70
T 3	(2838 m)	+ 1,63	+ 2,07		+ 1,69	+ 0,29							1,47		1,60
12a	(2848 m)	+ 1,95	+ 2,32			+ 0,98	+ 1,08	+ 0,81		+ 0,22	0,01		0,17		0,27
12b	(2886 m)	+ 2,03	+ 2,50		+ 2,20	+ 1,15	+ 1,30	+ 0,99		+ 0,43	+ 0,12		0,15		0,30
E 1	(2890 m)	+ 2,43	+ 2,74		+ 2,69		+ 1,76	+ 1,55		+ 1,00	+ 0,83		+ 0,50		
E 2	(2894 m)	+ 1,91	+ 2,85			+ 1,26	+ 1,71	+ 1,44		+ 0,77	+ 0,48		0,02		0,05
C 3	(2893 m)	+ 2,13	+ 2,63			+ 1,27	+ 1,45	+ 1,23		+ 0,58	+ 0,27		0,06		0,08
E 4	(2890 m)	+ 2,27	+ 2,88				+ 1,48	+ 1,17		+ 0,71	+ 0,41		0,05		0,06
E 5	(2893 m)						+ 1,38			+ 0,77	+ 0,40		+ 0,02		0,05
E 6	(2892 m)	+ 2,20	+ 2,80		+ 2,43		+ 1,39			+ 0,75	+ 0,32		+ 0,03		
13a	(2924 m)	+ 1,55	+ 2,00		+ 1,94	+ 0,73	+ 0,80								
13b	(2915 m)	+ 1,70	+ 2,74		+ 2,55		+ 1,30								
14a	(2937 m)	+ 1,80	+ 2,43		+ 2,23	+ 1,05	+ 1,18								
14b	(2941 m)	+ 1,90	+ 2,60		+ 2,49		+ 1,45								
F 1	(2968 m)	+ 1,65				+ 1,18	+ 1,10								
F 2	(2965 m)	+ 2,25	+ 2,95		+ 2,73	+ 1,55	+ 1,64								
F 3	(2959 m)	+ 2,25				+ 1,60	+ 1,65								
F 4	(2960 m)	+ 2,00	+ 2,60		+ 2,44	+ 1,22	+ 1,30								
F 5	(2966 m)	+ 2,42	+ 3,03		+ 2,85	+ 1,78	+ 1,85								
F 6	(2979 m)	+ 2,30	+ 2,88		+ 2,89	+ 1,87	+ 1,84								
F 7	(2998 m)					+ 2,70	+ 2,94								

kante des Signales durch die Schneedecke hindurch bis auf das Eis gemessen und so die Lage der eigentlichen Gletscheroberfläche bestimmt. Die Differenz gegenüber der letzten durchgeführten Ablesung ergab die Eisablation für den dazwischenliegenden Zeitraum. In Tabelle 1 ist für jeden Pegel die Höhe des gemessenen Substanzverlustes fortlaufend addiert worden, so daß in der äußersten Spalte rechts der Gesamtwert der Ablation innerhalb des Haushaltsjahres 1953/54 erscheint. Alle angegebenen Werte sind unkorrigiert; nur die zwischen den Querprofilen A und B Ende Juni unbemerkt ausgeschmolzenen Signale sind auf die benachbarten Pegel reduziert worden. Von den aufgestellten Signalen unterhalb der Firngrenze fehlen lediglich für A 4 (das an der Gletscherstirn ausschmolz)

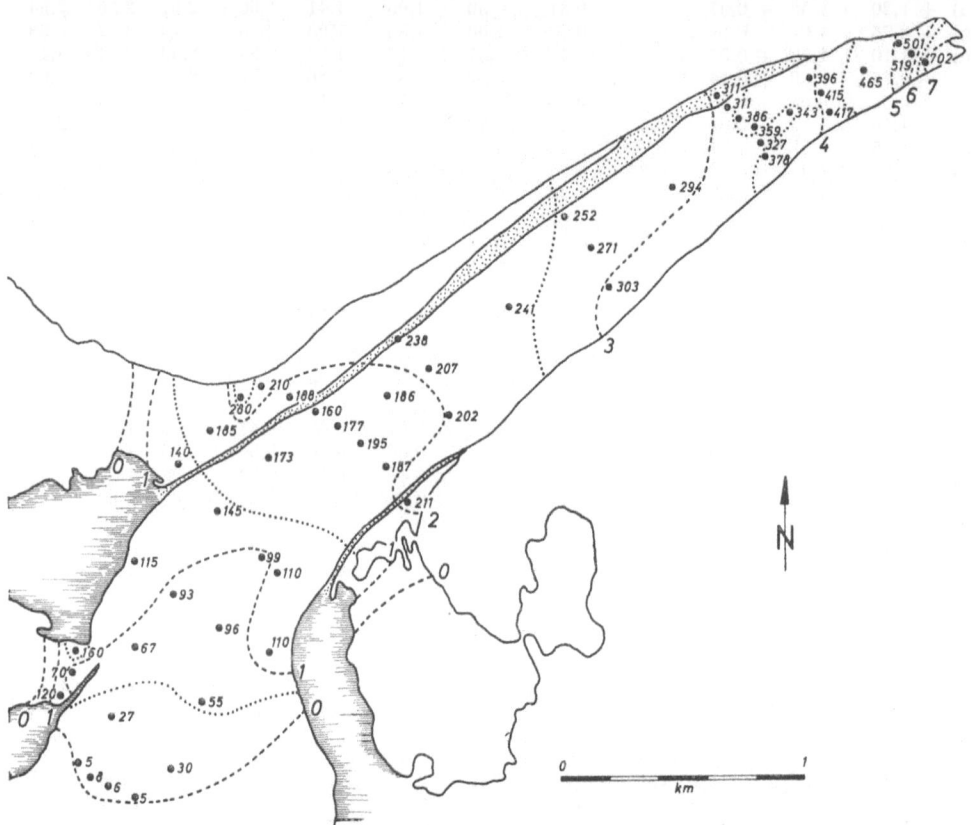

Abb. 3. Die Eisablation (cm) auf dem Hintereisferner, 1. November 1953 bis 31. Oktober 1954. Linien gleicher Ablation im Abstand von 0,5 Meter.

und 9 b (das Ende Juni nicht aufgefunden und nach dem Ausschmelzen erst Anfang September wieder neu eingesenkt wurde) die Gesamtwerte des erfolgten Eisabtrages. An den Pegeln E 1 und E 6 wurde ebenso wie an allen höherliegenden Signalen keine meßbare Eisablation beobachtet.

Verteilung und Ausmaß des Eisverlustes am Hintereisferner im Zeitraum der Ablationsperiode 1954 sind aus Abb. 3 ersichtlich. Die Firnlinie wurde Mitte September in einer Höhe von etwa 2895 m im Raum des Querprofils E (s. Abb. 2) gefunden. Es konnte somit für den Sommer 1954 ein Substanzverlust an Gletschereis auf einer Fläche von rund 3,2 km² festgestellt werden. Bei einer gesamten Gletscherfläche von 10,2 km² (einschließlich des in den Hintereisferner einmündenden Langtaufererjochferners) beträgt das Verhältnis zwischen Zehr- und Nährgebiet etwa 1 : 2,2. Die größte gemessene Ablation zeigte mit 7,02 m der Pegel A 3, der in 2412 m Höhe im äußersten Bereich der

Gletscherzunge lag. Da im Umkreis des Pegels das Eis durch das Auslaufen einer Mittelmoräne stark verschmutzt war, darf dieser hohe Wert jedoch nur als Richtzahl für einen sehr begrenzten Raum angesehen werden. An den in etwa gleicher Höhe gelegenen benachbarten Signalen A 1 und A 2 war die Ablation mit 5,01 bzw. 5,19 m bereits erheblich kleiner. Von einigen Ausnahmen abgesehen, die durch örtliche Gegebenheiten (Muldenlage, große Hangreflexion, starke Verschmutzung u. a.) bedingt waren, weisen die Pegel eine ständige Abnahme der Ablation mit zunehmender Höhe aus. Allerdings kann keinesfalls von einer eindeutig linearen Beziehung zwischen Ablation und Meereshöhe gesprochen

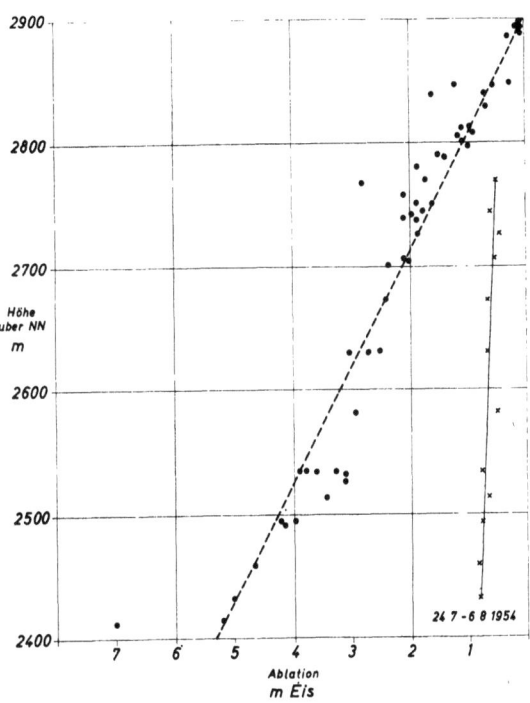

Abb. 4. Beziehung zwischen Eisablation und Meereshöhe auf dem Hintereisferner im gesamten Haushaltsjahr (1. November 1953 bis 31. Oktober 1954) sowie im Zeitraum vom 24. Juli bis 6. August 1954.

werden. Wie Abb. 4 zeigt, weichen nicht nur einzelne Signale, sondern auch ganze Pegelreihen (z. B. das Querprofil B in etwa 2530 m Höhe) mehr oder weniger stark von einer solchen Bezugslinie ab. Immerhin läßt sich aus der Darstellung nach Ausschaltung der natürlichen Streuung ein ungefährer mittlerer Ablationswert für die einzelnen Höhenstufen ablesen.

Eine genaue Berechnung der gesamten Eismenge, die im Sommer 1954 an der Oberfläche des Hintereisferners abgetragen und durch Nachschub nicht ersetzt worden ist, kann mit den auf dieser Basis gefundenen mittleren Ablationswerten jedoch nicht erfolgen. Hierzu müssen unbedingt die örtlichen Unterschiede des Eisaufbrauches direkt berücksichtigt werden. Die einzige Möglichkeit dafür besteht wahrscheinlich nur auf dem Weg über ein Kartogramm mit Flächen gleicher Ablation. Leider ist aber auch eine solche Darstellung nicht dazu geeignet, die Besonderheiten aller Einzelräume wirklich zutreffend zu erfassen; denn oft bleiben lokale Einflüsse auf so kleine Bereiche beschränkt, daß sie ohne Verfälschung überhaupt nicht gezeichnet werden können. Andererseits läßt sich eine große Fläche nur mit Hilfe einer Vielzahl gemessener Ablationswerte durch Linien gleicher Abschmelzung aufteilen und mit brauchbaren Mittelwerten für die dazwischenliegenden Zonen belegen.

Obwohl die Verteilung der Signale am Hintereisferner nicht so gleichmäßig war, daß sich daraus ein lückenloses Netz ergab (besonders im Raum zwischen 2600 und 2700 m Höhe und im Bereich der Seitengletscher muß die Pegeldichte als zu gering angesehen werden), konnte der Verlauf von Linien gleicher Ablation auf Abb. 3 zufriedenstellend fixiert werden. Um keine überspitzte Genauigkeit vorzutäuschen, wurden dort lediglich

Isolinien der Eisablation im Abstand von 50 cm (im Bereich der Seitengletscher von nur 1 m) gezogen.

Fast alle Ablationslinien sind auf der rechten Gletscherseite stärker als die Höhenlinien (s. Abb. 2) nach oben ausgebuchtet und weisen damit für diese Bereiche eine größere Ablation als für die übrigen Zonen gleicher Höhenlage aus. Der Grund hiefür ist in der ständig wachsenden Einmuldung dieser Räume und der damit verbundenen stärkeren Strahlungsabsorption zu suchen. Bei einer Fortdauer dieser Tendenzen muß der Gletscher in den nächsten Jahren rechts einen beträchtlichen Flächenverlust erleiden. Starke lokale Einflüsse zeigen sich aber auch bei einigen randlich aufgestellten Signalen auf der linken Gletscherseite. Besonders für L 1, T 1 und T 3 wurden weit höhere Werte als an den unmittelbar benachbarten Pegeln gefunden. Neben das — auch in diesen Räumen bei den

Tabelle 2. Beobachteter Eisverlust an der Oberfläche des Hintereisferners im Haushaltsjahr 1953/54. Besonders auffällig ist der hohe Anteil der Höhenlagen zwischen 2600 und 2800 m

Stufenwert cm	Mittlere Höhe m	Fläche ha	Menge m³	Prozent der Gesamtmenge
725	2405	1	72 500	1,2
675	2410	1	67 500	1,1
625	2420	1	62 500	1,0
575	2430	1	57 500	1,0
525	2440	3	157 500	2,6
475	2465	4	190 000	3,1
425	2490	6	255 000	4,2
375	2520	9	337 500	5,6
325	2580	22	715 000	11,8
275	2620	35	962 500	15,8
225	2695	59	1 327 500	21,8
175	2760	54	945 000	15,5
125	2805	43	537 500	8,8
75	2825	35	262 500	4,3
50	2870	12	60 000	1,0
25	2870	30	75 000	1,2
	2745	316	6 085 000	

Mittlere Ablation 1,93 m

Kontrollgängen immer wieder beobachtete — verstärkte Strahlungsangebot trat hier zusätzlich noch der gegenüber den Nachbarpegeln geringere Schneeauftrag aus der winterlichen Akkumulationsperiode, der bei den an der Einmündung der Seitengletscher ganz außen aufgestellten Signalen gefunden wurde (s. erste Spalte in Tabelle 1). Dies führte zu einem früheren Ausapern des Gletschers an den genannten Pegeln, wodurch die Zeitdauer für die reine Eisablation wesentlich verlängert wurde. Die geringen Akkumulationswerte der exponierten äußeren Signale in den Querprofilen L und T (die nur etwa 20—30 m vom Gletscherrand entfernt eingesenkt waren) sind aus der verstärkten Abwehung infolge der hier herrschenden Düsenwirkung erklärlich.

Die zwischen den Linien gleicher Ablation liegenden Zonen erhielten unabhängig von der Häufigkeit und der Größe der darin aufscheinenden Werte grundsätzlich das arithmetische Mittel aus der Summe der beiden Begrenzungslinien als Stufenwert zugeordnet. Die sich nach Ausplanimetrierung der Fläche und Multiplikation mit dem jeweiligen Stufenwert ergebende Gesamtmenge des Eisverlustes ist in Tabelle 2 zusammengestellt. Für den gesamten Raum von rund 3,2 km², der im Haushaltsjahr 1953/54 auf dem

Hintereisferner Eisablation zu verzeichnen hatte, errechnet sich der Massenverlust an oberflächlich abgeschmolzenem Eis mit knapp 6,1 Millionen Kubikmeter[4]).

Tabelle 2 läßt erkennen, daß die Zonen mit großer Ablation in der Nähe der Gletscherstirn ebensowenig bei der Massenberechnung ins Gewicht fallen, wie die Bereiche unmittelbar an der Firngrenze. Es ist daher für die Größenbestimmung des gesamten Eisaufbrauches ziemlich unerheblich, wenn die Pegel im untersten Zungenbereich infolge des Einschmelzens in die Bohrlöcher wirklich viel zu geringe Ablationswerte geliefert haben sollten. Auch eine möglicherweise nicht ganz richtige Zeichnung der Null-Linie der Eisablation (die von allen Begrenzungslinien am schwierigsten festzulegen ist) führt zu keiner einschneidenden Verfälschung des berechneten Substanzverlustes. Den größten Anteil am Gesamtbetrag der Ablation haben wegen ihrer großen Flächenausdehnung die Zonen mit Ablationshöhen zwischen 1,5 und 3,5 m, auf die allein fast 65 Prozent des gesamten Eisabtrages entfallen.

Überraschender Weise stimmen die von H. Hess [2] für den Hintereisferner mitgeteilten Ablationswerte des Zeitraumes von 1893 bis 1922 mit den dort im Jahre 1954 gefundenen Beträgen weitgehend überein[5]). Als Mittelwerte für die 30 Jahre finden sich bei Hess folgende Angaben:

Höhe über NN	2370	2410	2500	2570	2660	2750	2820	(m)
Eisablation	680	532	402	372	264	162	89	(cm)

Mit Ausnahme des Wertes für 2570 m lassen sich alle diese Ablationshöhen ohne Schwierigkeiten in die Isoliniendarstellung vom Jahr 1954 einfügen. Zum Vergleich sei hier der gemessene Substanzverlust für die Pegel (in Gletschermitte) gegeben, die den Hessschen Mittelwerten für die Höhenlage des Bohrgestängestandortes in der Zeit zwischen 1893 und 1922 am ehesten entsprechen:

Höhe über NN	2412	2415	2493	2582	2672	2745	2811	(m)
Eisablation	702	519	415	294	241	177	93	(cm)

Aus dieser recht guten Übereinstimmung darf allerdings kein falscher Schluß auf eine seit 60 Jahren unveränderte Abschmelztendenz gezogen werden. Die Hessschen Angaben sind Mittelwerte für eine sehr unterschiedliche Epoche, in die bei allgemeiner Rückzugstendenz auch um 1920 ein kurzfristiger Gletschervorstoß fiel. Die Werte von 1954 lassen als Ergebnisse eines Einzeljahres mit stark negativer Gletscherhaushaltsbilanz schon aus diesem Grund keinen echten Vergleich mit den damals gefundenen mittleren Ablationshöhen zu. Ferner ist aus den Untersuchungen im Sommer 1954 nicht zu erkennen, ob die hier gemessenen Beträge für die derzeitige Ablation in diesen Höhen wirklich repräsentativ sind.

Einen gewissen Anhalt dafür bieten lediglich die Untersuchungen, die O. Schimpp im Haushaltsjahr 1952/53 sowie H. Hoinkes seit Anfang 1955 an einem Teil des im Sommer 1954 vorhandenen Signalnetzes durchgeführt haben. Auf Grund der von O. Schimpp [3] angegebenen Abschmelzbeträge für die Querprofile A—F sowie L und T errechnet sich im Haushaltsjahr 1952/53 der gesamte Eisaufbrauch am Hintereisferner mit rund 8,4 Millionen Kubikmeter. Demgegenüber steht als Überschlagswert für das Haushaltsjahr 1954/55 (gewonnen aus den Beobachtungen an den Signalen der 1. Ordnung

---

[4] Das entspricht einem Würfel mit der Kantenlänge von etwa 183 m.
[5] H. Hess hatte während seiner langjährigen Untersuchungen an den von ihm für die Messung der Eismächtigkeit benutzten Bohrgestängen regelmäßig auch den Substanzverlust an der Gletscheroberfläche festgehalten.

und allen auf Abb. 2 eingetragenen Pegeln in Gletschermitte[6]) ein Verlust von nur 4,9 Millionen Kubikmeter Eis durch Abschmelzung an der Oberfläche. Damit liegt der Gesamtabtrag im Haushaltsjahr 1953/54 (mit 6,1 Millionen Kubikmetern) um etwa 10% unter dem Mittelwert aus der vorhergehenden sowie der nachfolgenden Ablationsperiode[7]). Auch die Größe des Flächenareals, das im Sommer 1954 von der Eisablation erfaßt wurde, ist mit 3,2 km² fast 6% kleiner als im Mittel von 1953 und 1955 (4,2 bzw. 2,6 km²).

Eine Gegenüberstellung der Ablationswerte des Sommers 1954 mit den in jedem Jahr an mehreren Steinlinien am Hintereisferner gemessenen Einsinktiefen der Gletscheroberfläche, über die H. Schatz u. a. zusammenfassend für die Jahre 1939—1950 berichtet hat [4], ist leider nicht möglich. Da diese Messungen immer auf raumfeste Signale bezogen werden, sind die gefundenen Werte nur untereinander, aber nicht mit Ablationsbestimmungen an stationären Pegeln (bei denen der Bezugspunkt der Boden des Bohrloches ist) vergleichbar.

Durch seine Versuche an Wassereis hat J. Maurer [5] bereits im Jahre 1914 die Sonnenstrahlung als sehr maßgeblichen Faktor für die Größe der Eisablation herausgestellt. Zwanzig Jahre später kam H. Gutersohn [6] anhand von vergleichenden Abflußuntersuchungen im Schweizer Hochgebirge zu ähnlichen Schlußfolgerungen. Er fand, daß Gletscher in Zonen starker Einstrahlung (Alpensüdhang) höhere Abschmelzbeträge aufwiesen als gleichzeitig beobachtete Gletscher in weniger strahlungsbegünstigten Bereichen. Die Kenntnis von der der absolut führenden Rolle, die der Absorption von Strahlungsenergie bei der Aufzehrung der Eismassen auf alpinen Gletschern eingeräumt werden muß, verdanken wir allerdings erst den detaillierten Bestimmungen des Wärmeumsatzes, die H. Hoinkes [1 und 7] seit 1950 mit verschiedenen Mitarbeitern auf Gletschern der Ötztaler Alpen durchgeführt hat. Hiebei konnte der quantitative Beweis erbracht werden, daß die Strahlung von Sonne und Himmel die übrigen auf die Eisoberfläche einwirkenden Abschmelzfaktoren (u. a. Konvektions- und Kondensationswärme sowie Wärmezufuhr durch Regen) mit einem alleinigen Anteil von 60—80% an der Gesamtablation bei weitem übertrifft.

Für den Aufbrauch von Gletschereis ist somit nicht Gang und Höhe der Lufttemperatur über dem Eis im Verlauf der Ablationsperiode maßgebend, sondern in erster Linie die Sonnenscheindauer und die Intensität der Einstrahlung während des Hochsommers. Zwar sind in unseren Klimabereichen warme Tage auch überwiegend mit großer Sonneneinstrahlung verbunden, doch können Höhe und Art der Bewölkung und ganz besonders der Sonnenstand bei Tagen mit gleicher mittlerer Lufttemperatur völlig verschiedene Einstrahlungsverhältnisse (und damit ganz andere Ablationsbedingungen) zur Folge haben.

Außer dem Energieangebot hat aber auch der Zustand der Gletscheroberfläche einen nicht zu unterschätzenden Einfluß auf das Ausmaß und den Verlauf der Eisablation. Neigung, Exposition, Lage zu der seitlichen Fels- und Moräneneinfassung und der Grad der Verschmutzung schaffen — in zum Teil schwer faßbarem Zusammenspiel — in jeder Gletscherzone völlig spezifische Ablationsbedingungen. Hinzu kommt, daß infolge verschieden starker Akkumulation und durch die mit der Höhe zunehmende Möglichkeit einer Überdeckung der Eisoberfläche mit sommerlichen Schneefällen für alle Bereiche eines Gletschers ungleich lange und klimatisch verschieden ausgeprägte Ablationszeiten gegeben sind. Während an der äußersten Zunge in einem ungefähren Zeitraum von Mitte

---

[6] Die Ergebnisse des Jahres 1955 verdanke ich dem Entgegenkommen von Herrn Prof. Dr. H. Hoinkes, der mir die gesamten noch unveröffentlichten Meßwerte dieses Zeitabschnittes als Vergleichsmaterial zur Verfügung stellte.

[7] Diese Berechnungen beziehen sich nicht auf das hydrologische Jahr (1. Oktober—30. September), sondern jeweils auf die tatsächliche Ablationsperiode. Die von O. Schimpp für die untersten Signale angegebenen Meßwerte sind nachträglich etwas korrigiert worden, um den Fehler, der durch zweimaliges Ausschmelzen dieser Pegel entstanden sein dürfte, auszugleichen.

Mai bis Mitte November (in sehr extremen Jahren und bei tiefliegenden Zungen eventuell auch länger) die Gletscheroberfläche in mehreren unterschiedlichen Perioden insgesamt etwa 120 Tage für die Eisaufzehrung zugänglich ist, apert der Gletscher an der Null-Linie der Eisablation nur für wenige Stunden aus.

Bei den Untersuchungen auf dem Hintereisferner im Jahr 1954 wurden die ersten schneefreien Stellen auf dem Gletscher in den letzten Maitagen beobachtet. Zu einem Zeitpunkt, als in einer Höhe von 2895 m (dem Raum des Querprofils E, in dessen Nähe im Herbst die Firngrenze gefunden wurde) noch mehr als 2,5 m Akkumulation auf der Gletscheroberfläche vom Herbst 1953 lag, verzeichneten die beiden untersten Pegel am äußersten Zungenrand bereits Ablationshöhen von über 50 cm Eis. Ende Juni aperte das erste Signal im Querprofil C aus (C 5 bei 2742 m), doch dauerte es weitere drei Wochen bis nach Abbau einer inzwischen gefallenen Neuschneedecke die Eisablation alle Pegel in dieser Höhenstufe erfaßte. Am 18. Juli wurden im Querprofil E noch immer Schneehöhen zwischen 1,45 und 1,76 m gemessen. Unterhalb von 2600 m betrug die Eisablation jetzt schon überall mehr als 60 cm, am Pegel A 3 (2412 m) sogar fast 3 m. Bis zum 6. August drang die temporäre Schneegrenze über das Querprofil D hinaus bis gegen den Pegel 11 a (2829 m) vor. Aber erst Mitte September (in Lagen unter 2700 m überstieg der Eisabtrag jetzt durchwegs 2 m) wurde die Gletscheroberfläche im nur 60 m höher liegenden Querprofil E für kurze Zeit völlig aper. Schuld daran war ein starker Schneefall am 22. August, der das eben bis in eine Höhe von 2850 m freigewordene Gelände abermals bis zum 5. September überdeckte. Ein erneuter Schneefall in der Nacht vom 14. zum 15. September beendete hier allerdings schon kurz darauf endgültig jegliche Eisaufzehrung. Am tiefsten Signal wurde dagegen in den folgenden Wochen noch fast 70 cm Abtrag gemessen. Selbst in der Höhenzone um 2750 m fanden sich dann noch Abschmelzbeträge von etwa 10 cm Eis. Weitere Einzelheiten über das Höherrücken der Schneegrenze und über die ungefähre Ablationsdauer an den einzelnen Signalen können aus Tabelle 1 entnommen werden.

Die im Verlauf eines Haushaltsjahres durch Messungen belegte Abnahme der Ablationswerte mit zunehmender Höhe ist weitgehend eine Folge der gletscheraufwärts ständig kürzer werdenden Ablationszeit. Während normales, unverschmutztes Gletschereis eine Albedo von etwa 0,4 besitzt (d. h. 40% der kurzwelligen Einstrahlung werden vom Eis nicht aufgenommen, sondern diffus und spiegelnd reflektiert), finden sich auf frischen Neuschneedecken doppelt so große Albedowerte (in Ausnahmefällen bis gegen 0,9). Da die kurzwellige Strahlung auch in den tiefsten Lagen mit mindestens 60 Prozent am Wärmeumsatz auf den Alpengletschern beteiligt ist, stellen somit sommerliche Schneefälle einen ausgezeichneten Schutz gegen die Aufzehrung der Gletscher dar. Es überrascht, daß dieser Tatsache in den zahlreichen Abhandlungen über den „Gletscherschwund" fast nirgends die ihr wirklich zukommende Bedeutung beigemessen wird. Dabei liegt es auf der Hand, daß Anzahl und Stärke sommerlicher Neuschneefälle für den Gletscherhaushalt von entscheidender Wichtigkeit sind. So hätte z. B. eine alle 8—10 Tage gleichmäßig auf dem Gletscher abgelagerte Neuschneedecke von mindestens 10 cm Höhe die vollständige Ausschaltung der Eisablation zur Folge. Selbst wenn in der Zeit zwischen den (günstigstenfalls immer auf eine Nacht beschränkten) Schlechtwettereinbrüchen ausgesprochene Schönwetterlagen (mit extrem hoher Einstrahlung) vorherrschen würden, müßte die Ablation von Gletschereis durch 10 cm Neuschnee immer etwa 3—4 Tage unterbrochen werden. Bei günstigen Voraussetzungen ist sogar eine ganz geringe (und sehr lockere) Schneeauflage imstande, einen Gletscher mehrere Tage vollständig vor der Aufzehrung zu schützen, da der Abbau der Schneedecke über dem Eis wegen der niedrigen Temperatur der Unterlage wesentlich länger dauert als im umliegenden Moränen- und Felsbereich (Abb. 5). Ein totaler Ausfall der sommerlichen Neuschneefälle müßte andererseits (bei sonst unveränderten klimatischen Bedingungen) zu einer beträchtlichen Verlängerung der Ablationszeit und damit zu einer wesentlich stärkeren Eisabschmelzung führen.

Im derzeitigen Klima ist allerdings die völlige Ausschaltung der Eisablation durch einen immer wieder ergänzten Neuschneefall ebensowenig zu erwarten, wie das gänzliche Fehlen jeglicher Schutzdecken während der Sommermonate. Immerhin dürften bereits Verschiebungen der Ablationsdauer von mehr als 5 Tagen einen sehr empfindlichen Eingriff in den Massenhaushalt eines Gletschers darstellen. Wie weit der verstärkte

Gletscherrückgang der letzten Jahrzehnte mit einer Abnahme oder Verlagerung des sommerlichen Neuschneeangebotes erklärt werden kann, ist im Augenblick noch nicht eindeutig zu entscheiden. Es erscheint jedoch wahrscheinlich, daß im Zuge des „schöneren Wetters" der Jetztzeit, das nach den neuesten Anschauungen [u. a. 7, 8 und 9] für den zunehmenden Gletscherschwund verantwortlich gemacht wird, auch zumindest ein schnellerer Abbau der sommerlichen Schutzdecken erfolgt. Die möglicherweise sogar eingetretene Verringerung der sommerlichen Neuschneefälle wird sich indessen wesentlich schwieriger nachweisen lassen, als die in den hochgelegenen Alpenstationen beobachtete Zunahme des Strahlungsgenusses im Höhenklima (Abnahme der Bewölkungsmittel und Verlängerung der Sonnenscheindauer).

Abb. 5. Die Zunge des Hintereisferners am 17. August 1954. Im eisfreien Gelände ist der am 15. August gefallene Schnee bereits abgetaut. Auf dem Gletscher liegt dagegen noch eine geschlossene Schneedecke. Deutlich heben sich in der seitlichen Moräneneinfassung die Bereiche mit Toteiskernen heraus.

Welche Bedeutung der Albedo für den Wärmeumsatz auf einem Gletscher eingeräumt werden muß, ist aus den Strahlungsmessungen zu entnehmen, die I. Dirmhirn und E. Trojer [10] auf dem Hintereisferner vom 23. August bis zum 3. September 1954 durchgeführt haben. Nach starken Niederschlägen am 21. und 22. August (im Ombrometer am Hochjochhospiz aufgefangene Gesamtmenge = 88,4 mm) war der Gletscher zu Beginn der Albedostudien in seinen tiefsten Lagen mit 8 cm, weiter oberhalb mit mehr als 15 cm Neuschnee, der eine durchschnittliche Albedo von fast 0,8 aufwies, bedeckt. Beim ersten Ausapern der Eisoberfläche am 28. August fand sich für das gesamte Gletscherareal vom Zungenende bis zum Querprofil E noch immer ein mittlerer Albedowert von 0,7. Erst weitere sechs Tage später — als die Schneegrenze um 350 m höhergerückt war — wurden für den gesamten Raum wieder Reflexionsverhältnisse von der gleichen Größenordnung wie vor dem 21. August erreicht. (Zu diesem Zeitpunkt lag nach dem geringen Schneefall vom 15. August die temporäre Schneegrenze auch ungefähr im Bereich des Querprofils C.) Bei einer mittleren Albedo von 0,45 wurden jetzt unterhalb von 2600 m wegen der starken Verschmutzung dieser Zonen (s. Abb. 1) fast durchweg weniger als 30%, in Höhen über 2850 m aber noch immer mehr als 70% der kurzwelligen Einstrahlung reflektiert. In die-

Tabelle 3. Die Eisablation (cm) am Hintereisferner zwischen 16. Juli und 6. August 1954 (+ bedeutet das Vorhandensein einer Schneedecke)

	Juli 1954						August 1954		Ablation 16.7.–6.8.	% der Jahresmenge
	16.	18.	21.	24.	27.	31.	3.	6.		
A 1 (2432 m)	158			208	224	254	275	291	*133*	27
A 2 (2415 m)	178		194		245	271	295	308	*130*	25
A 3 (2412 m)	280					395	423	442	*162*	23
1 (2460 m)	139		162	188	204	242	257	273	*134*	29
2 a (2495 m)	101				163	174	191	212	*111*	28
2 b (2493 m)	104		131	148		193	211	226	*122*	29
2 c (2494 m)	147					213	231	245	*98*	24
3 (2513 m)	63			102	119	136	152	168	*105*	31
B 1 (2531 m)	91					146				
B 2 (2529 m)	59					141	152	166	*107*	34
B 3 (2534 m)	106					183	196	215	*109*	28
B 4 (2533 m)	67		89	115	138	162	179	194	*127*	35
B 5 (2534 m)	92				151	166	185	194	*102*	31
B 6 (2535 m)	134					214	227	241	*107*	28
4 (2582 m)	77		95	115	129	144	154	165	*88*	30
5 a (2631 m)	17					92	107	122	*105*	42
5 b (2630 m)	45		58	79	96	116	132	147	*102*	38
5 c (2629 m)	62					151	158	183	*121*	40
6 (2672 m)	39		53	73	93	107	122	139	*100*	41
7 a (2701 m)	28					94	109			
7 b (2706 m)	25		30	54	65	83	94	109	*84*	41
7 c (2705 m)	+ 1					64	74	90	*90*	45
8 (2727 m)	23			44	60	74	78	89	*66*	35
C 1 (2758 m)				7	25	46	65	81	*81*	39
C 2 (2751 m)		+ 12		17	38	59	75	91	*91*	48
C 3 (2751 m)		+ 5		21	35	48	58	68	*68*	43
C 4 (2745 m)		+ 18		8	28	46	57	69	*69*	39
C 5 (2742 m)		22		41	60	75	84	93	*71*	36
C 6 (2738 m)		+ 22		8	28	47	64	80	*80*	43
C 7 (2739 m)		+ 18		20		69	75	95	*95*	45
9 a (2770 m)		+ 35		5		33		56	*56*	32
L 1 (2768 m)		36		73	99					
L 2 (2780 m)		+ 20		11	33					
L 3 (2789 m)		+ 35		7	23					
10 a (2791 m)		+ 49		+ 9	6			34	*34*	23
10 b (2790 m)		+ 69		+ 37		+ 5		20	*20*	20
10 c (2802 m)		+ 79		+ 44		+ 5		2	*2*	2
D 1 (2812 m)		+ 56		+ 32				29	*29*	26
D 2 (2813 m)		+ 61		+ 22				24	*24*	25
D 3 (2811 m)		+ 58		+ 29	+ 8			25	*25*	27
D 4 (2806 m)		+ 63		+ 28				31	*31*	27
11 a (2829 m)		+ 91		+ 59	+ 45			+ 2		
11 b (2847 m)		+ 100		+ 68				+ 24		

sem Zusammenhang muß darauf hingewiesen werden, daß dem Gletscher aufliegende sehr grobe Sande ebenso wie kompakte Steinlagen — trotz der hier gegebenen sehr geringen Albedowerte — die Eisoberfläche mehr oder weniger vor intensiver Abschmelzung schützen. Dadurch heben sich Mittelmoränen vielfach als Buckelzonen aus der übrigen Eisoberfläche heraus. Dünne Überdeckung durch feinen Sand und Staub fördert hingegen die Eisablation.

Der Vollständigkeit wegen seien hier auch die großen Unterschiede der Reflexionsbeträge, die selbst auf einer völlig aperen Gletscheroberfläche durch die Verschmutzung und die Struktur des Eises gegeben sind, mit den 1954 am Hintereisferner gemessenen Extremwerten der Albedo aufgezeigt. Während über reinem Gletschereis Albedowerte bis gegen 0,6 gefunden wurden, war in den stark verschmutzten Bereichen (längs der Mittelmoränen und an den Scherflächen) eine Absenkung der Albedo bis auf 0,1 festzustellen. Allein schon als Folge dieser — vielfach auf engstem Raum sprunghaft wechselnden — Unterschiede der Energieaufnahme muß die Ablation im Bereich einer sonst völlig gleichen Bedingungen unterworfenen Gletscheroberfläche stark variieren.

Um einen Überblick über den Verlauf der Ablation von Gletschereis innerhalb eines kürzeren Zeitraumes zu geben, sind in Tabelle 3 die Ergebnisse der alle 3—4 Tage durchgeführten Pegelablesungen auf dem Hintereisferner zwischen dem 16. Juli und 8. August

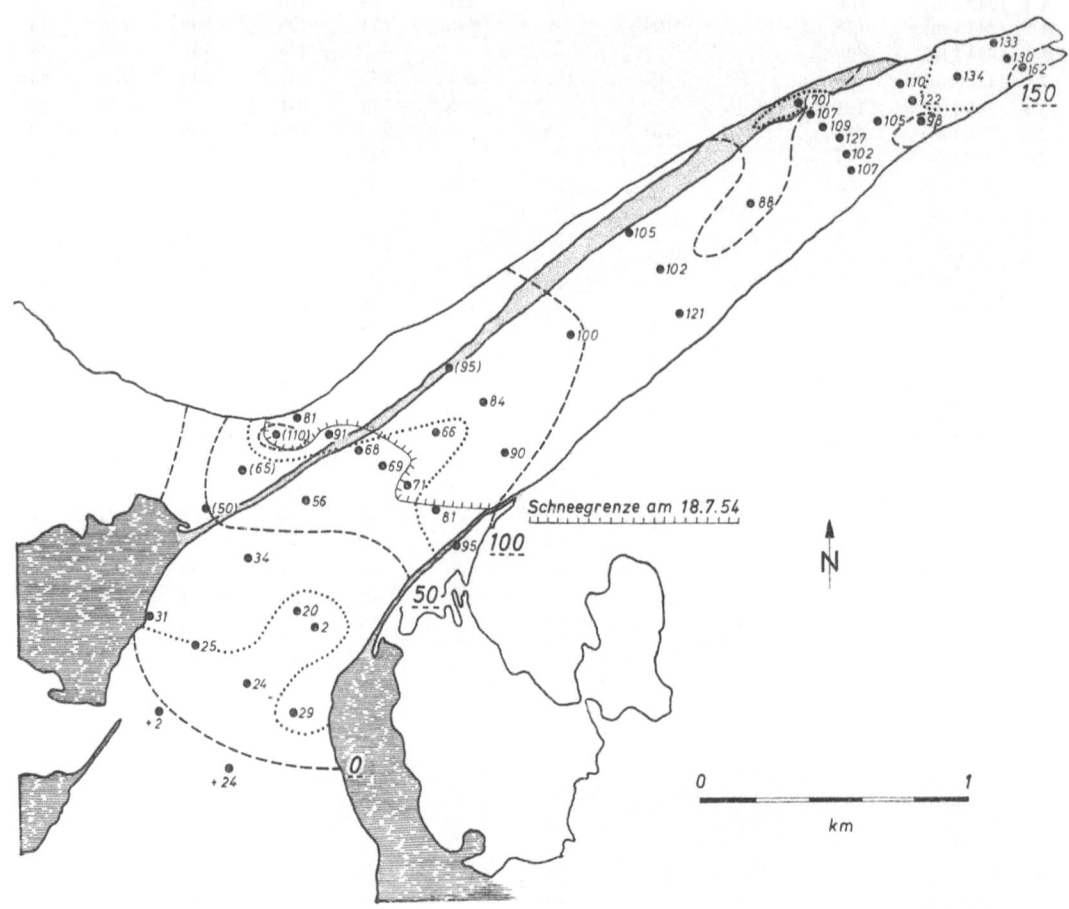

Abb. 6. Die Eisablation (cm) auf dem Hintereisferner, 16. Juli bis 6. August 1954. Linien gleicher Ablation im Abstand von 25 Zentimetern.

Die Angaben bei den Pegeln 11 a und 11 b (+2 bzw. +24) besagen, daß am 6. 8. 1954 an diesen Signalen noch eine Schneedecke vorhanden war.

1954 zusammengestellt. Die gefundenen Meßwerte innerhalb dieser 3 Wochen mit relativ schönem Wetter und ununterbrochener Abschmelzung weisen bei allgemeiner Abnahme der Ablation mit der Höhe bedeutend größere Unregelmäßigkeiten auf als die Gesamtmenge des Eisabtrages während des ganzen Haushaltsjahres (Abb. 6). Der Anteil der Eisablation in der Zeit zwischen dem 16. Juli und 6. August an der Gesamthöhe, die im Verlauf des Sommers 1954 an den jeweiligen Pegeln ermittelt wurde, schwankt zwischen 2 (10 a) und 48 (C 2) Prozent. Er ist (mit Ausnahme des Pegels 10 a) in den einzelnen Höhenstufen im wesentlichen konstant (die Werte liegen unterhalb von 2500 m bei 25%, sie steigen bis zum Querprofil C auf mehr als 40% an, um schließlich wieder auf etwa 25% in 2800 m Höhe abzusinken). Bei diesen Schwankungen verbietet es sich von selbst, aus den gemessenen Ablationswerten einer kurzen Beobachtungszeit auf den möglichen Gesamtwert während des ganzen Haushaltsjahres zu schließen — zumal wenn die Länge der Ablationszeit unbekannt ist[8]).

Insgesamt wurden in den 21 Tagen (16. Juli bis 6. August) am Hintereisferner auf einer Fläche von 2,5 km² knapp 2 Millionen Kubikmeter Eis abgetragen (im Durchschnitt pro Tag rund 3,8 cm). Das ist nahezu ein Drittel des gesamten Eisverlustes im Haushalts-

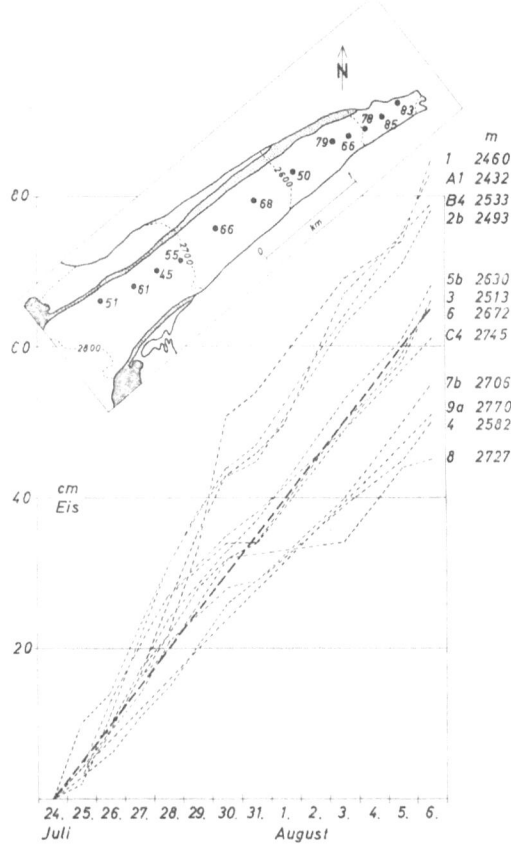

Abb. 7. Die Eisablation auf dem Hintereisferner, 24. Juli bis 6. August 1954. Summenkurven für die Signale in Gletschermitte zwischen 2432 und 2770 m über NN. - - - = Vergleichsgerade für eine Ablation von 5 cm Eis pro Tag.

jahr 1953/54 ($6,1 \cdot 10^6$ m³). Die Schneegrenze rückte im Beobachtungszeitraum rund 90 m höher (aus dem Raum kurz unterhalb des Querprofils C bis in die Nähe des Pegels 11 a). Für die nach und nach ausapernde Fläche zwischen den genannten Lagen muß ein zusätzlicher Schneeabtrag mit einem Wasserwert von etwa $0,2 \cdot 10^6$ m³ angesetzt werden. Zur Charakterisierung der Wetterlage in der Zeit vom 16. Juli bis zum 6. August konnten aus den durchgehenden Registrierungen und Messungen auf dem Hintereisferner folgende Werte für einen mittleren Tag bestimmt werden: Lufttemperatur in 2750 m Höhe[9]) (gemessen 1,5 m über dem Eis) = 4.8° C, Globalstrahlung (2750 m) = 575 cal/cm² und Be-

---

[8]) Die von H. Hoinkes und N. Untersteiner [1] aus einer beobachteten Ablation von 57 cm Eis (während einer 11tägigen Meßreihe zwischen zwei sommerlichen Schneefällen auf dem Vernagtferner Ende August 1950 in 2973 m Höhe) auf 2 m geschätzte derzeitige jährliche Gesamtablation in dieser Höhe erscheint nach den vorliegenden Ergebnissen wesentlich zu hoch gegriffen.

[9]) Der Standort der Thermometerhütte ist in Abb. 2 durch * gekennzeichnet.

wölkung = 4,6 Zehntel. Die Niederschlagsmenge betrug während der Gesamtzeit am Hochjochhospiz (2412 m) 26,6 mm.

In Abb. 7 ist für zwölf Signale in Gletschermitte (zwischen 2432 und 2770 m Höhe) der Gang der Ablation in der Zeit vom 24. Juli bis zum 6. August 1954 dargestellt. Eindeutig zeigt sich auch in dieser kurzen Periode bei ungefähr gleich langer Ablationszeit an allen aufgeführten Pegeln eine klare Abnahme der Ablation mit zunehmender Höhe. Die gefundenen Werte der 13tägigen Beobachtungsreihe ordnen sich mit nur geringer Streuung zufriedenstellend um eine mittlere Gerade, die durch die beiden Pegel in der höchsten und tiefsten Lage (A 1 und 9 a) bestimmt wird. In Abb. 4 (rechts) fällt nur ein einziges Signal völlig aus der Reihe: der in 2582 m Höhe liegende Pegel 4, dessen Wert um rund 20 cm zu klein ist. Die Annahme, daß auf einer aperen Gletscherfläche im Durchschnitt unabhängig von der Höhe überall etwa gleiche Ablationsbeträge gegeben sind, scheint nach diesen Ergebnissen nicht gerechtfertigt. Als Ursachen für die stärkere Ablation in den tieferen Zonen des Hintereisferners muß die — bei nur wenig kleinerer Globalstrahlung — größere Lufttemperatur, der verstärkte Austausch durch den Gletscherwind (der den Gletscher nicht konserviert, sondern im Gegenteil seine Abschmelzung fördert [11]), die stärkere Neigung sowie die wesentlich größere Verschmutzung genannt werden. Zwar liegt die Vergleichsgerade für die Ablation von 5 cm Eis pro Tag immer ungefähr in der Mitte der wirklich an den Pegeln gemessenen Ablationswerte, doch darf die gesamte Fläche zwischen den Signalen A 1 und 9 a keinesfalls für die 13 Tage mit einer mittleren Ablation von 65 cm belegt werden. Wegen der ungleichen Flächenanteile, die jedem Pegel zugeordnet werden müssen, ist dieser Abtrag als Mittelwert entschieden zu groß. Nach den bisherigen Erfahrungen sind für den Hintereisferner bei den derzeitigen klimatischen Verhältnissen auf völlig aperem Gletscher im Verlauf einer ungestörten hochsommerlichen Ablationsperiode in 2400 m etwa 6,5 cm in 2800 m aber nur noch knapp 4 cm Eisabtrag an einem mittleren Tag zu erwarten.

Die vorliegende Arbeit stellt einen ersten Versuch dar, die im Sommer 1954 auf dem Hintereisferner gewonnenen Ergebnisse der Ablationsuntersuchungen und die bei den monatelangen Feldarbeiten gemachten Erfahrungen zu ordnen und zu diskutieren. Da das gesamte Beobachtungsmaterial noch nicht ausgewertet ist, sind die Ausführungen keinesfalls vollständig[10]). Vor allem wurde bewußt auf eine eingehende kritische Wertung der an den einzelnen Signalen gemessenen Ablationshöhen verzichtet. Ein solcher Versuch kann erst gemacht werden, wenn auch die Meßwerte der folgenden Jahre vorliegen und vor allem erst dann, wenn bekannt ist, wie stark die dem Gletscher angebotenen Energiemengen im Durchschnitt in den einzelnen Höhenstufen variieren. Dies wird aller Voraussicht nach aus den Ergebnissen der 3wöchigen Meßreihe im Sommer 1955 möglich sein, bei der in drei verschieden hochgelegenen Beobachtungsstationen am Hintereisferner alle für die Ablation wesentlichen klimatischen Faktoren durchlaufend registriert wurden. In welchem Umfang die hier für das Haushaltsjahr 1953/54 gemachten Angaben über den Eisverlust des Hintereisferners (durch Abschmelzung und Verdunstung an der Oberfläche) für die derzeitige Ablation auf Alpengletschern repräsentativ sind, kann ebenfalls erst durch die weiteren Arbeiten geklärt werden.

Literatur

[1] H. Hoinkes und N. Untersteiner, Wärmeumsatz und Ablation uuf Alpengletschern I. Geograf. Annaler, *XXXIV*, 99—158 (1952).
[2] H. Hess, Der Hintereisferner 1893—1922. Z. f. Gletscherkde., *13*, 145—203 (1924).
[3] O. Schimpp, Der Haushalt des Hintereisferners (Ötztal). Akkumulation, Ablation und Gletscherbewegung in den Jahren 1952/53, 1953/54. Veröfftl. d. Museum Ferdinandeum, *39*, 66—138 (1960).
[4] H. Schatz, Nachmessungen im Gebiet des Hintereis- und Vernagtferners in den Jahren 1939 bis 1950. Z. f. Gletscherkde. und Glazialgeol., *II*, 135—138 (1952).
[5] J. Maurer, Über Gletscherschwund und Sonnenstrahlung. Met. Z., *31*, 23—27 (1914).
[6] H. Gutersohn, Ablation und Abfluß. Vierteljahrsschrift d. Naturf. Ges. Zürich, *81*, 177—198 (1936).

---

[10]) Nachtrag bei der Korrektur: Inzwischen liegen die Ergebnisse der Haushaltsuntersuchungen am Hintereisferner für die neun Haushaltsjahre 1952/53—1960/61 vor — s. H. Hoinkes u. R. Rudolph, Mass Balance Studies on the Hintereisferner (Oetztal Alps), 1952—1961, Journal of Glaciology, Vol. 4, No. 33, Oct. 1962 und H. Hoinkes u. R. Rudolph, Variations in the Mass Balance of Hintereisferner (Oetztal Alps), 1952—1961, and Their Relation to Variations of Climatic Elements, Proceedings „Symposium Obergurgl, 10.—18. Sept. 1962" (veröffentlicht durch: Int. Ass. of Scient. Hydrology, Sept. 1962).

[7] H. Hoinkes, Über Messungen der Ablation und des Wärmeumsatzes auf Alpengletschern mit Bemerkungen über die Ursachen des Gletscherschwundes in den Alpen. U. G. G. I., Assoc. Int. d'Hydrologie, Publ. No. 39, Ass. Gen. de Rome 1954, *IV*, 442—448 (1956).
[8] H. Tollner, Die Depression ostalpiner Firngrenzen von 1947 bis 1948. Z. d. Geogr. Ges. in Wien, *91*, 3—6 (1949).
[9] H. Hoinkes, Gletscherschwund, Wissenschaft und Wirtschaft. Pyramide, *1* (1954).
[10] I. Dirmhirn und E. Trojer, Albedountersuchungen auf dem Hintereisferner. Archiv Meteorol., Geophys. Bioklim., Serie B, *6*, 400—416 (1955).
[11] H. Hoinkes, Einfluß des Gletscherwindes auf die Ablation. Z. f. Gletscherkde. und Glazialgeol., *III*, 18—23 (1954).

Ergebnisse von Niederschlagsmessungen mittels Totalisatoren im Großglocknergebiet

Von F. Mitterecker und H. Tollner

Mit 5 Textabbildungen

Geographische Lage, Abgrenzung und Eigenart der Großglocknergruppe

Die Großglocknergruppe in den Hohen Tauern liegt im westnordwest-ostsüdost-streichenden Ostalpenhauptkamm zwischen der Granatspitzgruppe im Westen und dem Sonnblickgebiet im Osten. Das durch den Kalsertauern (2513 m) im Westen und durch das Hochtor (2576 m) und das Fuschertörl (2405 m) im Osten begrenzte Gebiet der Hohen Tauern ist im Bereich des Hauptkammes 16 km breit und zwischen dem Salzachtal bei Zell am See und dem Drautal bei Lienz 50 km lang. Die Glocknergruppe nimmt darin nur die nördliche Hälfte ein, während die südliche durch eine der für die Hohen Tauern typischen Vorlagen, der Schobergruppe, gebildet wird. Geschieden werden die beiden Gebiete durch das Bergertörl (2650 m), von dem aus das Leitertal nach Ostnordost zur Möll und das Ködnitztal nach Südosten zum Kalsertal ziehen. (Die Totalisatoren stehen ausnahmslos in der eigentlichen Glocknergruppe und unmittelbar an ihrer Grenze.)

Die Großglocknergruppe ist unsymmetrisch gegliedert. Die Asymmetrie besteht darin, daß der Ostalpenhauptkamm in der nördlichen Glocknergruppe verläuft. Der Abstand vom Hauptkamm zum Salzachtal beträgt 20 km, zum Drautal 30 km. Nimmt man die mittlere Höhe des Hauptkammes mit 3020 m, die des Salzachtales bei Zell am See mit 760 m und die des Drautales bei Lienz mit 670 m an, so ergibt sich für die Nordabdachung ein Durchschnittsgefälle von 113 und für die Südabdachung von 78 m für je 1 km.

Der Nordabdachung zur Salzach folgen die langen Tauerntäler im wesentlichen geradlinig. Die Täler der flacheren Südseite sind länger und reich an Windungen und Verzweigungen. In die Glocknergruppe greifen sie jedoch nur mit den steilen obersten Quellarmen und mit dem Längstal der oberen Möll ein.

Vom Hauptkamm der Hohen Tauern, der sich im südlichen Drittel der eigentlichen Glocknergruppe befindet, zweigen nach Norden zwei lange parallele Nebenkämme ab, der „Kaprunerkamm" zwischen Kapruner- und Stubachtal und östlich von ihm der „Fuscherkamm" zwischen dem Fuscher- und Kaprunertal. Nach der entgegengesetzten Seite zweigt vom Hauptkamm als Nebenarm nur der „Glocknerkamm" ab, der ebenso wie der Hauptarm Ostsüdost-Richtung besitzt. Zwischen den Tauerntälern zu beiden Seiten des Hauptkammes der Großglocknergruppe besteht orographisch ein wesentlicher Unterschied, der sich auch in den Niederschlagsverhältnissen ausdrückt. Vom Salzachtal aus führen die Täler mit ihrem Wechsel von Talböden und Stufenengen gerade aufwärts bis zu markanten Talschlüssen. Im Fuschertal ist es der monumentale Zirkus mit den Käferbach-Fällen, im Kaprunertal der Eisfall des Karlingerkeeses und im Stubachtal die Kartreppe mit den grünen Seen. Zwischen dem Ostalpenhauptkamm mit der vergletscherten Unteren Pfandlscharte (2655 m) und dem breiten, eisüberflossenen Riffltor (3100 m) einerseits und dem Nebenkamm, der im Großglocknergipfel 3798 m kulminiert, andererseits liegt noch die eiserfüllte Längstalung des Pasterzengletschers dazwischen. Von Süden her führen die Tauernachen mit vielen Wendungen an den Großglockner heran. Die entscheidenden Wendungen sind: jene des Mölltales bei Heiligenblut, von wo es als Längstal zwischen Hauptkamm und Glocknerkamm eingreift, und jene der Seitentäler des Möll- und Kalsertales (Leitertal, Ködnitztal und Teischnitztal). Letztere leiten steil und kurz unmittelbar zu den Wänden des Großglocknerkammes, unter dessen ausgedehnten Gletscherflächen sie enden. Auch die Südtäler der Glocknergruppe weisen Stufen, Tröge und mächtige Talschlüsse auf.

Die Glocknergruppe ist im Vergleich zu den übrigen Hohen Tauern reich vergletschert. Das Hauptareal der Vergletscherung ist der Bereich zwischen dem Glocknerkamm und dem nach Norden ausbiegenden Hauptkamm. Im oberen Teil bildet eine Hochfläche die Grundlage des über 3 km breiten, durchschnittlich 3000 m hohen Firnfeldes des „Obersten Pasterzenbodens". Das ganze oberste Firngebiet des Pasterzengletschers neigt sich gegen die Mitte zu, wo zwischen Kleinem und Mittlerem Burgstall — apere Sporne des Firnfelduntergrundes (2707 m und 2923 m) — der eindrucksvolle hufeisenförmige Eisfall, ein Niagara in Eis, zum „Oberen Pasterzenboden" abstürzt. Die Pasterze empfängt auch noch durch die steilen, zerklüfteten Kargletscher des Teufelskampkeeses und Inneren Glocknerkarkeeses Eisnachschub. Das Hofmannskees endet heute bereits einige Hundert Meter oberhalb als zerfetzter Zungenlappen. An der linken Seite der Pasterze war vor einigen Jahrzehnten das Nährgebiet noch über den „Wasserfallwinkel" ausgedehnt, dessen Gletscher (südliches Bockkarkees) nunmehr hoch über dem Pasterzengletscher endet.

Das Einzugsgebiet der Pasterze betrug nach V. Paschinger [1] zu Beginn des 20. Jahrhunderts 31,9 km² und in den zwanziger Jahren 24,5 km². Heute wird man die Fläche der Pasterze mit rund 20 km² annehmen dürfen. Die Zunge des Pasterzengletschers ist von den fast 300 hohen Kaskaden des Hufeisenfalles bis zum Ende in etwa 2100 m Seehöhe nicht ganz 6 km lang und am Mittleren Pasterzenboden 1 bis 1,5 km breit. Die Neigung der Oberfläche ist in der Längsrichtung sehr gering, stellenweise sogar schwach rückläufig.

Die übrigen Gletscher des Glocknergebietes enden zum Teil unter mächtigen Moränendecken — das Eis der Wintergasse ist praktisch vollständig unter Schutt begraben — oder brechen als schmale, wildzerklüftete Zungenenden in blau schimmernden Eiswänden oberhalb von Felswänden ab. Als eigenartiger Gletscher ist noch das mächtige Schmiedingerkees auf dem Nordende des Kaprunerkammes mit dem Kitzsteinhorn (3204 m) anzusehen.

Lage der einzelnen Totalisatoren

Eine den wahren Verhältnissen entsprechende Erfassung der atmosphärischen Niederschläge stellt bekanntlich im Hochgebirge wegen der starken Deformation der Stromlinien des Windes und wegen der vielen mit dem Aufstellungsplatz verbundenen Unsicherheiten und Störungsquellen ein Problem dar, dem mit ungeschützten Ombrometern normaler Bauart erfahrungsgemäß nicht beizukommen ist. Im Glocknergebiet wurde im Jahre 1932, also schon verhältnismäßig früh, seitens des Sonnblick-Vereines in Wien begonnen, die Niederschläge mit Totalisatoren (Niederschlagssammlern) zu messen. In der Zeit des zweiten Weltkrieges mußte leider die Betreuung dieser Geräte unterbleiben. Im Jahre 1949 nahm die Tauernkraftwerke A.G. die Niederschlagsmessungen mittels Totalisatoren wieder auf, erweiterte sie und ergänzte sie schließlich durch „Gletschertotalisatoren".

Vor dem zweiten Weltkrieg standen im Glocknergebiet acht Totalisatoren, von denen jener bei der Hofmannshütte unterhalb der Gamsgrube bald einer Lawine zum Opfer fiel, während die restlichen bis in die Gegenwart erhalten blieben. Die Ablesungen erfolgten nach der Abstichmethode (Eintauchen eines Ableslineals). Die Standunterschiede der Flüssigkeitsoberfläche zwischen zwei Lesungen ergeben, multipliziert mit dem Faktor, der aus dem Querschnitt der Auffangfläche und dem größeren Durchmesser des Gefäßes entsteht, die

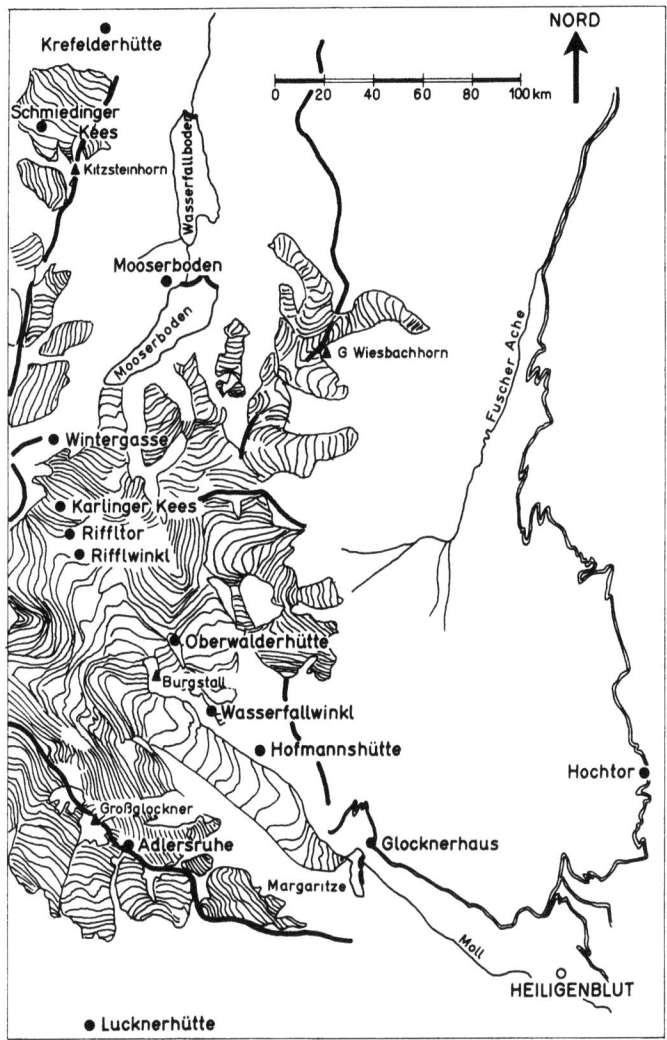

Abb. 1. Lageskizze der einzelnen Totalisatoren im Glocknergebiet.

gefallene Niederschlagsmenge der betreffenden Zeitspanne. Die Ablesungen der Niederschlagssammler wurden in der Regel im Sommer einmal im Monat (um den Monatsbeginn) und in den übrigen Jahreszeiten in Zeitabständen von 1½ Monaten durchgeführt. Die Sammelgefäße wurden mit einer Lösung von Chlorkalzium versehen, die in der kalten Jahreszeit hineinfallende Schneekristalle löst und ein Einfrieren des flüssigen Gefäßinhaltes verhindert. Gegen die Verdunstung der sich im Laufe der Zeit verdünnenden Lösung schützte ein Überguß von Petroleum.

Eine erste Bearbeitung dieser Sondermessungen des Niederschlages im Glocknergebiet erfolgte von H. Tollner [2 und 3]. Jahressummen des Niederschlages brachte kürzlich auch F. Lauscher in einer Zusammenstellung über „Die Totalisatorennetze Österreichs" [4].

Da der Niederschlagsanfall bei den Totalisatoren zum Teil wesentlich von der Orographie des Aufstellungsplatzes beeinflußt wird, erscheint es notwendig, die Lage der einzelnen Meßgeräte zu beschreiben und zu versuchen, die Meßergebnisse hinsichtlich ihrer Repräsentativität zu charakterisieren. Die regionale Verteilung der Totalisatoren vor 1939 und jener nach dem zweiten Weltkrieg ist in der Kartenskizze Abbildung 1 ersichtlich.

Der höchste Totalisator befindet sich in 3450 m Seehöhe unterhalb des Schutzhauses „Adlersruhe" auf mäßig gegen Osten geneigter, unverfirnter Hangfläche. Er empfängt wahrscheinlich nicht die durchschnittlichen Niederschläge des oberen Firngebietes des Hofmannskeeses, sondern aus aerodynamischen Gründen etwas geringere Randwerte (verringerte Kammniederschläge). Der Totalisator „Lucknerhütte" (2240 m) steht im Ködnitztal oberhalb der Talstufe auf Grodereben. Der Niederschlagssammler „Riffltor" (3110 m) ist auf einem vom Schattseitköpfl (3193 m) gegen das Riffltor ziehenden Felsrücken ziemlich windexponiert aufgestellt. An diesem jähen Abbruch der Firnhochfläche des Rifflwinkelbodens fallen vermutlich geringere Niederschläge als auf den höher gelegenen breiten und flachen Firnflächen. Der Totalisator „Oberwalderhütte" (2980 m) steht auf dem Nordende der Felszinne des Großen Burgstalls, aus dem umgebenden Firnfeldniveau herausragend, zweifellos an stark windexponierter und damit niederschlagsverringernder Stelle. Ebenso windbeeinflußt und daher in der Sammlung der Niederschläge beeinträchtigt ist der Totalisator „Wasserfallwinkel" (2630 m) auf der rechten, hoch aufragenden Ufermoräne des Wasserfallwinkelkeeses. Der Totalisator „Glocknerhaus" (2040 m) östlich des Schutzhauses entspricht in seiner Aufstellung den Niederschlagsverhältnissen seiner weiteren Umgebung. Der Niederschlagssammler „Hochtor" (2450 m) an der Glocknerstraße ist wieder sehr stark windbeeinflußt.

Die nach dem zweiten Weltkrieg aufgestellten Niederschlagssammler des Glocknergebietes befinden sich an folgenden Orten: Totalisator „Wintergasse" (2375 m) in der vom Kaprunertörl nordostwärts gegen den Mooserboden verlaufenden Tiefenfurche. Das Gerät stand auf einem flachen Moränenwall. In der engeren und weiteren Umgebung erreichten die Schneelagen meist größere Mächtigkeit. Wegen der Aufstellung des Totalisators in einer großen Längsmulde wurde vielleicht etwas mehr Niederschlag eingenommen als der Seehöhe entsprach. Innerhalb von zwei Jahren wurde der Niederschlagssammler zweimal von Lawinen verschüttet und zerstört. Totalisator „Mooserboden" (1960 m) südlich der Höhenburg, dem Abschluß der von Südwest nach Nordost verlaufenden Glazialwanne der obersten Kaprunerache. Er stand an dieser Stelle in einer für das obere Kapruner Trogtal repräsentativen Lage. Im Jahre 1957 wurde er zur Heidnischen Kirche, einer kleinen Bergschulter in eine Höhe von 2038 m versetzt. Totalisator „Krefelderhütte" (2295 m) steht am Nordostrand einer welligen, schwach gegen Nordosten geneigten Hochfläche nahe dem Abbruch. Durch den Gefällsknick des Geländes ist die Lage dort stärker windexponiert als höher oder tiefer.

Die Resultate der Totalisatormessungen standen vielfach nicht im Einklang mit den Niederschlagsverhältnissen, wie sie die Abflüsse der oberen Tauernachen verlangten. Selbst bei Annahme einer größeren „Gletscherspende" (Eisabgabe aus der Substanz der Gletscherareale) und bei Berücksichtigung einer nur geringen Gebietsverdunstung floß mehr Wasser in die hochalpinen Speicheranlagen als nach den gemessenen Niederschlägen hätte eintreffen dürfen.

Seitens der Tauernkraftwerke A.G. wurde vermutet, daß die Geräte Glocknerhaus und Hochtor ihrer Aufstellung nach den Niederschlagsverhältnissen weiterer Gebiete gerecht werden (Troghang des Möll- und Pfandlschartentales oder einer flachen Karmulde). Alle hoch gelegenen übrigen Totalisatoren repräsentieren kaum die Niederschläge der riesigen

Einzugsflächen der einzelnen Gletscher des Glocknerstockes, sondern jene der räumlich viel weniger ausgedehnten, unvergletscherten, stärker windgestörten und damit niederschlagsärmeren Teile der Firnfeldränder, des Firngebietabbruches oder der aus den Firn- und Eisflächen herausragenden Erhebungen (nunatakkerähnliche Felsköpfe oder Moränen).

Um über die Niederschlagsverhältnisse auf den ausgedehnten Gletscher- bzw. Firnflächen Anhaltspunkte zu gewinnen, wurden erstmals in Österreich „Gletschertotalisatoren", also Niederschlagssammler, nicht mehr auf stark windexponierten Moränen oder Felsrippen

Abb. 2.
a) Totalisator in der Wintergasse, 2375 m. Der Niederschlagssammler steht auf verfestigtem Moränenmaterial. Das Sammelgefäß befindet sich auf einem Holzgestell, das im Bedarfsfall nach oben verlängert werden kann. b) Gletschertotalisator Karlingerkees, 2900 m. Das massive Holzgestell als Träger des Sammelgefäßes mußte wiederholt erhöht werden. Wegen ansehnlicher Jahresfirnrücklagen am Aufstellungsplatz konnte auch im Sommer das Trägergestell nicht auf die ursprüngliche Ausgangshöhe erniedrigt werden. Zuletzt befanden sich bereits 3 bis 4 m des Holzgestelles durch die stärkere Bewegung des Oberflächeneises gegenüber tieferen Schichten schräg in der Gletschermasse.

innerhalb der vereisten Areale, sondern inmitten der Eis- und Firngebiete aufgestellt. Die ständige Bewegung des Oberflächeneises der Gletscher erforderte naturgemäß weitaus größeren Arbeitsaufwand durch Geraderichten, Nachhorizontieren, Auf- und Abstocken des Gestelles, Reparaturen an den abgebrochenen Holzverstrebungen, Nachspannen von Drahtseilen usw. als die auf festem Untergrund befindlichen gewöhnlichen Totalisatoren. (Wegen der Schwierigkeit der Aufstellung und der Bedienung wurden die Totalisatoren bisher auf Fels gestellt, eine stärkere Windbeeinflussung in Kauf genommen und auf die Gewinnung von Niederschlägen auf den weiten Firnfeldern, die in der Hochregion gegenüber den steilen Felsflächen weitaus dominieren, verzichtet.) Die Auffanggefäße dieser Gletschertotalisatoren mußten sich in der kälteren Jahreszeit wegen des Schneefegens und Schneetreibens jeweils immer verhältnismäßig hoch über der Gletscheroberfläche befinden. Die massiven und in die Höhe wachsenden Gestelle für die Gletschertotalisatoren konstruierten A. Powondra und F. Mitterecker (Abb. 2).

Der Gletschertotalisator „Karlingerkees" (2900 m) wurde auf schwach konvexem, nordostexponiertem, 20° geneigtem Firnhang errichtet. Man stellte ihn absichtlich nicht in eine Einmuldung der Gletscheroberfläche um eine Mehreinnahme durch niederschlagsvermehrende Muldenwirkung auszuschalten. Später ausgeführte Schneehöhenbestimmungen ließen erkennen, daß bei diesem Gerät im allgemeinen geringere Schneemengen lagerten als in gleicher Seehöhe oder etwas tiefer. Der Gletschertotalisator Karlingerkees verschwand

Tabelle 1. Monats- und Jahressummen des Niederschlages nach Totalisatormessungen (cm)

	Jän.	Feb.	März	April	Mai	Juni	Juli	August	Sept.	Okt.	Nov.	Dez.	Jahr
Adlersruhe, 3450 m													
1932	44	12	13	20	32	17	23	11	12	23	21	19	247
1933	13	12	11	27	24	28	33	25	27	29	21	16	266
1934	14	25	35	21	20	22	17	43	5	6	32	21	261
1935	20	34	50	57	26	13	5	12	30	25	25	23	320
1936	39	20	17	19	20	20	25	6	13	13	18	22	232
1937	11	26	45	23	17	8	14	24	19	11	25	36	259
1938	16	11	12	26	20	22	23	20	14	14	11	10	199
1939	12	14	14	13	27	15	14	—	—	—	—	—	—
1949	—	—	—	—	—	24	19	10	1	12	27	—	—
1950	27	19	9	21	2	10	11	17	4	14	18	21	173
1951	20	10	10	13	6	13	9	1	5	9	21	12	129
1952	11	9	16	9	10	2	3	10	20	21	19	6	136
1953	6	4	1	3	6	25	13	18	15	17	2	2	112
1954	13	11	9	16	16	26	18	16	20	5	4	21	175
1956	15	17	8	10	4	9	11	6	3	16	9	3	111
1957	11	11	3	9	13	16	18	20	13	2	1	5	122
1958	16	9	14	16	4	16	23	19	16	23	25	27	208
1959	16	21	15	28	50	33	39	33	7	20	10	27	299
1960	16	21	17	14	12	23	13	10	10	10	13	10	169
1961	20	9	12	9	29	9	11	13	1	5	8	18	144
1962	20	10	23	21	18	—	—	—	—	—	—	—	—
Mittel	18,0	15,2	16,7	18,8	17,8	17,2	17,4	17,0	12,8	13,9	15,5	17,2	197,5
Lucknerhütte, 2240 m													
1933	—	—	—	—	—	—	—	—	—	—	17	12	—
1934	8	18	23	30	34	35	17	10	4	3	11	7	200
1935	10	14	49	31	15	13	12	7	11	25	26	23	236
1936	15	10	12	11	11	10	17	3	7	7	8	7	118
1937	9	7	10	10	10	10	13	15	17	10	6	5	122
1938	9	8	11	14	11	10	12	6	5	4	5	6	101
1939	9	10	10	9	20	11	10	—	—	—	—	—	—
1949	—	—	—	—	—	—	18	14	9	1	12	12	—
1950	20	9	1	13	5	13	17	13	11	1	20	14	137
1951	14	11	11	4	7	16	13	11	16	5	11	8	127
1952	4	11	11	4	6	6	5	16	16	13	13	2	107
1953	4	5	1	14	7	25	7	16	10	35	2	11	137
1954	7	5	5	11	14	5	16	4	12	2	2	13	96
1955	5	8	2	1	1	8	6	8	6	2	1	2	50
1956	12	14	5	8	3	5	7	5	2	15	8	2	86
1957	1	10	2	8	12	15	18	25	8	3	6	5	113
1958	14	9	13	14	4	13	21	16	13	20	23	25	185
1959	14	1	11	13	11	23	25	23	2	18	9	15	165
1960	9	15	15	11	12	23	15	13	6	12	11	10	152
1961	18	7	9	11	26	9	11	11	1	4	6	18	131
1962	9	18	21	18	15	—	—	—	—	—	—	—	—
Mittel	10,1	10,0	11,7	12,4	11,8	13,9	13,7	12,0	8,7	10,0	10,4	10,4	135,1
Riffltor, 3110 m													
1932	10	8	11	17	24	23	27	15	9	9	10	10	173
1935	11	13	11	8	11	19	27	16	17	22	6	5	166
1936	17	14	9	9	16	16	17	23	18	9	12	12	172
1937	6	10	9	3	7	16	24	21	17	13	6	5	137
1938	9	7	12	14	11	10	12	6	5	2	4	5	97
1939	7	7	10	10	12	12	22	—	—	—	—	—	—

	Jän.	Feb.	März	April	Mai	Juni	Juli	August	Sept.	Okt.	Nov.	Dez.	Jahr
1949	—	—	—	—	—	—	21	32	10	16	19	20	—
1950	25	8	14	15	7	10	37	4	27	12	20	10	189
1951	10	10	7	21	9	22	14	25	6	6	22	18	170
1952	19	5	17	3	28	5	3	10	25	9	16	11	151
1953	20	4	1	8	35	18	22	5	10	13	1	9	146
1954	30	20	4	20	10	42	13	9	27	5	14	11	205
1955	9	13	9	8	10	20	10	11	4	1	1	5	101
1956	14	15	10	11	29	15	3	13	21	14	7	19	171
1957	12	6	10	18	15	30	10	24	8	4	6	5	148
1958	6	8	8	1	4	18	20	14	22	39	3	4	147
1959	8	11	9	16	30	45	26	13	1	9	8	29	205
1960	17	6	5	7	9	27	21	34	14	20	6	5	171
1961	14	7	18	10	15	12	11	11	9	11	16	18	152
1962	8	18	17	18	45	16	—	—	—	—	—	—	—
Mittel	13,3	10,0	10,1	11,4	17,2	19,8	17,9	15,9	13,9	11,9	9,8	11,2	162,4

Oberwalderhütte, 2980 m

	Jän.	Feb.	März	April	Mai	Juni	Juli	August	Sept.	Okt.	Nov.	Dez.	Jahr
1933	6	8	10	15	20	8	2	7	8	6	5	3	98
1934	8	9	11	14	24	24	17	4	5	4	7	5	132
1935	8	12	11	5	22	18	16	14	19	24	7	6	162
1936	9	12	10	12	14	15	11	14	17	7	7	9	137
1937	5	6	10	12	10	13	21	19	16	10	5	6	133
1949	—	—	—	—	—	—	23	29	8	11	9	5	—
1950	19	6	3	7	—	—	—	—	—	—	—	—	—
1951	14	13	10	21	11	12	20	7	4	3	13	5	133
1952	8	5	26	8	26	11	8	8	20	3	11	11	145
1953	8	1	6	16	3	8	23	5	11	8	1	7	97
1954	14	5	4	19	11	33	1	12	8	6	16	12	141
1955	10	20	10	10	10	20	6	8	4	1	1	5	105
1956	13	14	10	12	25	14	19	17	19	13	6	17	179
1957	9	6	9	21	15	18	11	18	11	4	6	4	132
1958	5	8	7	1	3	19	20	7	11	22	5	6	114
1959	8	6	5	20	7	30	21	10	2	9	7	18	143
1960	11	4	6	6	11	18	23	18	11	19	6	5	138
1961	5	4	16	11	16	11	14	10	9	6	16	18	136
1962	7	14	13	14	31	7	—	—	—	—	—	—	—
Mittel	9,3	8,5	9,8	12,4	15,2	16,4	15,1	12,2	10,8	9,2	7,5	8,4	134,8

Wasserfallwinkl, 2630 m

	Jän.	Feb.	März	April	Mai	Juni	Juli	August	Sept.	Okt.	Nov.	Dez.	Jahr
1933	—	—	—	—	—	—	—	—	2	7	6	4	—
1934	6	10	12	11	22	29	28	19	7	7	6	6	163
1935	14	15	16	14	13	17	21	17	13	13	6	5	164
1936	15	13	10	12	16	20	21	13	12	15	20	20	187
1937	12	10	9	8	7	12	24	31	27	9	9	6	164
1949	—	—	—	—	—	—	21	24	8	5	15	5	—
1950	13	8	2	14	—	—	—	—	—	—	—	—	—
1951	19	17	14	22	13	13	21	4	1	1	7	5	137
1952	5	4	38	9	13	2	6	7	12	5	20	16	137
1953	10	1	10	22	6	18	30	7	13	14	1	17	149
1954	45	9	6	25	15	38	11	7	23	9	18	23	229
1955	9	10	14	15	6	10	5	6	5	2	2	5	89
1956	10	10	10	18	39	21	20	30	29	7	4	10	208
1957	11	8	10	26	18	31	12	26	18	3	5	4	172
1958	8	10	14	3	4	16	20	14	20	39	16	18	182
1959	10	8	5	32	13	45	22	24	0	11	9	27	206
1960	16	6	8	9	16	43	31	26	13	21	9	7	205
1961	7	5	30	14	17	14	19	13	10	6	19	21	175
1962	15	20	19	20	24	8	—	—	—	—	—	—	—
Mittel	13,2	9,6	13,4	16,1	15,1	21,1	19,5	16,8	12,5	10,2	10,1	11,7	169,3

Glocknerhaus, 2040 m

	Jän.	Feb.	März	April	Mai	Juni	Juli	August	Sept.	Okt.	Nov.	Dez.	Jahr
1933	5	4	5	9	10	7	4	5	4	8	7	4	72
1934	5	7	13	15	18	16	29	17	12	12	6	7	157
1935	10	10	12	14	12	11	8	8	13	19	11	10	138
1936	12	11	10	9	16	15	14	12	9	6	10	10	134
1937	7	8	10	13	10	10	15	15	13	17	10	6	134
1938	2	11	11	12	13	12	7	5	4	4	7	8	96
1939	4	5	7	5	5	6	—	—	—	—	—	—	—
1949	—	—	—	—	—	—	14	18	7	7	23	4	
1950	9	9	5	13	—	—	—	—	—	—	—	—	

	Jän.	Feb.	März	April	Mai	Juni	Juli	August	Sept.	Okt.	Nov.	Dez.	Jahr
1951	9	7	4	3	7	10	12	7	1	3	18	2	83
1952	2	7	8	5	5	3	18	14	16	15	15	10	118
1953	3	1	3	6	3	8	10	5	5	11	1	7	63
1954	16	5	4	13	12	24	13	5	8	6	6	8	120
1955	5	8	6	3	8	13	6	7	6	3	4	4	73
1956	5	8	3	14	19	14	15	22	4	1	7	5	117
1957	9	7	10	8	20	25	10	17	10	—	—	—	—
1958	—	—	—	—	5	21	20	13	19	16	12	15	—
1959	8	8	4	11	5	27	8	14	1	10	10	13	119
1960	8	7	9	7	11	7	30	16	12	20	12	13	152
1961	6	3	3	10	14	10	16	9	6	13	10	15	115
1962	3	8	10	15	23	4	—	—	—	—	—	—	—
Mittel	6,7	7,1	7,2	9,7	11,4	12,8	13,8	11,6	8,3	10,1	9,9	8,3	116,9

Hochtor, 2450 m

	Jän.	Feb.	März	April	Mai	Juni	Juli	August	Sept.	Okt.	Nov.	Dez.	Jahr
1933	—	—	—	—	—	—	—	—	—	—	19	13	—
1934	8	14	17	22	20	19	21	16	10	12	19	15	193
1935	7	19	19	17	17	14	11	7	12	19	13	7	162
1936	19	11	12	11	32	23	18	17	10	6	27	25	211
1937	10	10	9	8	7	10	22	27	26	12	9	10	160
1938	15	5	6	7	15	20	16	10	8	5	6	7	120
1939	8	7	10	12	14	14	18	18	—	—	—	—	—
1949	—	—	—	—	—	—	—	40	7	12	15	18	—
1950	7	3	3	27	7	12	18	13	12	8	22	12	144
1951	20	23	27	15	12	13	12	10	10	1	18	10	171
1952	10	12	15	7	13	18	2	8	18	13	8	7	131
1953	3	5	3	17	27	12	18	8	8	12	5	15	133
1954	18	12	8	12	10	33	7	18	10	18	5	12	163
1955	3	13	5	10	32	10	2	8	5	3	7	7	105
1956	13	15	6	9	23	6	8	5	12	17	7	12	133
1957	12	10	14	5	10	26	22	28	9	4	7	7	154
1958	9	14	14	2	9	21	17	22	20	11	7	9	155
1959	10	3	4	19	5	14	24	16	1	12	10	19	137
1960	12	2	3	5	12	10	22	17	19	26	14	14	156
1961	14	9	5	9	14	19	28	16	12	4	14	17	161
1962	7	12	36	24	—	—	—	—	—	—	—	—	—
Mittel	10,8	10,5	11,4	12,5	15,5	16,3	15,9	15,9	11,6	10,8	12,2	12,4	155,8

Mooserboden, 1960 und 2038 m

	Jän.	Feb.	März	April	Mai	Juni	Juli	August	Sept.	Okt.	Nov.	Dez.	Jahr
1948	—	—	—	—	—	—	—	—	—	6	5	11	—
1949	15	1	7	19	21	23	19	33	4	6	3	5	156
1950	20	7	10	23	5	6	45	9	28	10	20	9	192
1951	10	24	39	14	10	20	32	14	1	1	32	17	214
1952	15	11	28	1	17	21	15	23	25	21	18	10	205
1953	4	6	2	15	22	25	24	12	9	5	3	12	139
1954	9	2	6	10	20	18	23	16	10	15	6	16	151
1955	7	14	7	33	30	21	18	23	16	7	5	14	195
1956	32	4	9	15	14	32	25	33	20	1	20	15	220
1957	15	19	8	19	16	21	25	37	20	6	6	11	203
1958	21	12	15	17	10	39	14	17	15	25	14	16	215
1959	12	3	9	16	17	41	21	25	7	11	6	16	184
1960	13	17	18	16	8	19	27	25	17	14	13	12	199
1961	5	13	8	20	27	13	22	17	7	9	12	18	171
1962	12	25	9	15	43	27	23	—	—	—	—	—	—
Mittel	13,6	11,3	12,5	16,6	18,6	23,3	23,8	21,8	13,8	9,8	11,6	13,0	189,7

Wintergasse, 2375 m

	Jän.	Feb.	März	April	Mai	Juni	Juli	August	Sept.	Okt.	Nov.	Dez.	Jahr
1948	—	—	—	—	—	—	—	—	—	12	7	16	—
1949	—	—	—	—	—	—	27	45	5	10	17	13	—
1950	31	18	13	23	6	11	55	8	37	13	23	15	253
1951	12	14	13	30	20	25	30	12	11	15	10	10	202
1952	16	11	27	5	32	30	19	17	24	17	14	9	231
1953	5	17	7	24	34	22	35	13	16	22	10	15	220
Mittel	16,0	15,0	15,0	20,5	23,0	22,0	33,3	19,0	20,6	14,8	13,5	13,0	225,7

Krefelderhütte, 2295 m

	Jän.	Feb.	März	April	Mai	Juni	Juli	August	Sept.	Okt.	Nov.	Dez.	Jahr
1948	—	—	—	—	—	—	—	—	—	—	5	15	—
1949	20	4	14	18	24	24	39	29	22	3	20	21	238
1950	25	14	6	27	4	25	42	27	30	10	25	13	248
1951	27	17	13	22	16	29	32	23	16	1	18	17	231

	Jän.	Feb.	März	April	Mai	Juni	Juli	August	Sept.	Okt.	Nov.	Dez.	Jahr
1952	19	19	29	6	26	32	24	41	21	22	17	10	266
1953	5	7	6	19	25	19	49	23	11	6	5	10	185
1954	30	3	8	11	27	17	56	18	30	4	14	38	256
1955	5	14	6	27	25	31	46	17	21	10	9	11	222
1956	10	30	11	14	16	35	31	44	23	1	22	17	254
1957	20	13	8	20	16	25	37	30	14	2	6	8	199
1958	19	23	8	13	9	18	31	22	20	17	6	15	201
1959	13	2	6	19	16	32	25	28	6	9	6	21	183
1960	10	13	17	14	14	19	30	35	19	16	12	10	209
1961	3	23	8	13	34	31	21	32	9	6	11	24	215
1962	5	8	10	17	36	23	22	—	—	—	—	—	—
Mittel	15,1	13,6	10,7	17,1	20,6	25,7	34,6	28,4	18,6	8,2	12,6	16,4	221,6

Karlingerkees, 2900 m

	Jän.	Feb.	März	April	Mai	Juni	Juli	August	Sept.	Okt.	Nov.	Dez.	Jahr
1948	—	—	—	—	—	—	—	—	—	11	21	32	—
1949	4	1	4	17	43	23	36	21	5	21	56	30	291
1950	50	44	9	60	23	12	44	8	26	11	14	34	261
1952	14	12	66	22	30	25	8	25	22	40	—	—	—
Mittel	22,7	19,0	26,3	33,0	32,0	20,0	29,3	18,0	17,7	20,8	30,3	32,0	301,1

Schmiedingerkees, 2800 m

	Jän.	Feb.	März	April	Mai	Juni	Juli	August	Sept.	Okt.	Nov.	Dez.	Jahr
1948	—	—	—	—	—	—	—	—	6	7	4	—	—
1949	21	4	10	19	25	21	33	15	13	2	13	16	192
1950	16	9	5	17	4	17	30	17	18	4	15	13	165
1951	16	16	9	8	6	10	22	13	7	1	12	5	125
1952	11	14	17	3	21	20	18	34	14	23	19	8	202
1953	3	5	5	15	19	16	38	16	9	4	4	8	142
1954	20	5	5	11	27	17	41	15	22	5	12	32	212
1955	1	10	3	17	16	19	27	10	9	7	7	9	135
1956	9	15	9	12	17	29	25	59	27	2	24	10	238
1957	12	10	12	15	12	14	36	—	—	—	—	—	—
1958	—	—	—	—	—	—	—	—	—	—	14	13	—
1959	6	4	7	19	13	32	33	34	10	14	3	15	190
1960	9	19	16	11	10	17	32	42	4	21	13	14	208
1961	5	22	10	18	41	37	21	29	8	9	11	13	224
1962	6	9	13	17	36	21	19	—	—	—	—	—	—
Mittel	10,4	10,9	9,3	14,0	19,0	20,8	28,8	25,8	12,8	8,2	11,8	12,3	184,1

nach einigen Jahren in einer Spalte dieses stark zerrissenen Gletschers und wurde nicht mehr gefunden. Das gleiche Schicksal erlitt auch der in einer Höhe von 3120 m eingerichtete Gletschertotalisator „Oberster Pasterzenboden" auf nahezu völlig ebener Firnfläche. Auf dem stark den Höhenwinden ausgesetzten Schmiedingerkees des Kitzsteinhornes wurde der Gletschertotalisator „Schmiedingerkees" zuerst in 2655 m und später in 2800 m Höhe ausgesetzt.

Die einzelnen Messungen der Totalisatoren aus der Zeit von 1932 bis in die Gegenwart sind in Tabelle 1 monatsweise wiedergegeben. In jenen Fällen, in denen störende Eingriffe erfolgten, das Gefäß Schaden erlitten hatte oder ein Totalisatorinhalt einfror, wurden unter Zuhilfenahme der anderen Geräte die Ablesungen der gestörten Niederschlagssammler jeweils verbessert. Bei einer Aufeinanderfolge zweifelhafter Messungen (Undichtheit des Gefäßes u. dgl.) wurde auf die Wiedergabe verzichtet. Die Ablesungen der Totalisatoren in der Mitte eines Monats wurden jeweils zum Teil auch unter Heranziehung von Sonnblick-Totalisatoren auf das Monatsende reduziert. F. Lauscher [5] empfahl auf der VI. internationalen Tagung für alpine Meteorologie in Bled 1960, die Totalisatorenablesungen rechnerisch auf volle Monatslängen umzurechnen. Auf diese Weise würden dann die Totalisatorwerte mit den Monatsmengen der normalen meteorologischen Stationen vergleichbar.

Die winterlichen Ablesungen der Totalisatoren zum Teil alle 6 bis 8 Wochen mögen meteorologisch-hydrographisch gesehen vielleicht etwas ungünstig erscheinen, doch ist hier zu bedenken, daß das Aufsuchen der Meßgeräte in der kalten Jahreszeit nahezu immer eine für die Ableser gefährliche Angelegenheit bedeutet. Die Zugänge zu den Totalisatoren sind im Hochwinter und im Frühling zeitweilig außerordentlich lawinengefährdet. Die Herren Groder, Unterkircher, Gotenhuemer, Granögger u. a. haben sich durch ihren persönlichen Einsatz bei den oftmals sehr gefährlichen Meßgängen zur Ermittlung der Niederschlagsverhältnisse in großen Höhen des Großglocknergebietes bedeutende Verdienste erworben.

Diskussion der Meßergebnisse

Die nunmehr bereits stattliche Meßreihe der Niederschlagssammler erbrachte den Beweis, daß im Glocknergebiet eine „Höhenzone maximalen Niederschlages" nicht existiert. A. E. Forster [6] glaubte, für die Hohen Tauern in einer Höhe zwischen 2400 und 2500 m

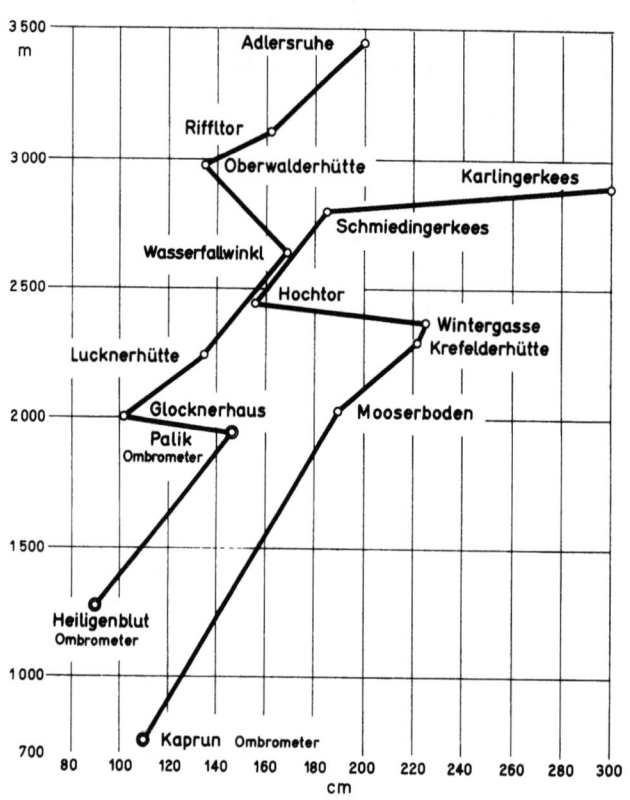

Abb. 3. Höhenverteilung des Jahresniederschlages.

eine Zone maximalen Niederschlages annehmen zu müssen, oberhalb der die Niederschläge wieder etwas abnehmen. Bereits 1933 konnte aber F. Steinhauser [7] auf Grund der Beobachtungsergebnisse der Totalisatoren im Sonnblickgebiet zeigen, daß diese Auffassung nicht richtig ist, sondern daß die Niederschlagsmengen bis zum Sonnblickgipfel zunehmen. Auch die Totalisatoren der Glocknergruppe ergaben, daß die Jahresmenge des Niederschlages ebenso wie in den Westalpen **bis über die Gipfelhöhen** zunimmt. Diese Tatsache steht keineswegs im Widerspruch zu dem Umstand, daß unmittelbar über allen Gipfeln, Kämmen und Graten unabhängig von der absoluten Höhe durch Einwirkung des verstärkten Windes der Gipfelflur geringere Niederschläge als in etwas tieferen Regionen abgelagert werden.

Die aus den Niederschlagssammlern gewonnenen Jahresmengen des Niederschlages sind in Abbildung 3 in Abhängigkeit von der Seehöhe graphisch dargestellt und durch Ombrometerwerte aus Tieflagen ergänzt. Die Niederschläge an der Südabdachung des Alpenhauptkammes wurden in der Abbildung 3 (linke Linienführung) und jene an der Nordflanke (rechte Höhenkurve) miteinander verbunden. Die beiden Höhenlinien zeigen deutlich, daß die Nordseite der Hohen Tauern in gleicher Seehöhe niederschlagsreicher ist als die Südabdachung. Ein gleiches Ergebnis lieferten auch die Totalisatoren im Sonnblickgebiet.

Die aus den durchschnittlichen Jahressummen abgeleiteten Niederschlagshöhenkurven weisen sowohl an der Nord- als auch an der Südseite des Ostalpenhauptkammes auf eine recht unregelmäßige Zunahme des Niederschlages mit wachsender Meereshöhe hin. An der

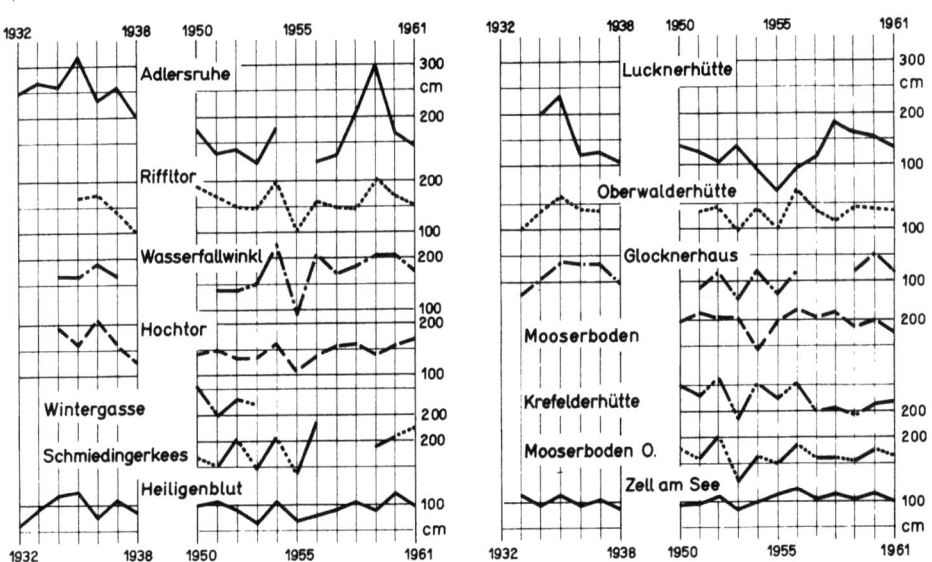

Abb. 4. Verlauf der Jahressummen des Niederschlages in den einzelnen Jahren.

Kurve der Tauernsüdseite deutet sich in 2000 m Höhe vorübergehend eine ausgesprochene Verringerung des Jahresniederschlages an. Sie ist wohl kaum als allgemeine Erscheinung des Niederschlagsklimas zu betrachten, sondern höchstwahrscheinlich eine Auswirkung orographischer Einflüsse (stärkere Lee-Effekte u. dgl.). Auch an der Nordseite erfolgt in Höhen von über 2400 m vorübergehend eine wahrscheinlich ebenfalls orographisch bedingte ansehnliche Niederschlagsabnahme, während der höher gelegene Totalisator Adlersruhe und der Gletschertotalisator Karlingerkees wieder größere Niederschlagsmengen anzeigen.

Die Jahresmengen des Niederschlages aus der Zeit von 1932 bis 1962 gestatten wegen der Unterbrechung zwischen 1939 und 1949 noch keine einwandfreien Aussagen über säkulare Änderungen des Niederschlages in großen Höhen des Glocknergebietes, doch vermögen sie bereits die strittige Frage der jährlichen Schwankungen in Tieflagen und in der Höhe zu klären. H. Friedel [8] versuchte nachzuweisen, daß in einheitlichen Klimagebieten die Niederschlagsmengen des Jahres in großen Höhen i n v e r s zu jenen in der Tiefe schwanken. Niederschlagsreichtum in großen Höhen wäre mit Armut in der Niederung verknüpft und umgekehrt.

Die in Abbildung 4 graphisch dargestellten Jahresmengen des Niederschlages aus Totalisatoren und der Ombrometerwerte von Heiligenblut und Zell am See lassen erkennen, daß die Jahressummen an der Nordseite der Hohen Tauern nicht völlig gleich wie an der Südseite variieren, sondern mitunter ganz erhebliche Unterschiede aufweisen. Die jährlichen Niederschlagsschwankungen verlaufen in Hochlagen an der Südseite des Ostalpenhauptkammes im allgemeinen gleichsinnig wie in Heiligenblut. Eine Ausnahme bildet das Jahr 1959, in dem auf der Adlersruhe ein ungewöhnlich starker Niederschlag fiel, der jedoch nicht in Heiligenblut auftrat. Auch die jährlichen Totalisatorwerte aus großen Höhen der Tauernnordflanke

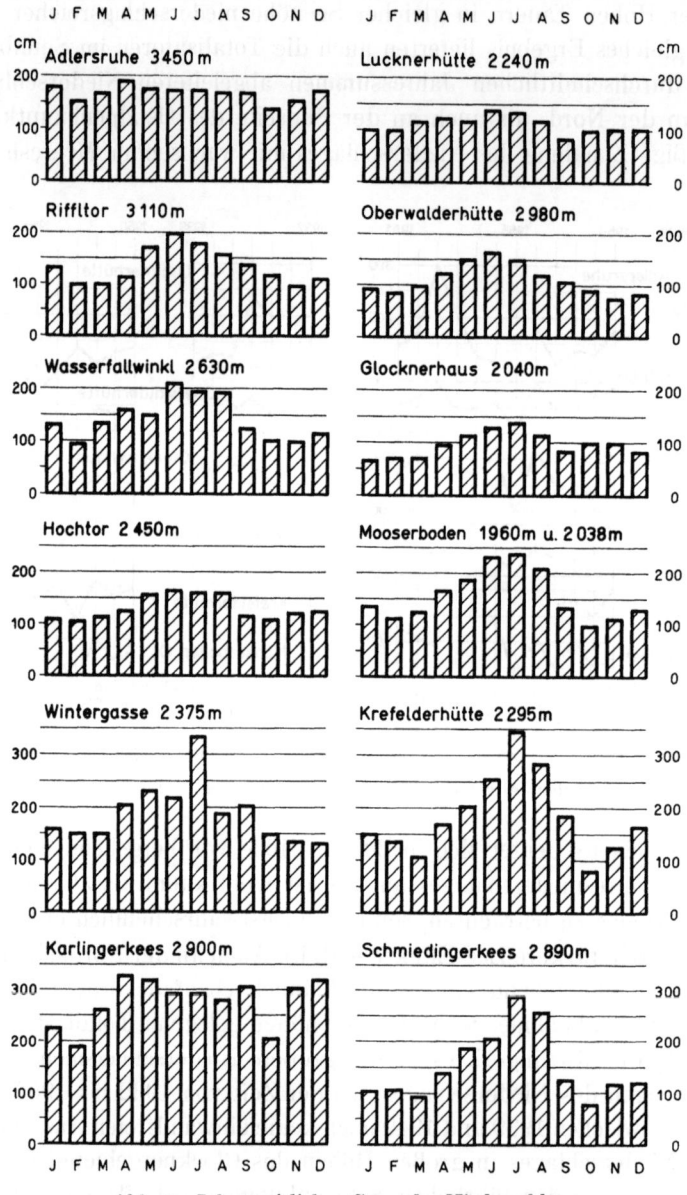

Abb. 5. Jahreszeitlicher Gang der Niederschläge.

zeigen praktisch keinen entgegengesetzten Schwankungsverlauf zu Zell am See in der Niederung. Bezüglich weiterer Einzelheiten sei auf die Abbildung 4 verwiesen.

Die Niederschläge besitzen im Ostalpenraum, wie hinlänglich bekannt ist, eine charakteristische jahreszeitliche Verteilung. Sie ist in tiefen Tälern und Becken am ausgeprägtesten. Mit zunehmender Seehöhe wird der jahreszeitliche Niederschlagsverlauf meist zunehmend ausgeglichener (Abb. 5). Auf der Adlersruhe in 3450 m Höhe ist der Jahresgang des Niederschlages nahezu völlig verwischt. Es überrascht, daß die typischen Merkmale der Niederschlagsverhältnisse in der Niederung, die sommerlichen Maxima oder die winterlichen Minima in größeren Höhen des Glocknergebietes vielfach nicht in den gleichen Monat fallen. Das Maximum im Juli wie in Heiligenblut und Zell am See wurde in der Wintergasse, beim Glocknerhaus, auf dem Mooserboden, bei der Krefelderhütte und auf dem Schmiedingerkees festgestellt. Bei den Meßstellen Riffltor, Wasserfallwinkl, Lucknerhütte, Oberwalderhütte stellte sich im Durchschnitt das Niederschlagsmaximum bereits im Juni ein. Auf der Adlersruhe und auf dem Karlingerkees fällt bereits im Monat April der stärkste Niederschlag. In der Bearbeitung der Totalisatorwerte aus der Zeit von 1932 bis zum Beginn des zweiten Weltkrieges fielen die Höchstwerte des Niederschlages ebenfalls schon im April [3]. In der Meßreihe 1934 bis 1962 tritt im April ebenso wie in der Wintergasse nur noch das Nebenmaximum auf.

Die in hohen Lagen von den Tälern abweichende jahreszeitliche Verteilung der Niederschlagsmengen ist auch auf dem benachbarten Rauriser Sonnblick (3106 m) angedeutet. In der Ombrometerreihe 1890 bis 1936 wurde der Höchstwert der monatlichen Niederschläge ebenfalls nicht im Sommer, sondern schon im April festgestellt. Spätere Totalisatorenmessungen ließen das Niederschlagsmaximum nach F. Steinhauser [9] wieder im Juni aufscheinen. Wie die Bearbeitung der Totalisatoren der Österreichischen Draukraftwerke A.G. im Reißeck-, Kreuzeck- und Hochalmgebiet von F. Lauscher [10] ergibt, sind die Orographie, die Seehöhe und die geographische Lage auch in anderen Ostalpengebieten für die jährliche Verteilung des Niederschlages maßgebend. Das Niederschlagsmaximum stellt sich dort bis in Seehöhen von 2000 m im Juli ein, in 2500 m verschiebt es sich auf den Oktober und in 3000 m auf den November. Im Reißeck-, Kreuzeck- und Hochalmgebiet fallen die geringsten Monatsmengen von Dezember bis einschließlich März. Ein Aprilmaximum wie im Glocknergebiet konnte sonst noch nirgends in Österreich festgestellt werden. Juni-Maxima weisen bereits eine ganze Reihe von österreichischen Bergstationen auf. Den Niederschlagshöchstwert im Mai besitzen die Brendalpe (1562 m) und die Hebalpe (1430 m) im Einzugsgebiet der Mur.

Der in zeitlicher Hinsicht nach frühere Eintritt des Niederschlagsmaximums in einzelnen Hochlagen des Glocknergebietes ist hauptsächlichst auf folgende meteorologische Umstände zurückzuführen: Außerordentliche Verstärkung der Frühjahrs-Instabilität durch eine besondere orographische Hochgebirgskonfiguration, an manchen Stellen wesentlich abgeschwächte Beeinflussung durch die West- und Nordwestwetterlagen des Hochsommers (eine Art Lee-Effekt innerhalb des Glockner-Gebirgsstockes) und im Frühling ungleiche Steigerung (verstärkte Luvwirkung) von Aufgleitniederschlägen bei Vb-Wetterlagen.

Die Minima des Niederschlages im Glocknergebiet stellen sich ebenfalls nicht einheitlich in den gleichen Monaten bzw. in der gleichen Jahreszeit ein. Ein Minimum im Oktober zeigen die Adlersruhe, das Riffltor, das Hochtor, der Mooserboden, die Krefelderhütte und das Schmiedingerkees. Monatstiefstwerte sind im Februar an der Meßstelle Wasserfallwinkl und Karlingerkees zu beobachten, im Jänner beim Glocknerhaus und im November beim Riffltor und bei der Oberwalderhütte. In der Beobachtungsreihe 1934 bis 1939 gab es das Niederschlagsminimum bereits im August.

Der kostspielige Einsatz von Gletschertotalisatoren in der Großglocknergruppe erwies sich als recht nützlich. So konnte u. a. auch die Zunahme der Niederschläge mit der Höhe auf dem Karlingerkees erhärtet werden. Als eigenartig hingegen erscheint, daß der Gletschertotalisator Schmiedingerkees weniger Niederschlag als der um 600 m tiefer gelegene Totalisator Krefelderhütte empfing.

Zwecks Beurteilung der Meßleistung der Totalisatoren und der Gletschertotalisatoren wurden Schneelagen durch Ausstreuen farbiger Erden zeitlich fixiert und ihr aus Schneedichtemessungen gefundener Wassergehalt mit den Totalisatorwerten des gleichen Zeitraumes verglichen. Beim Gletschertotalisator Karlingerkees lag der Meßwert in 5 Zeitabschnitten zwischen 61 und 70 Prozent des in der Schneedecke vorhandenen Niederschlages. In unmittelbarer Nähe des Gletschertotalisators Schmiedingerkees erfaßte der Sammler innerhalb von 4 Untersuchungsperioden 52 bis 74 Prozent des Wasserwertes der Schneedecke. Die Totalisatoren Wintergasse und Krefelderhütte wiesen 79 bis 98 Prozent bzw. 62 bis 67 Prozent des in der Schneedecke der Umgebung vorhandenen Niederschlages aus. In bezug auf Einzelheiten wird auf den diesbezüglichen Bericht von H. Böck [11] verwiesen.

Alle untersuchten Totalisatoren entsprachen in ihren Angaben während der Winterhalbjahre nicht zur Gänze den Niederschlagsforderungen der in der Umgebung effektiv vorhandenen Schneedecke. Die im Durchschnitt zwischen 12 und 40 Prozent betragenden Fehlbeträge dieser Meßgeräte können jedoch nicht als reelle Mindereinnahmen des Niederschlages betrachtet werden, da auf den weitgespannten Gletscherflächen unterschiedliche Mengen von Schnee zur Ablagerung gelangen, die von höheren Gebirgsteilen nach unten verblasen werden und deren Ausmaß praktisch leider unkontrollierbar bleibt.

Im großen und ganzen stellen die Totalisatoren im Hochgebirge, wie aus den Abflußverhältnissen zu schließen ist, Meßgeräte dar, die bei einwandfreier Aufstellung und richtiger Bedienung zweifellos recht verläßliche Niederschlagswerte zu bieten imstande sind. Die auf stark windexponierten Stellen stehenden Niederschlagssammler erleiden wahrscheinlich ein nicht sehr bedeutendes Meßdefizit. Über das Verhalten der Totalisatoren und über ihre Beeinträchtigungen im Hochgebirge wird im Zusammenhang mit den Abflußbetrachtungen einzelner Tauerngewässer an anderer Stelle später berichtet werden.

Literatur

[1] V. Paschinger, Das ewige Eis. Der Großglockner, Verlag Fischer, München 1929.
[2] H. Tollner, Wetter und Klima im Gebiete des Großglockners. 14. Sonderheft der Carinthia II, Klagenfurt 1952.
[3] H. Tollner, Zum jahreszeitlichen Gang der Niederschläge in ostalpinen Hochlagen. Wetter und Leben. 12, 292—294 (1960).
[4] F. Lauscher, Die Totalisatorennetze Österreichs, 54—57. Jahresbericht des Sonnblick-Vereines für die Jahre 1956—1959, 1—18 (1961).
[5] F. Lauscher, Grundsätzliche Bemerkungen zur Totalisatoren-Methodik. VI. Internationale Tagung für alpine Meteorologie, Bled, Jugoslawien, 14.—16. Sept. 1960, S. 159—163, Beograd 1962.
[6] A. E. Forster, Die Niederschlagsmessungen auf dem Sonnblick und anderen Gipfelobservatorien, 38. Jahresbericht des Sonnblick-Vereines, S. 18—31, Wien 1930.
[7] F. Steinhauser, Ergebnisse neuerer Beobachtungen über die Niederschlagsverhältnisse im Sonnblickgebiet. XLI. Jahresbericht des Sonnblick-Vereines für das Jahr 1932, S. 18—31 und Meteorolog. Z. 51, 36—40 (1934).
[8] H. Friedel, Gesetze der Niederschlagsverteilung im Hochgebirge. Wetter und Leben 4, 73—86 (1952).
[9] F. Steinhauser, Über die Struktur des Jahresganges des Niederschlages am Zentralalpenkamm. Wetter und Leben 2, 1—4 (1949).
[10] F. Lauscher, Klimatologische Gebietsbeschreibung zum Österr. Wasserkraftkataster, Lieser und Malta, Wien 1959.
[11] H. Böck, Zur Methode von Niederschlagsmessungen im Hochgebirge. Österr. Wasserkraftwirtschaft 3, 103—107 (1951).

Das Mauna-Loa-Observatorium

Eine neue Forschungsstätte auf Hawaii in 3400 m Seehöhe

Jack C. Pales und Saul Price, U. S. Weather Bureau, Hilo, Hawaii

Mit 3 Textabbildungen

Im folgenden wird eine kurze Beschreibung der Lage, der klimatischen Verhältnisse, der Einrichtungen und der Forschungsprogramme während der ersten fünf Arbeitsjahre des neuen Observatoriums gegeben.

Der Mauna Loa liegt auf Hawaii, der südlichsten und größten Insel der gleichnamigen Inselgruppe (Abb. 1). Von seiner Wurzel, 5500 m unter dem Meeresspiegel, erhebt sich dieser vulkanische Gebirgsstock bis zu einer Seehöhe von 4170 m und stellt damit den größten einzelnen Gebirgsstock der Erde dar. Etwa 400 km² seiner Oberfläche liegen über 3000 m Seehöhe. Während die tiefer gelegenen Hänge außerordentlich niederschlagsreich und üppig bewachsen sind, bestehen die höher gelegenen Teile des Berges aus völlig vegetationslosem Lavaboden. Mit einer Breite von 19° 30′ Nord liegt der Mauna Loa nach geographischer Definition innerhalb der Tropenzone. Die Entfernung zur nächstgelegenen kontinentalen Landmasse beträgt 3200 km. Der umgebende Ozean hat eine mittlere jährliche Oberflächentemperatur von 24° C, mit einer jährlichen Schwankung von 3° C und einer täglichen Schwankung von weniger als 1,5° C [6]. Der vorherrschende Wind ist der Nordostpassat. Mit nahezu gleicher Häufigkeit tritt auch die Passat-Inversion auf. Im Mittel liegt sie 2000 m hoch — etwa auf halber Höhe des Berges — und stimmt mit der durchschnittlichen Höhe der Baumgrenze an den Berghängen überein.

Das Observatoriumsgebäude (Abb. 2 und 3) wurde im Juni 1956, in einer Seehöhe von 3400 m am Nordhang des Berges durch das U. S. Weather Bureau und das National Bureau of Standards errichtet. Von Hilo, der größten Stadt auf Hawaii, erreicht man es in etwa 2stündiger Fahrt (72 km) auf einer Straße aus Lavaschutt. Honolulu, eine moderne amerikanische Stadt von 300.000 Einwohnern und das kulturelle und wirtschaftliche Zentrum der Inselgruppe mit einer großen Universität, Forschungsinstituten und wissenschaftlichen Bibliotheken, liegt eine Flugstunde entfernt.

Das Hauptgebäude des Observatoriums ist eine Beton-Konstruktion mit einer Grundfläche von 6 mal 13 m. Es enthält einen Arbeits- und Wohnraum, ein Instrumentenzimmer, zwei Schlafzimmer mit 6 Schlafstellen und eine Küche. Angeschlossen sind ein 4 mal 5 m großes Metallhaus für luftelektrische Apparaturen sowie verschiedene kleinere Nebengebäude, Maste, Tanks usw. Zusätzlich stehen in Hilo noch eine Werkshütte, ein Lagerhaus und Büroräume zur Verfügung. Das Observatorium selbst besitzt eine einfache Werkstätten- und Laboratoriumseinrichtung sowie eine kleine wissenschaftliche Bibliothek. Kompliziertere Reparaturen oder Neuanfertigungen werden in Hilo bzw. Honolulu besorgt. Die Nachrichtenverbindung mit dem Büro in Hilo und mit den vier Fahrzeugen des U. S. Weather Bureau wird mittels einer Radiosprechanlage aufrechterhalten.

In den 6 Jahren seines Bestehens wurde am Observatorium eine Reihe von Forschungsaufgaben durchgeführt, die sich seine besondere Lage zunutze machten, insbesondere die große Seehöhe und die geringe Lufttrübung und Feuchtigkeit. Unter anderen wurden folgende Probleme untersucht: die Form von natürlich gewachsenen Schneeflocken in aerosolfreier Luft [1], die Spektrographie des Wasserdampfes in den Atmosphären von Mars und Jupiter [2], das Sonnenspektrum zwischen 0,3 und 2,5 μ [3], die

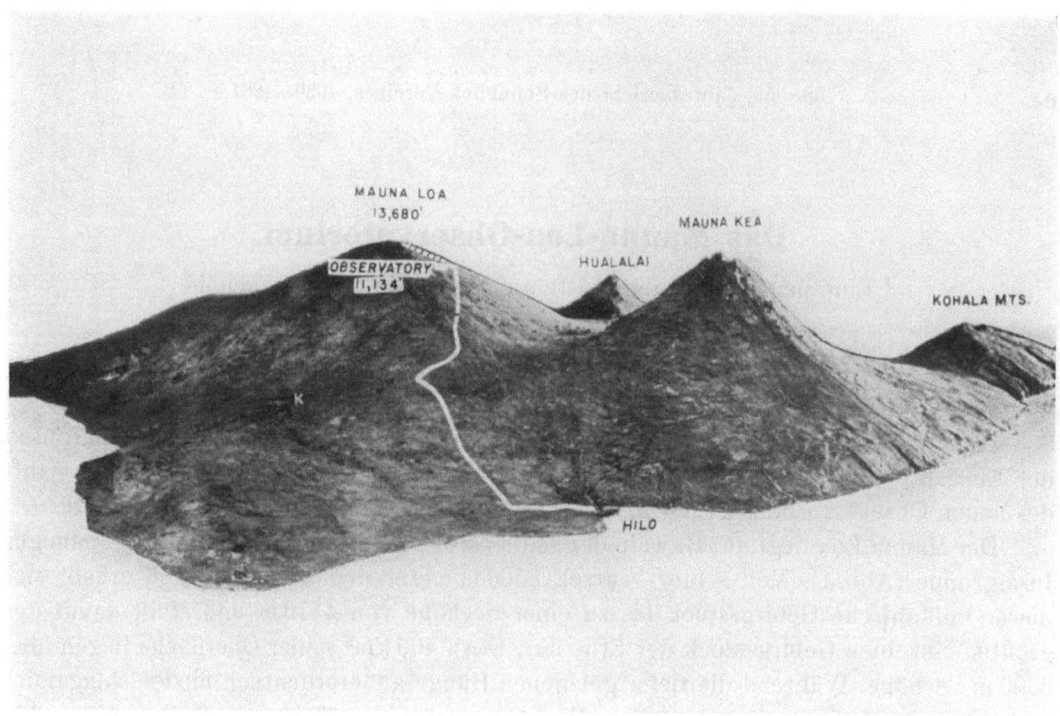

Abb. 1. Die Insel Hawaii, nach einer Modellaufnahme (vertikale Überhöhung 2,5fach). Die Hänge des Mauna Loa fallen symmetrisch, mit nahezu gleichbleibender Neigung zur Küste ab.

Abb. 2. Nordansicht des Observatoriums am Mauna Loa. Von links nach rechts: Himmelskamera mit 180° Öffnungswinkel (1), Thermometerhütte (2), Infrarot-Hygrometer (3), Strahlungsmeßgeräte (4), Ansaugrohr für Ozonmessungen (5), Rohrleitung zur Ansaugstelle für CO_2-Messungen (6), Gehäuse des Gefrierkernzählers (7), Hütte für das Dobson-Spektrophotometer (8), Beobachtungsplattform (9). Das Sammelgerät für radioaktive Zerfallsprodukte und die Luftelektrizitätshütte sind nicht sichtbar. Im Hintergrund in einer Entfernung von 40 km der Mauna Kea.

Abb. 3. Luftaufnahme vom Observatorium. Das dunkle Lavageröll ist auf einer Fläche von 1,6 ha künstlich eingeebnet. Nach links führt die Straße zum Gipfel des Mauna Loa.

Transmission der Erdatmosphäre im Infrarot [4], Sternbedeckungen durch den Mond und der Einfall von kosmischem Staub an der Erdoberfläche [5].

Die volle Inbetriebnahme des Observatoriums durch das U. S. Weather Bureau erfolgte im Juli 1957, als eine Gruppe von ständigen Beobachtern und Wissenschaftlern mit den Arbeiten für das Internationale Geophysikalische Jahr 1957/58 [7] betraut wurde. Seither hat sich der Personalstand auf 10 Personen erhöht, deren wichtigste Aufgaben die laufenden meteorologischen und geophysikalischen Beobachtungen und deren Auswertung, die Instandhaltung der Geräte, die Mitarbeit bei Untersuchungen zugeteilter Wissenschaftler und Gäste sowie eigene Forschungsarbeiten sind.

Gegenwärtig umfassen die routinemäßigen Beobachtungen am Mauna Loa folgende Punkte: Wetter, Zusammensetzung der Luft, Sonnenstrahlung und feste Partikel. Die Wetterbeobachtungen werden tagsüber stündlich vorgenommen, daneben werden Luftdruck, Temperatur, Feuchtigkeit, Wind und Niederschlag in der üblichen Weise registriert. Eine Zeitraffer-Kamera stellt automatisch Aufnahmen des ganzen Himmels her. Diese Beobachtungen liefern nicht nur das nötige Material für meteorologische und klimatologische Zwecke, sondern sind auch für die meisten anderen Arbeitsprogramme als zusätzliche Information von Wichtigkeit. Das gleiche gilt für die Radiosonden-Stationen des U. S. Weather Bureau auf den Flugplätzen von Hilo und Honolulu, wo auch die täglichen, synoptischen Wetterkarten für den pazifischen Raum hergestellt werden.

Ozongehalt der untersten Luftschicht. Die Dauerregistrierungen des Ozongehaltes der Luft in Bodennähe mit einem von Regener [8] entwickelten automatischen Gerät begannen im August 1957. Es zeigt sich, daß der Ozongehalt am Mauna Loa sowohl von den lokalen als auch von den großräumigen Luftzirkulationen beeinflußt ist. Die Jahresschwankung ist groß und besitzt ein Maximum im Frühling, wie dies auch an anderen Punkten der Erdoberfläche gefunden wurde. Besonders starke Schwankungen des bodennahen Ozongehalts treten im Zusammenhang mit Änderungen der Großwetterlage im pazifischen Raum auf. Ein Bericht über diese Zusammenhänge ist in Vorbereitung.

Gesamter Ozongehalt der Atmosphäre. Ein Dobsonsches Spektrophotometer zur Messung des gesamten Ozongehaltes der Atmosphäre über der Station wurde im November 1957 in Betrieb genommen. Die Höhe des Beobachtungsortes, die Reinheit der Luft und die relativ geringen, unperiodischen Änderungen des Ozongehalts, wie sie für niedrige geographische Breiten typisch sind, machen diese Beobachtungen besonders wertvoll, nicht nur als Beiträge zum weltweiten Ozonmeßprogramm des IGJ, sondern auch für die Festlegung von Normalwerten der extraterrestrischen Strahlungsintensität der Sonne.

Obwohl die Änderungen des Ozongehalts von Tag zu Tag relativ klein sind, ist sein absoluter Betrag für die gegebene Breite überdurchschnittlich groß (0,297 cm im Juni 1959 und 0,233 cm im Jänner 1961 [9]). Dieses Ergebnis bedarf allerdings noch einer Bestätigung durch weitere Messungen.

Kohlendioxyd. Auch der CO_2-Gehalt der Luft wird am Mauna Loa laufend registriert. Das hiefür verwendete Gerät ist ein dispersionsfreier Gas-Analysator, der speziell für die Überwachung der Zusammensetzung eines ständig durchströmenden Gases entwickelt wurde [10]. Das seit März 1958 gesammelte Beobachtungsmaterial bestätigt erneut, daß in Abwesenheit lokaler Quellen die Konzentration von Kohlendioxyd in den untersten Schichten der Atmosphäre über die ganze Erde nahezu gleich ist [11]. Ferner zeigen die Beobachtungen eine mittlere jährliche Zunahme der CO_2-Konzentration von etwa 0,7 p.p.m (1 p.p.m entspricht 1 cm^3 in 1 m^3). Auch ein geringer täglicher Gang der Konzentrationswerte ist erkennbar. Die Jahresschwankung der Monatsmittel zeigt ein Maximum von 315 p.p.m im Mai und ein Minimum von 311 p.p.m im Oktober. Beide Schwankungen — insbesondere die tägliche — sind vermutlich durch periodische Änderungen der Luftzirkulation an den Berghängen bedingt.

Sonnenstrahlung. Die Messungen der Sonnenstrahlung am Mauna Loa begannen im November 1957, und zwar mit einem Eppley-Pyranometer mit horizontaler Auffangfläche (10 Lötstellen), einem Eppley-Pyrheliometer zur Messung der direkten Sonnenstrahlung, einem Beckmann-und-Whitley- (Gier-und-Dunkle-) Radiometer zur Messung der Gesamtstrahlung aus der oberen Hemisphäre und einem Beckmann-und-Whitley-Strahlungsbilanzmesser. Die Strahlungsmessungen wurden mit dem Ende des Geophysikalischen Jahres Ende 1958 eingestellt. In Kombination mit verschiedenen Filtern (Nr. OG 1, RG 2, RG 8) wurden die Strahlungsintensitäten in verschiedenen Spektralbereichen und die Trübungskoeffizienten bestimmt. Eine neue Serie von gleichzeitigen Messungen in Hilo und am Mauna Loa unter Verwendung neu entwickelter Pyranometer (Eppley) und schalenförmiger Schott-Filter wurde im März 1961 begonnen.

Kernspaltungsprodukte. Die Verwendung von radioaktiven Spaltprodukten, die bei atomaren Explosionen entstehen, für das Studium der atmosphärischen Zirkulation wurde von Machta [12] beschrieben. Auch der Mauna Loa ist in das weltweite Netz von Beobachtungsstationen für diesen Zweck einbezogen. Seit August 1957 ist eine kleine Luftfiltrieranlage mit einem Ansaugintervall von 48 Stunden in Betrieb. Die Radioaktivität des Niederschlages wird in der üblichen Weise mit Ionenaustauschern gemessen.

Eiskerne. Zur Beobachtung der Eiskerne wird eine verbesserte Ausführung der Bigg-Warner-Expansionskammer [13] verwendet. Die zu untersuchende Luft wird dabei in vorgekühltem Zustand in die Kammer eingesaugt. Falls sie Eiskerne enthält, bilden sich bei der Expansion und der darauffolgenden Nebelbildung an ihnen Eiskristalle. Diese fallen in ein Auffanggefäß, welches etwas unterkühlte Zuckerlösung enthält. Durch weitere Wasseranlagerung vergrößern sie sich dort rasch und können leicht mit bloßem Auge gezählt werden. Durch Veränderung des anfänglichen Überdruckes kann auch die Abhängigkeit der Eiskernkonzentration von der Temperatur festgestellt werden. Routinemäßige Beobachtungen dieser Art wurden von Dezember 1957 bis Februar 1961 in Zusammenarbeit zwischen dem U.S. Weather Bureau und der National Science Foundation durchgeführt. Besonders ausführliche Messungen Anfang 1961 scheinen anzudeuten, daß zwischen abnormal hohen Eiskern-Konzentrationen und einem Meteorschauer, der sich einen Monat vorher ereignet hatte sowie außergewöhnlichen Niederschlägen Zusammenhänge bestehen. Obwohl solche Erhöhungen der Eiskern-Konzentration nach Meteorschauern schon gelegentlich beobachtet worden sind, gibt es auch starke Hinweise darauf, daß ebensogut Vorgänge in den unteren Schichten der Atmosphäre ausschlaggebend sein können. Die Beobachtungen vom Mauna Loa werden in kürzlich erschienenen Sammelberichten über dieses Problem von Kline [14] und Kline und Brier [15] verwendet.

Luftelektrizität. Während eines Jahres (August 1960 bis August 1961) wurden die positive und negative Leitfähigkeit der Luft, die elektrische Feldstärke, das Ausmaß der Ionisation und die Konzentration von leichten und schweren Ionen beobachtet. Diese Untersuchung stand unter der Leitung von Dr. G. Kinzer vom Physikalischen Laboratorium des U.S. Weather Bureau und diente der Festlegung von Normalwerten für die elektrischen Eigenschaften der unteren Luftschichten. Die Ergebnisse werden von besonderem Wert für Untersuchungen der säkularen Änderung der Luftverunreinigungen sein.

Infrarot-Hygrometrie. Die Luftfeuchtigkeit wird am Mauna Loa unter anderem mit einem neuen, von der Instrumentenabteilung des U.S. Weather Bureau entwickelten, Instrument registriert. Im Prinzip handelt es sich dabei um die Messung der Abschwächung elektromagnetischer Strahlung im Spektralbereich von 1,37 μ durch den in der Luft vorhandenen Wasserdampf.

Klima und Luftzirkulation über dem Gebirge. Die Lage des Observatoriums ist besonders geeignet, den Einfluß eines Bergmassivs, welches in die Passat-Zirkulation hineinragt, zu untersuchen. Ein vorläufiges Arbeitsprogramm unter Verwendung von Fessel- und Pilotballonen soll in der Zukunft von detaillierten Untersuchungen gefolgt werden. Besonderes Interesse besteht dabei für die Frage, inwieweit die lokalen Zirkulationen an den Berghängen in die allgemeine Strömung des Nordost-Passats eingreifen.

Abschließend kann festgestellt werden, daß sich die besondere Lage des Observatoriums in großer Höhe, weitab von allen Quellen von Luftverunreinigungen, in einer — insbesondere während der Nacht — sehr wasserdampfarmen Luft und nicht zuletzt die relativ komfortablen Arbeitsbedingungen für Untersuchungen verschiedenster Art als äußerst günstig erwiesen hat. Ganz besonders gilt dies für solche Arbeiten, die eine Festlegung von möglichst störungsfreien Standardwerten der Strahlung oder der physikalisch-chemischen Eigenschaften der Luft und ihrer säkularen Änderungen zum Ziel haben. Eine Änderung dieser Umstände — etwa durch fortschreitende Besiedlung oder die Entwicklung von Industrieanlagen — erscheint angesichts der lokalen Gegebenheiten so gut wie unmöglich. Wenn auch eine Verbesserung der Straße und in fernerer Zukunft auch der Anschluß an das reguläre Stromnetz als Wünsche offen bleiben, so besteht doch kein Zweifel, daß hier eine meteorologisch-geophysikalische Beobachtungsstätte ersten Ranges und mit bedeutenden Aufgaben für die Zukunft geschaffen worden ist.

Literatur

[1] N. Nakaya, J. Sugaya, M. Shoda, Report of the Mauna Loa Expedition in the Winter of 1956—1957. Journ. Fac. Sci., Hokkaido Univ., Ser. II, 5, 1, 1—36 (1957).
[2] C. C. Kiess, C. H. Corliss, H. K. Kiess, E. L. R. Corliss, High Dispersion Spectra of Mars. Astroph. Journ., 126, 3, 579—584 (1957).
[3] R. Stair, R. G. Johnston, Some Studies of Atmospheric Transmittance on Mauna Loa. Journ. Res. Nat. Bureau of Standards, 61, 5, 419—426 (1958).
[4] H. W. Yates, Recent Atmospheric Transmittance Studies. Journ. Opt. Soc. America, 47, 11, 1054 (1957).
[5] H. Pettersson, Rate of Accretion of Cosmic Dust on the Earth. Nature, 181, 4601, 330 (1958).
[6] S. Price, Notes on the Climate of Mauna Loa. Proc. 9th Pacific Sci. Congress, Bangkok (in press).
[7] S. Fritz, The U. S. Special Meteorological Studies for the IGY. Geogr. Monogr. 2, 161—168 (1958).
[8] V. H. Regener, Automatic Ozone Recorder. Tech. Manual, Dept. of Physics, Univ. New Mexico, 1—29 (1956).
[9] K. R. Ramanathan, Atmospheric Ozone and the General Circulation of the Atmosphere. Sci. Proc. UGGI, IAM, Rome 1954.
[10] Applied Physics Corporation, "Model 70 Infrared Analyzer", Pasadena 1951.
[11] C. D. Keeling, The Concentration and Isotopic Abundances of Carbon Dioxyde in the Atmosphere. Tellus, 12, 2, 200—204 (1960).
[12] L. Machta, The Use of Radioactive Tracers in the Atmosphere. Annals IGY 1957/58, 5, 5, 309—312 (1958).
[13] J. Warner, An Instrument for the Measurements of Freezing Nucleus Concentration. Bull. Obs. Puy de Dome, 2, 33—36 (1957).
[14] D. B. Kline, A Note on Freezing Nuclei Anomalies. Month. Weath. Rev., 86, 329—332 (1958).
[15] D. B. Kline, G. W. Brier, Some Experiments on the Measurements of Natural Ice Nuclei. Month. Weath. Rev., 89, 263—272 (1961).
[16] B. B. Phillips, W. E. Cobb, Bench Mark of Atmospheric Variables at Mauna Loa, Hawaii. AGU Meeting, Washington D.C., April 1961.

Die Bergwetterwarte Fichtelberg und die Störung des Windfeldes durch den Bau der Bergbahn

Von H. Pleiss, Dresden

Mit 4 Textabbildungen

Die höchsten Erhebungen des von WSW nach ENE verlaufenden Erzgebirges sind der auf der tschechoslowakischen Seite liegende 1243 m hohe Keilberg und der auf deutschem Gebiet befindliche Fichtelberg. Er zählt mit 1214 m zu den höchsten Bergen der deutschen Mittelgebirge. Das Plateau ist ringsum von etwa 100jährigen Krüppelfichten

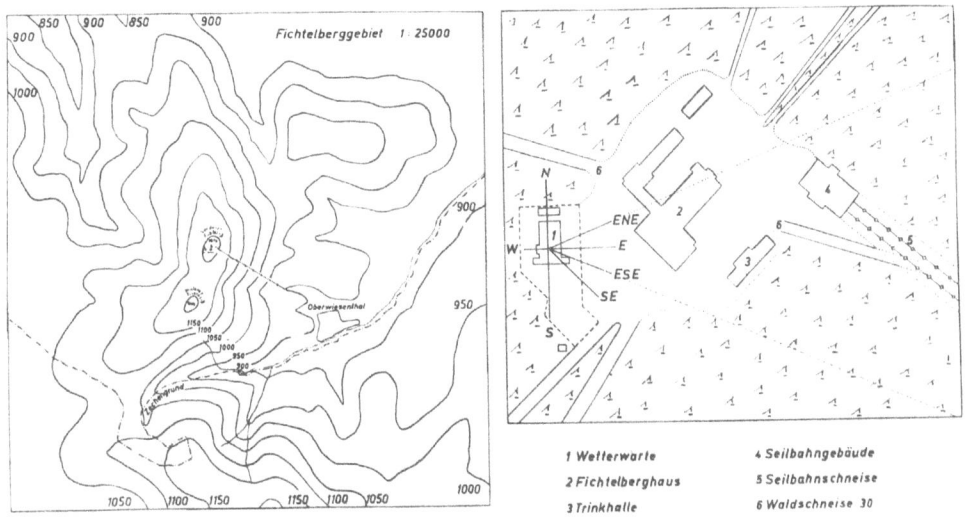

Abb. 1. a: Höhenschichtlinien des Fichtelberggebietes; b: Lage der Gebäude auf dem Fichtelberg und Windrose.

umgeben. Der Berg fällt fast nach allen Seiten steil ab, teils bis zu Höhen unter 900 m; nur nach SW ist der Abfall geringer. Im Süden trennt der Zechengrund den Fichtelberg vom Keilberg. Der hier entspringende Pöhlbach stellt ein Stück der deutsch-tschechoslowakischen Grenze dar; auf seiner linken Seite am SE-Hang des Fichtelberges liegt der Höhenkurort Oberwiesenthal. Das Bergmassiv trägt zwei Gipfel, den Hinteren oder Kleinen und den Vorderen oder Großen Fichtelberg mit Wetterwarte (geogr. Breite = 50° 26′ N; geogr. Länge = 12° 57′ E), Seilbahngebäude und Berghotel (Abb. 1 und 2).

Die meteorologischen Beobachtungen begann man hier im Jahre 1890, und zwar zunächst im Rahmen einer Station III. Ordnung. Die regelmäßigen Wetterbeobachtungen in den übrigen sächsischen Gebieten sind wesentlich früher begonnen worden; so gründeten der Geheime Hofrat Prof. Dr. Karl Bruhns, Leipzig, und Prof. Dr. Hermann Krutzsch, Tharandt, am 1. Dezember 1863 das klimatologische Beobachtungsnetz, dessen Stationen sich heute noch größtenteils an den damals ausgewählten Orten befinden. Der Anfang brauchbarer wetterkundlicher Aufzeichnungen geht in Dresden sogar auf das Jahr 1828 zurück. Der Gründer der Polytechnischen Anstalt (später Technische Hochschule und heute Technische Universität) W. G. Lohrmann hat bereits damals die wichtigsten meteorologischen Elemente mehrmals am Tage beobachtet (1). Trotz der bereits jahrelang erprobten Beobachtungstechnik hielt man es nicht für möglich, die auf dem Fichtelberg begonnenen Messungen während des Winters fortzusetzen, obwohl das vom Erzgebirgsverein 1888 erbaute massive Unterkunftshaus schon vorhanden war. Der Restaurateur der Gaststätte und zugleich Wetterbeobachter verließ Anfang Dezember 1890 den Berg und begann seine Doppeltätigkeit wieder im Frühjahr des darauffolgenden Jahres. Im Laufe des Jahres 1891 erfolgte der Ausbau zu einer Station II. Ordnung, und zum ersten Male wurden die Beobachtungen während des Winters fortgesetzt, so daß vom Jahre 1892 an ganzjährige Beobachtungen vorliegen. Bis Dezember 1910 betreute der Bergwirt gleichzeitig die meteorologische Station (2). Zur Temperatur- und Feuchtigkeitsmessung wurde

Abb. 2. Luftbild des Fichtelberges (Aufnahme 1930).

ein Augustsches Psychrometer benutzt, das sich in einem drehbaren Psychrometergestell aus Blech befand. Eine Fensterhütte war nach NE und eine nach NW orientiert. Die Ablesungen am Mittag und Abend erfolgten am NE-Psychrometer (10 m über dem Erdboden) und am Morgen wurde das NW- Psychrometer (3 m über dem Erdboden) abgelesen, so daß zur Zeit der Beobachtung die Instrumente stets im Schatten lagen. Der Temperaturminimumstand war auf der NE-Seite des Gebäudes (5 m über dem Erdboden) angebracht. Am 1. April 1904 wurde eine Jalousienhütte montiert, jedoch sind in den darauffolgenden Jahren keine regelmäßigen Ablesungen vorgenommen worden. Die Windfahne war auf dem Eisenturm angebracht (16 und später 19 m über dem Erdboden), der damals den Abschluß des Treppenhauses bildete. Als Regenmesser benutzt man ein 500 cm² großes Gefäß, das in den späteren Jahren auf der SE-Seite des Gebäudes stand. Die Auffangfläche war mit einem Wildschen Zaun umgeben.

Noch vor Beginn des ersten Weltkrieges hegte Schreiber, der damalige Direktor der Sächsischen Landeswetterwarte, den Wunsch, nach dem Vorbild anderer Länder, ein Bergobservatorium auf dem Fichtelberg zu errichten. Als Basisstation plante er eine gleiche Einrichtung in Wahnsdorf auf den Höhen des Elbtales bei Dresden (3). Beide Observatorien wurden im Jahre 1915 fertiggestellt. Mit Beginn des Jahres 1916 konnten die meteorologischen Beobachtungen auf dem Fichtelberg begonnen werden; am 1. August 1916 folgte Wahnsdorf.

In westlicher Richtung vom Berghotel — etwa 25 m entfernt — steht die fast im Meridian liegende Wetterwarte. Die Arbeitsräume liegen nach S, während im Nordflügel die Wohnräume für den Stationsleiter untergebracht sind. Die Plattform des Turmes ist 18 m hoch. Von den Beobachtungsräumen führte ursprünglich ein bedeckter Gang nach der Wetterhütte, die ihrerseits mit einem zweiten aus eisernen Jalousien bestehenden und mit Zinkdach versehenen Haus aus Holz umgeben war (Abb. 3). S c h r e i b e r hielt diese Umhüllung als Schutz gegen Eis und Schnee auf dem Berg für dringend notwendig. Sie ist 1938 abgerissen worden. Bereits 1936 wurde eine normale englische Hütte in Betrieb genommen (Abb. 4).

Abb. 3. Schreibersches Wetterhaus mit überdachtem Zugang von der Wetterwarte von ENE gesehen (Aufnahme 1921).

Die Windrichtung und -geschwindigkeit ermittelte man bis 1936 mit Staurohren, die genau nach N, NE, E usw. orientiert waren und sich 23 m über dem Berggipfel befanden. Ebenfalls im Frühjahr 1936 wurde eine Modernisierung dieser Anlage vorgenommen. Die S c h r e i b e r sche Anlage ersetzte man durch einen Universal-Böenschreiber der Firma R. Fuess, der 1940 noch eine Warmluftheizung erhielt. Dieses Gerät ist bis heute in Betrieb.

Es sei noch bemerkt, daß die Beobachtungen während des zweiten Weltkrieges und auch in den darauffolgenden Jahren ohne Unterbrechung durchgeführt wurden. Eine Zusammenfassung der Beobachtungen von 1891—1910 und der von 1916 an gewonnenen Ergebnisse ist in der Arbeit „Wetter und Klima des Fichtelberges" (4) nur für die Elemente Temperatur und Niederschlag möglich gewesen. Gleichzeitig konnte die dazwischenliegende Lücke geschlossen werden. Nur die 65jährige Temperaturreihe hielt einer Homogenitätsprüfung stand. Selbst die erst 1916 begonnenen Reihen der anderen Elemente erwiesen sich als nicht homogen.

Bei der Untersuchung der Windhäufigkeit stellte sich heraus, daß ESE- und vor allem E- und ENE-Winde eine laufende Häufigkeitszunahme erfahren haben. Als Ursache hierfür muß die im Jahre 1924 geschlagene Waldschneise angesehen werden, die für den Bau der Bergbahn von Oberwiesenthal notwendig war. Die Häufigkeit aller hier in Frage kommenden Windrichtungen wurde für 8jährige Zeitabschnitte 1916—1923, 1923—1931 usw. zusammengefaßt. Die Werte des ersten Abschnittes charakterisieren die Verhältnisse vor (H_v) und alle übrigen Häufigkeitszahlen nach (H_n) dem Bau der Bergbahn. In der Tabelle 1 sind nicht nur die prozentualen Häufigkeiten östlicher Winde wiedergegeben, sondern auch die daraus gebildeten Mittelwerte und das Verhältnis $\frac{H_n}{H_v}$, das die Zunahme dieser Winde im Laufe der Jahre deutlich veranschaulicht.

Abb. 4. Das Wetterwartengebäude mit Instrumentenwiese (links neben Wetterhütte zwei Regenmesser, einer davon mit Nipherschem Trichter; Aufnahme 1957).

Danach ist der Anstieg der Häufigkeit bei E-Winden am stärksten ausgeprägt. Die größte zulässige Zufallsdifferenz schwankt bei der Überschreitungswahrscheinlichkeit von 0,27% zwischen 0,5 und 1,5% (5), so daß die sich ergebenden Unterschiede statistisch gesichert sind.

Die für die Störung der Windverteilung verantwortliche Schneise hat kurz vor dem Plateau eine Breite von etwa 15 m, am Fuße des Berges beträgt sie knapp das Doppelte. Nach Angaben der zuständigen Forstverwaltung hat der Fichtenbestand links und rechts der Seilbahn etwa folgende Höhen aufzuweisen:

	im Jahre 1924	heute	derzeitiges Bestandsalter
Unterhang	15 m	19 m	145 Jahre
Mittelhang	12 m	15 m	101 Jahre
Oberhang	8 m	10 m	95 Jahre

Auf der rechten Seite des Mittelhanges — bergaufwärts gesehen — steht noch ein 170jähriger Altholzbestand, der den soeben beschriebenen Bestand um einige Meter überragt. Die Richtung der Schneise verläuft zwischen ESE und SE gradlinig zum Berggipfel. Sie übt auf Winde dieser und der benachbarten Richtungen eine Führung aus, jedoch kann der Schneisenwind nicht über das Plateau hinwegstreichen, da das den Krüppelfichtenbestand überragende Seilbahngebäude mit seiner Giebelseite die Schneise abriegelt. Das Gebäude steht dicht am Wald, der Wind kann nur über das freie Gelände vor dem Bergbahnhof nach links herauswehen. Durch eine schon immer vorhandene Waldschneise, die zugleich als Wanderweg dient, wird das Heraustreten des Schneisenwindes noch begünstigt. Der so abgelenkte Schneisenwind wird an dem winkelförmigen Hotelgebäude erneut gebrochen und überstreicht nun als hauptsächlich E-, aber auch als ENE- und ESE-Wind die Wetterwarte (vgl. Abb. 1 b und 2).

Die Windgeschwindigkeit der betreffenden Richtungen wurde in analoger Weise untersucht, um gegebenenfalls die Düsenwirkung nachzuweisen, jedoch ist auf dem Turm der Wetterwarte eine erhöhte Geschwindigkeit durch die Abbremsung des Windes vor dem Seilbahngebäude und dem Hotel nicht mehr vorhanden.

Tabelle 1. Häufigkeit (%) östlicher Winde vor (H_v) und nach (H_n) dem Bau der Bergseilbahn auf dem Fichtelberg (Werte von Wahnsdorf zum Vergleich

Jahr	ENE	E	ESE	Mittel: ENE, E u. ESE	$\frac{H_n}{H_v}$			
					ENE	E	ESE	Mittel
Fichtelberg								
1916–1923	1,5	1,8	6,3	3,2	—	—	—	—
1924–1931	2,6	1,3	6,8	3,6	1,7	0,7	1,1	1,1
1932–1939	2,6	4,2	6,9	4,6	1,7	2,3	1,1	1,4
1940–1947	1,6	4,3	5,9	3,9	1,1	2,4	0,9	1,2
1948–1955	1,5	5,1	7,3	4,6	1,0	2,8	1,2	1,4
1956–1960	3,3	8,4	8,2	6,6	2,2	4,7	1,3	2,1
Wahnsdorf								
1917–1923	6,7	2,5	6,7	5,3	—	—	—	—
1924–1931	5,2	2,7	5,6	4,5	0,8	1,1	0,8	0,8
1932–1939	4,8	3,0	5,6	4,5	0,7	1,2	0,8	0,8
1940–1947	4,7	3,0	6,1	4,6	0,7	1,2	0,9	0,9
1948–1955	4,1	3,0	4,3	3,8	0,6	1,2	0,6	0,7
1956–1960	4,4	3,9	5,4	4,6	0,9	1,6	0,8	0,9

Literatur

[1] H. Pleiß, Die ersten wetterkundlichen Beobachtungen in Sachsen und die Verdienste Wilhelm Gotthelf Lohrmanns um die Meteorologie. Wissensch. Zeitschr. d. TH Dresden 5, 927 (1955/56).
[2] E. A. Prasse, Landeswetterwarte auf dem Fichtelberg. Zeitschr. d. Erzgebirgsvereins „Glückauf" 36, 51 (1916).
[3] P. Schreiber, Einrichtung und Aufgaben der im Weltkriegsjahr 1915 erbauten Wetterwarten auf der Wahnsdorfer Kuppe bei Dresden und auf dem Fichtelberg. Selbstverl. d. Sächs. Landeswetterwarte, Dresden 1918.
[4] H. Pleiß, Wetter und Klima des Fichtelberges. Abh. d. Met. u. Hydr. Dienstes d. DDR, Bd. VIII, Nr. 62 (1961).
[5] S. Koller, Graphische Tafeln zur Beurteilung statistischer Zahlen. 3. Auflage, Darmstadt 1953.

Die Oberflächengestaltung der Sonnblickgruppe

Von F. Stelzer, Wien

Wenn man aus den Tälern unserer Zentralalpen zu ihren Wasserscheiden emporstrebt, muß man über mehrere Steilstufen mit dazwischengeschalteten, sanft geformten Flächen wie auf einer Riesentreppe hinaufsteigen. Erst über den Gletscher ragen schroff die Grate, Zinnen und Gipfel der höchsten Bergspitzen empor. Dieses Großrelief der Hohen Tauern läßt sich nicht allein durch den geologischen Aufbau mit seinen Gesteinsunterschieden deuten. Vielmehr ist die Oberflächengestaltung durch einen Großfaltenwurf bestimmt, innerhalb dessen zentrale Aufwölbungszonen liegen. Diese Aufwölbungen gingen nicht gleichförmig vor sich, sondern eine Reihe von phasenhaften Hebungen war von Pausen relativer Ruhe unterbrochen. Die Ruheperioden sind durch verminderte Tiefenerosionen gekennzeichnet und als Ursache von Verebnungen anzusehen. Die Folge sind mehrere ineinandergeschachtelte Abtragungsflächen. Ausgangsform war wohl ein bereits abgetragenes Faltengebirge. Zuerst herrschte flächenhafte Abtragung, später, nach einer langsam einsetzenden Aufwölbung, wurde die Zertalung eingeleitet, wobei sich das Talnetz auf die Erosionsbasen des Salzach- und Mölltales einstellte. Allerdings schwankte die Intensität der Zerschneidung, es folgten auf Zeiten verminderter Erosionstätigkeit Perioden mit gesteigerter Erosion.

Eine Aufwölbungsregion stellt die Sonnblickgruppe dar. Sie wird im Westen durch die Vertiefungszone Hochtor—Zellersee und im Osten durch eine ebensolche Zone Niederer Tauern—Gasteinertal begrenzt. Hier können nun mehrere solcher Riesenstufen festgestellt werden, die von den Rändern gegen das Zentrum ansteigen, wobei sich Flächensysteme fast kreisförmig um ein zentrales Bergland lagern. Dabei greifen aber jeweils jüngere Reste in das höhere Bergland zurück. Die einzelnen Systeme sind durch steilere Hänge voneinander getrennt und bilden einen deutlich erkennbaren Stockwerksbau.

Das oberste Stockwerk bilden wellige Verebnungen um die Gipfel des Hocharn, des Scharecks und in kleinerem Umfang um den Sonnblick, in 3000 bis 3250 m Höhe. Diese Flachlandschaften sind die erhalten gebliebenen Reste der Altlandschaft, welche ursprünglich weiter ausgedehnt war, worauf die auffällige Konstanz der Höhen in der Umgebung hinweist, die man bei einem Rundblick von einem der genannten Gipfel gut erkennen kann.

Um diese Ausgangslandschaft lagert sich eine Region mit Höhen zwischen 2700 bis 2900 m, wobei die Höhen nach außen hin abnehmen. Durch Aufzehrung von den Rändern her ist dieses System in seinen Verebnungen nur noch in spärlichen Resten erhalten. Zu ihm gehören die durch Steilstufen bis zu 200 m Höhe vom obersten System getrennten Verebnungen und alten Talbodenreste, die zurück zu den Flachkaren unter den Gipfeln von Hocharn, Sonnblick, Goldbergspitz, Windischkopf und Alteck reichen, für den Besucher des Sonnblickgipfels erkennbar in den relativ flachen obersten Teilen des Vogelmaier-Ochsenkarkeeses und des Kleinen Fleißkeeses sowie in der Umgebung des Scharecks in den obersten Teilen des Wurten- und Schlapperebenkeeses. Ein kleiner Rest ist südlich unter dem Hocharn zu finden (Goldzechkees). Ähnlich dem obersten Niveau löst sich auch dieses nach außen hin in Grate und Gipfel gleichbleibender Höhe auf.

Dieses System ist durch eine Steilstufe vom nächst tieferen getrennt, welches zwischen 2400 und 2700 m Höhe liegt. Deutlich ist es für jene, die von Kolm-Saigurn aufsteigen und vom Leidenfrost nordostwärts blicken, im Höhenzug zwischen Gasteiner- und Raurisertal erkennbar, dessen Höhen auf einer Strecke von 15 km zwischen 2400 und

2600 m liegen. Von diesem Niveau reichen die ehemaligen Talböden nicht nur in das nächsthöhere System, sondern bis in das zentrale Bergland. Wir erkennen dieses in größeren und besser erhaltenen Resten auftretende Niveau im sanft geneigten Teil des Vogelmaier-Ochsenkarkeeses oberhalb des oberen Grupeten Keeses, jener Steilstufe, die unterhalb der Rojacher-Hütte in 2600 Höhe den Gletscher in Nordwest-südost-Richtung überquert und im Sommer teilweise ausapert. Wer nach Heiligenblut absteigt, umgeht eine Verebnung im unteren Teil des Kleinen Fleißkeeses im Norden, quert aber eine weitere randlich beim Zirmsee, um den sie besonders schön ausgebildet ist. Wer über die Duisburgerhütte kommt, findet das Mittelstück des Wurtenkeeses deutlich verflacht. Weitere, zu diesem „Stockwerk" gehörende Verflachungen liegen nördlich unter dem Tauernhauptkamm zwischen Ht. Modereck und Hocharn. Südlich des Hauptkammes benützt der sogenannte Duisburg-Hannover-Weg, der sich zwischen der Duisburger und der Dr.-R.-Weißgerber-Hütte in einer Höhe von 2500 und 2600 m rund 5 km lang hinzieht, eine diesem Niveau zugehörige Verebnung.

Das nächsttiefere Niveau liegt in 2000 bis 2400 m Höhe und ist besonders im Norden deutlich ausgeprägt. Die Gipfel der Höhenzüge zwischen Fuscher Ache, Rauriser- und Gasteinertal liegen nördlich von Wörth durchwegs in der genannten Höhe. Als Erosionsbasis für das dahinter liegende Gebiet hat es auch in diesem Zeugen der Erosion in Form von Ebenheiten hinterlassen. Vor allem sind die zu diesem System gehörenden Hochtalkare zu nennen, deren Böden bis ins zentrale Bergland Reste der alten Hochtäler darstellen. Diese Kare liegen im Mittel rund 2400 m hoch, wenn auch das eine oder andere später etwas mehr vertieft wurde. Auch an Kämmen sind wiederholt Ebenheiten erhalten geblieben, die die Verbindung zwischen den einzelnen Tälern herstellen und auf denen sich die schönsten Almen befinden.

Zwischen 1800 und 1900 m liegt noch ein Niveau, das aber nur in kleinen, nicht leicht erkennbaren Resten erhalten ist.

Nach der Ausbildung der genannten Niveausysteme erfolgten wohl noch mehrere, von Ruhepausen unterbrochene Hebungen des ganzen Gebirgsstockes, welche zur Bildung der heutigen Talsysteme führten. Wir erkennen sie an den Stufen bei der Fahrt von Taxenbach nach Kolm-Saigurn. Kleinräumige Verbiegungen und andere Störungen, die sicher auch stattgefunden haben, konnten die geschilderte großräumige Anordnung nicht beseitigen. Auch spätere, hauptsächlich durch Gletschererosion hervorgerufene regionale Differenzierungen zerstörten die einmal entstandenen Hochgebirgsformen nicht mehr. Daher kennzeichnet auch heute noch der Stockwerkbau die Landschaft.

Über den Zustand der Gletscher der Großglocknergruppe und des Sonnblickgebietes im Spätsommer 1960 und 1961

Von Hanns Tollner[1], Salzburg

Unmittelbar vor dem Ende des Sommers 1960 ließen die Gletscher der Großglocknergruppe und des Sonnblickstockes ziemlich uneinheitliche Jahres-Eisbilanzen erkennen. Der Pasterzengletscher und das Grießkoglkees erzielten in der Zeitspanne vom 1. September 1959 bis 31. August 1960 klare Massengewinne. Andere Eiskörper änderten von 1959 auf 1960

---

[1] Unter Mitwirkung von Ch. Prantl, E. Fischer, U. Friedrich und der Angehörigen der Tauernkraftwerke A.G. Dr.-Ing. J. Götz, Ing. K. Baumgartner, Ing. G. Höftberger und L. Jäger.

kaum ihre Eisbilanz oder verloren durch Abgabe einer kleinen „Gletscherspende" geringfügig an Substanz.

Das Grießkoglkees, das Kleine Sonnblickkees und zum Teil das Schwarzköpflkees deuteten eine unerhebliche Vorrückungstendenz an. Alle anderen Gletscher ließen vielfach eine recht beträchtliche Zungenverkürzung erkennen.

Die Jahres-Firnrücklagen auf den Speicherräumen der Gletscher erwiesen sich mit Höhen bis zu maximal 3,9 m Mächtigkeit ansehnlicher als im Vorjahr. Die Dichte der den Sommer 1960 überdauernden Firnschichten aus der Ablagerungsperiode Spätsommer 1959 bis Spätsommer 1960 schwankte zwischen 0,53 und 0,59.

Die Jahres-Firngrenzen (untere Begrenzung der Schneeablagerungen 1959/60) wurden in ihrer höchsten jahreszeitlichen Lage (im September) zwischen 2600 und 2800 m angetroffen. Im Vorjahr befand sich die Firnlinie etwas tiefer.

Während die Zungenbereiche der Gletscher ähnlich wie 1959 vielfach kräftigen Kryokonitbelag besaßen, blieben die Oberflächen der Firngebiete ziemlich rein. Sie vermochten dadurch eine relativ hohe Albedo aufrechtzuerhalten, die auf den Speicherflächen der Gletscherareale stärkere Abschmelzverluste verhinderte.

Die an die Eis- und Firnmassen der Gletscher anschließenden Altschneefelder aus früheren Jahren blieben teils erhalten, teils verloren sie gering an Ausdehnung. Stellenweise überdauerten Schneefelder bis tief herab die warme Jahreszeit. Die Oberflächen der Firnfelder besaßen 1960 noch weniger Spalten als 1959. An den Hängegletschern, deren Zungen oberhalb einer felsigen Stufe enden, blieb die Intensität des „Eiskalbens" ebenso wie im Vorjahr aufrecht.

Vom Sommerende 1960 bis zum Sommerende 1961 erzielten die Gletscher des Glockner- und Sonnblickgebietes ähnlich wie im Jahr vorher eine recht unterschiedliche Jahres-Eisbilanz. Auf der Pasterze und auf dem Karlingerkees überwog der Massenzuwachs den Abtrag. Bei anderen Gletschern änderte sich der Eishaushalt seit 1960 kaum. Einige Eiskörper verloren deutlich an Masse durch Abgabe einer Gletscherspende von ihrer Eissubstanz.

Das Grießkoglkees, der Große Goldberggletscher und das Kleine Sonnblickkees ließen an einzelnen Stellen einen unerheblichen Vorstoß erkennen. Das Eiserkees verhielt sich praktisch stationär. Das Schwarzköpflkees, der Karlingergletscher, das Klockerinkees und das Wurtenkees verkürzten zum Teil beträchtlich ihre Zungen.

Im Gegensatz zum Verhalten der untersten Teile der meisten Gletscher vermochten manche Gletscher eine ungewöhnlich starke Jahresfirnrücklage einzubehalten. Auf dem „Obersten Pasterzenboden" erreichten die Reste der ab Oktober 1960 gefallenen festen Niederschläge in verfirnter Form eine Mächtigkeit bis zu 4½ m. Das spezifische Gewicht der Firndecke aus der Ablagerungszeit ab Oktober 1960 bis September 1961 schwankte zwischen 0,53 und 0,64. Die Jahresfirnrücklagen 1960/61 blieben damit mäßig unter den langjährigen Verhältnissen jeweils am Ende der Ablations- und vor dem Beginn der neuen Akkumulationsperiode.

Die Höchstlage der Trennlinie zwischen Nähr- und Zehrgebiet wurde 1961 im allgemeinen sehr uneinheitlich und je nach der Exposition sehr verschieden meist zwischen 2600 und 2800 m festgestellt. Im Jahre 1960 lagen die Firngrenzen ungefähr in gleicher Seehöhe.

Die Zungenteile der Gletscher erschienen vielfach stark verschmutzt, die Firnfelder hingegen blieben verhältnismäßig rein und vermochten dadurch ein stärkeres Strahlungsreflexionsvermögen aufrechtzuerhalten. Die Oberflächen der Firngebiete zeigten 1961 eine noch größere Spaltenarmut als 1960. Die perennierenden Schneefelder und die an den Seiten und unterhalb der Gletscher befindlichen Altschneefelder änderten gegenüber 1960 ihre Ausdehnung nur wenig. Firnreste von Lawinen vermochten bis in sehr tiefe Lagen herab den Sommer zu überdauern. An den Hängegletschern hielt die Intensität des Eiskalbens deutlich an.

Die Bewegungstendenzen der Gletscherzungen schwankten zwischen 4,2 m Vorrücken und 40 m Rückgang innerhalb eines Jahres. Die festgestellten Zungenveränderungen erlaubten absolut keinen Schluß auf den Jahres-Massenhaushalt der einzelnen Gletscherareale. Hiezu war unbedingt die Ermittlung der seit der letzten Abschmelzzeit übriggebliebenen Firnmassen hinsichtlich Mächtigkeit und Dichte (Wasserwert) notwendig.

Pasterzengletscher

Anfang September 1960 wurde für das Firngebiet aus 21 Firnhöhenbestimmungen und 11 Schneedichtemessungen eine Durchschnittshöhe der Jahresfirnrücklage von rund 230 cm mit einer mittleren Dichte von 0,62 festgestellt. Der Zungenbereich des Pasterzengletschers erlitt — abgeleitet aus drei Querprofilen und dem mittleren Zungenrückgang von 8,1 m — einen Massenverlust von 14 Mill. m³ Eis, das sind rund 11,2 Mill. m³ Wasser[1]. Die Untersuchung der Pasterzenzunge wurde von Prof. H. Paschinger mit Studenten des Geographischen Institutes der Universität Graz im Auftrag des Österreichischen Alpenvereines durchgeführt.

Die Jahres-Eisbilanz der Pasterze 1959/60 blieb ebenso wie im Vorjahr ansehnlich positiv. Der Massenzuwachs der Gesamtpasterze von 1959 auf 1960 betrug 8,1 Mill. m³ Wasser. Die Bilanz entstand aus 19,3 Mill. m³ Wasser in der Firnrücklage vom 1. September 1959 bis 31. August 1960 m i n u s 11,2 Mill. m³ Wasser in der Verringerung der Eissubstanz des Zungenkörpers in der gleichen Zeit. Die positive Massenbilanz der Pasterze wirkte sich naturgemäß stark auf den Wasseranfall in den Möllspeicher aus. Der Zufluß erlitt in der Zeit vom 1. September 1959 bis 31. August 1960 ein ansehnliches Defizit.

Die Oberfläche der Firnzone des Pasterzengletschers zeigte einen meist sehr geringen Belag von Staub mineralischen und pflanzlichen Ursprunges und wies ungewöhnlich wenig Spalten auf.

Im S e p t e m b e r 1961 ließ die Pasterze ebenso wie in früheren Jahren einen weiteren Rückgang des Zungenendes erkennen. Der Eisverlust der Pasterzenzunge vom September 1960 bis September 1961 betrug nach einer schriftlichen Mitteilung von Prof. H. Paschinger, für die an dieser Stelle auch gedankt wird, 21 Mill. m³ Eis, das ist ungefähr doppelt so viel wie im Vorjahr. Die Eisabnahme von 21 Mill. m³ entspricht einem Wasserwert von 16,8 Mill. m³ Wasser. Die alleinige Kenntnis dieser enormen Veränderung im Zungenbereich des größten österreichischen Gletschers würde zunächst eine stark negative Jahres-Massenbilanz vermuten lassen.

Die Firngrenze lag Anfang September 1961, keineswegs überall als klare Linie ausgeprägt, im allgemeinen zwischen 2700 und 2900 m Seehöhe. Die Firnanhäufung seit dem Herbst des vorigen Jahres wies in ihrem Vertikalaufbau eine ungewöhnlich reine und nur von wenigen Harst-Schichten durchzogene Masse auf. Die Oberfläche des Obersten Pasterzenbodens besaß gleich wie 1960 ungewöhnlich wenig Spalten. Die gegenwärtige Spaltenarmut gegenüber früheren Jahren weist eindringlich auf die in den Speicherräumen der Pasterze eingetretenen Änderung der Ernährungsverhältnisse hin.

Auf dem Gesamtgebiet des Obersten Pasterzenbodens wurde aus 35 Höhenbestimmungen eine mittlere Höhe der Jahresfirnrücklage 1960/61 von 280 cm ermittelt. Als durchschnitt-

---

[1] Die Umrechnung erfolgte unter Zugrundelegung einer Eisdichte von 0,8 g/cm³. Dieser Wert ergab sich aus direkten Dichtemessungen und mit Berücksichtigung der Gletscherspalten.

liche Dichte ergab sich aus 7 Profilen der Wert von 0,57. Im Vergleich zu langjährigen Verhältnissen erscheint das spezifische Gewicht des Restes der innerhalb eines Jahres gefallenen Niederschläge mäßig unternormal.

Die Massenbilanz der Pasterze v o n 1960 a u f 1961 blieb ebenso wie im Jahr vorher positiv. 21,5 Mill. m³ Wasser in der Firnrücklage vom 1. September 1960 bis 31. August 1961 und 16,8 Mill. m³ Wasser Abnahme der Eissubstanz des Zungenkörpers in der gleichen Zeit ergaben einen Massenzuwachs der Pasterze von 4,7 Mill. m³ innerhalb eines Jahres. (Die Wasser-Mindereinnahme des Möllspeichers hätte noch auf einen etwas größeren Massenzuwachs des Pasterzengletschers schließen lassen.)

Wasserfallwinkelkees

Der Gletscher erschien 1960 im Firngebiet nur gering verschmutzt und spaltenarm. In einer Höhe von 2890 m (die Firngrenze befand sich etwas unterhalb von 2800 m) ergab ein Schneedichteprofil von 157 cm Dicke eine Dichte von 0,628. An einer weiteren Stelle in gleicher Meereshöhe wurde für die Jahresfirnrücklage von 141 cm Mächtigkeit ein Dichtewert von 0,679 festgestellt. Das Wasserfallwinkelkees erzielte von 1959 auf 1960 ohne Zweifel einen kleinen Massengewinn.

Mitte S e p t e m b e r 1961 befand sich die Firngrenze des Wasserfallwinkelkeeses in 2750 m Seehöhe. Das Zungenende war seit dem Vorjahr nur ganz unerheblich zurückgewichen. Im obersten Firngebiet dieses Gletschers wurde eine Jahresfirnrücklage bis zu 400 cm festgestellt. Am Nordwestrand des Großen Burgstalls war die Oberfläche des Firnfeldes gegenüber dem Vorjahr um 50 cm angeschwollen. Im Hinblick auf die beträchtlichen Massenrückstände dürfte die Jahresbilanz 1960/61 geringfügig positiv gewesen sein.

Karlingerkees

Das noch vom früheren Zungenende stammende Resteis unterhalb des Felsabbruches vermochte sich wider Erwarten zähe zu behaupten. In der Horizontalen wich es von 1959 auf 1960 um 4,5 m zurück. Die in einer Verflachung des felsigen Absturzes 1959 eingetretene Neubildung eines Eisschildes blieb im wesentlichen unverändert. Dieses Neueis entstand durch Eiskalbung von oben her, vom neuen Zungenende oberhalb der Felsstufe. Die Firngrenze wurde im September 1960 zwischen 2550 und 2650 m angetroffen. Die vor einigen Jahren entstandenen schneeigen Ausweitungen an beiden Seiten der Gletscherzunge und des Firngebietes waren ebenso wie im Vorjahr noch deutlich festzustellen. Die Firnflächen erschienen nur wenig verschmutzt und besaßen weit weniger Spalten als einige Jahre vorher. Von 1959 auf 1960 erzielte das Karlingerkees wegen der mächtigen Rücklagen (bis zu 3 m) zweifellos eine nicht unbeträchtliche positive Eisbilanz.

Im J a h r e 1961 zeigte das Karlingerkees ein ähnliches Verhalten wie 1960. Der vordere Rand des kleinen Eisschildes unterhalb des neuen Gletscherendes oberhalb des Felsabsturzes hatte sich im Ablauf eines Jahres nur um 5,6 m zurückverlagert. Am 24. September 1961 fielen dreimal stattliche Eisblöcke vom neuen Zungenende auf den alten Zungenrest herab. Am 23. September 1961 befand sich die Firngrenze in einer Höhe zwischen 2600 und 2650 m. Die an den Seiten des Gletschers unterhalb von 2600 m entstandenen schneeigen Ausweitungen konnten sich zur Gänze erhalten. Zum Teil lag bereits Gehängeschutt darüber. Das Firngebiet wies 1961 ebenso wie 1960 viel weniger Spalten auf als in den Jahren um 1950.

Die Jahresfirnschicht 1960/61 erreichte in einer Seehöhe von 2750 m bereits eine Mächtigkeit von 234 und 249 cm. Die Messung der Firndichte ergab dort Werte von 0,63 und 0,64. In 2850 m ergaben Abstiche der Firndecke bei einer Dicke von 151 und 143 cm eine Dichte von 0,61 und 0,64. Auf den obersten Teilen des Firnfeldes des Karlingerkeeses wurden an Querspalten Ende August 1961 Firnrücklagen bis zu 4 m Mächtigkeit erkannt. Im Hinblick auf die tiefe Lage der Firngrenze und der Mächtigkeit der Jahresfirnrücklagen mußte das Karlingerkees eine kräftige positive Jahreseisbilanz von 1960 auf 1961 erreicht haben. Mit dieser Feststellung stimmt auch der stark unternormale Wasserzufluß in den Mooserbodenspeicher überein.

Ende August 1961 wurde die Firngrenze in einer Höhe von etwa 2650 m beobachtet.

Grießkoglkees

Unterhalb des breiten Zungenrandes reichten ebenso wie 1959 Altschneefelder zum Teil beträchtlich weit hinunter. Die Zunge verlagerte sich bei der Marke A in einer Richtung um 1,0 m zurück und in der anderen um 0,6 m vor. Bei B war der Eisrand um 0,4 m zurückgewichen und bei C um 1,2 m vorgerückt. Die D-Marke wurde wegen einer dort befindlichen Altschneeauflage nicht vorgefunden. Die Eisbilanz von 1959 auf 1960 war zum Nachteil des Mooserbodenspeichers fraglos etwas positiv.

Von 1960 a u f 1961 verhielt sich das Grießkoglkees hinsichtlich seiner Flächenausdehnung praktisch stationär. An einzelnen Stellen des Zungenendes gab es folgende Lageänderungen: Bei Marke D Vorrücken von 0,1 m, bei C Rückweichen von 1,8 m, bei B Rückgang von 0,5 m und bei A nach der Seite Vorstoß von 0,3 und nach oben zu Vorstoß von 0,4 m. Bei den Marken 4 und C war die Dicke des Zungeneises etwas angeschwollen. Mit Berücksichtigung des Zungenverhaltens und der Firnrücklagen von 1960 auf 1961 gewann dieser Gletscher innerhalb eines Jahres etwas an Eissubstanz. Die Verbesserung der Eisverhältnisse des Grießkoglkeeses drückte sich schließlich zum Teil auch im unternormalen Wasserzufluß des Mooserbodenspeichers aus.

Schwarzköpflkees.

Der Zungenrand an der Nordflanke des Schwarzköpflkeeses, der in den letzten Jahren nur noch als dünner Eiskeil über gestuftem Fels lag, brach von 1959 auf 1960 zusammen. Der Gletscher erlitt dort (Marken C und D) eine Verkürzung von mehr als 10 und mehr als 20 m. Vor der Marke B bewegte sich die Zunge um 1,9 m vor, bei A wich sie um 2,8 und 0,9 m zurück. Die Eisverbindung zwischen dem oberen und unteren Teil des Schwarzköpflkeeses verschmälerte sich von 1959 auf 1960. Ein Teil des über der Steilfläche befindlichen Eises brach ab und stürzte auf das untere Kees. Der Schwarzköpflkees dürfte von 1959 auf 1960 eine mäßige Gletscherspende geboten haben.

1961 hielt der Zusammenbruch der unteren Teile des Schwarzköpflkeeses weiter an. Die Eisverbindung zwischen dem oberen und unteren Teil dieses Gletschers verschmälerte sich geringfügig. Das östliche Zungenende verlegte von 1960 auf 1961 den Eisrand bei Marke B um 21,7 m zurück. Bei den Marken C und D gab es Zungenrückzüge bis zu 40 m innerhalb eines Jahres. Die dort eingetretene Arealverkleinerung des Schwarzköpflkeeses ist insoferne sehr merkwürdig, als gerade dieser Zungenteil noch in Eisverbindung mit dem Firnfeld steht und daher von oben noch Eisnachschub erhält. An der Westseite der Zunge des Schwarzköpflkeeses, die schon vor vielen Jahren die Verbindung mit dem Firnfeld verlor, wich das Zungenende bei der Marke A lediglich um 2,9 m zurück. Die dort vorhandene starke Bedeckung des Zungeneises mit Blockmaterial mußte auf den Eisschwund bremsend eingewirkt haben. An der Zungenfläche unterhalb des felsigen Absturzes wurden an vielen Stellen Kalbungs-Eismassen von oben her festgestellt. Im obersten Firngebiet dieses Gletschers deuteten sich sehr unterschiedlich hohe Firnrücklagen seit 1960 an. Als besonders bemerkenswert muß gelten, daß der Westgrat des Großen Bärenkopfes (3406 m) völlig aper erschien, was schon seit vielen Jahren nicht mehr der Fall war. Wegen des starken Zungenrückganges und wegen der stellenweise kräftigen Ablation auf den Firnflächen büßte das Schwarzköpflkees von 1960 auf 1961 unzweifelhaft wesentlich an Substanz ein und lieferte an den Mooserbodenspeicher eine ansehnliche Gletscherspende.

Klockerinkees

Das unterste, stark blockverschüttete Klockerinkees hatte sich von 1959 auf 1960 an seiner rechten Seite um 3,2 m rückwärts verlagert. Einbrüche oberhalb des Zungenendes ließen auf einen baldigen raschen Verfall des Gletscherendes schließen.

Von 1960 auf 1961 machte der Zusammenbruch des untersten Zungengebietes des Klockerinkeeses rasche Fortschritte. Während das linke Zungenende, durch einen dicken Belag von Moränenmaterial geschützt, keine wesentliche Lageänderung erkennen ließ, wich das rechte Zungenende um 6,1 m zurück. Die rechte Seite der Zunge wies oberhalb des Endes mehrere Einmuldungen und Trichter auf.

Schmiedingerkees

Das Schmiedingerkees befand sich im September 1960 ebenso wie im September 1959 im Stadium eines beträchtlichen Zungenrückganges, und zwar vor der Marke A um 15,3 und vor B um 8,7 m. Der Zungenkörper sank von 1959 auf 1960 um 0,1 bis 1,0 m ein. Oberhalb der in etwa 2700 m befindlichen Firngrenze gab es an 10 Meßpunkten einen Jahreszuwachs zwischen 0,1 und 1,3 m. Schneedichtemessungen in einer Höhe von 2800 m ergaben für Firnhöhen von 86, 90 und 92 cm Firndichten von 0,58, 0,53 und 0,56. In 2915 m Höhe wurden für Firnhöhen von 86, 88 und 87 cm Firndichten von 0,57, 0,57 und 0,58 festgestellt. Die Firnteile des Schmiedingerkeeses erschienen verhältnismäßig rein und spaltenarm.

Das Zungengebiet dieses Gletschers ist nunmehr völlig durch einen Felsrücken vom oberen Gletscherkörper getrennt. 1959 stand der Westteil der Zungenfläche noch mit der oberen Eismasse in Verbindung. Das Schmiedingerkees mußte von 1959 auf 1960 eine eindeutige kleine Gletscherspende geliefert haben.

Im September 1961 erschien das früher gezeigte kräftige Zungenrückweichen fast gänzlich gebremst. An beiden Seiten betrug die Längenverkürzung nur noch je 1,8 m. Die einzelnen, von unten nach oben führenden Firnmarken zeigten zum Teil eine beachtliche Erhöhung des Firnfeldrandes. Sie betrug bei der Marke III/60 den Maximalwert von 7,0 m und bei H 4,6 m. Bei P blieb die gesamte Höhenskala (das ist mehr als 5 m) unter Firn.

Aus 5 Messungen der Firndichte in Höhen zwischen 2800 und 2960 m wurde ein Mittelwert von 0,56 gewonnen. Was den Eishaushalt des Schmiedingerkeeses betrifft, war es offensichtlich, daß dieser Gletscher seine Eissubstanz von 1960 auf 1961 kräftig vermehrte.

Kleines Fleißkees

Der dünne Zungenlappen des Kleinen Fleißkeeses büßte von 1959 auf 1960 an der Schattseite bei der Marke B 7,3 m und an der sonnigeren Seite bei A 18,6 m an Länge ein. Vor der Marke B befand sich noch eine 5 m lange, vom Gletscher bereits losgelöste Eisplatte. Der Zungenkörper des Kleinen Fleißkeeses zog sich nicht nur in der Horizontalen stark zurück, er sank auch in der Vertikalen beträchtlich ein:

Vertikaländerung der Oberfläche des Zungengebietes des Kleinen Fleißkeeses und Geschwindigkeit der Eisbewegung zwischen 2. September 1959 und 1. September 1960 in einem Querprofil in einer Seehöhe von rund 2590 m

Stein Nr.	Vertikaländerung in m	Horizontalbewegung in m 1958/59	1959/60
8	2,23 Abnahme	0,7	0,9
7	2,39 "	1,7	1,75
6	1,65 "	2,6	2,9
5	1,28 "	2,8	3,5
4	0,85 "	3,8	4,2
3	0,75 "	3,2	3,2
2	0,27 "	2,0	2,6
1	0,14 Zunahme		2,6 innerhalb von 2 Jahren

Die Abnahme der Eisdicke der Zungenfläche des Kleinen Fleißkeeses erreichte im September 1960 an der hydrographisch rechten Seite ähnliche Ausmaße wie 1959. An der linken Seite hingegen wurde der Vertikalschwund zunehmend geringer. Die Horizontalbewegung des Oberflächeneises hatte 1960 gegenüber 1959 fast überall etwas zugenommen. Das Konservieren des Eises an der linken Gletscherseite hängt wahrscheinlich mit einer starken Schattenwirkung des Kammes „Roter Mann"—„Kneisespitze" und mit lang andauerndem Schutz durch Altschnee über dem Zungeneis zusammen.

Das Firnfeld des Kleinen Fleißkeeses schwoll 1960 gegenüber 1959 etwas an. Bei der Pilatusscharte wurde eine Höhenzunahme um 0,55 m und beim Goldberggrat um 0,5 m festgestellt. Am Gipfelfelsen des Sonnblicks gab es Erhöhungen bis zu 0,4 m. In den zentralen Teilen des Firngebietes vermochte sich seit September 1959 eine stattliche Jahresfirnrücklage zu erhalten. In der Fleißscharte ergab sich aus zwei Profilen mit 3,75 m Vertikalmächtigkeit eine Dichte von 0,66. In der Nähe der Pilatusscharte betrug die Firndichte der Ablagerungen des letzten Jahres für eine Schichtdicke von 3,2 m im Mittel 0,55.

Berechnungen des Massenhaushaltes des Kleinen Fleißkeeses (Verlust an der Zunge und Überschuß im Firngebiet) führten zu dem Ergebnis, daß der Gletscher von 1959 auf 1960 wahrscheinlich nichts an Masse verlor, sondern vielleicht sogar geringfügig gewann. Dies ist um so mehr beachtenswert, als sich das Gletscherareal infolge des Zungenrückganges nicht unwesentlich verkleinerte und weiters auch noch die Zunge ziemlich einsank.

Das Firnfeld des Kleinen Fleißkeeses präsentierte sich in ziemlich reinem Weiß. Über den Zungenteilen lag stellenweise viel Kryokonit. Auf der normalen Aufstiegsroute zum Sonnblickgipfel traten vor 10 Jahren noch 18 bis 20 Spalten auf, im Jahre 1960 wurde keine einzige beobachtet.

Im Jahre 1961 wurde die Nordseite des Zungenendes des Kleinen Fleißkeeses um 10,2 m weiter oben angetroffen. An der Südseite der Zungenstirn befand sich verfestigter Firnschnee. Die Firngrenze wurde am 29. August 1961 als klare Linie in einer Höhe von 2800 m erkannt. Unterhalb der Firnlinie war der Abschnürungsprozeß der Zunge über dem Steilhang seit 1960 etwas weiter fortgeschritten.

In den inneren Teilen des Firngebietes wurden Jahresfirnrücklagen zwischen 2,6 und 4,37 m (in der Fleißscharte) beobachtet. Bei der Pilatusscharte erhöhte sich die Oberfläche des Firnfeldes absolut um 60 cm, beim Gipfelaufbau des Sonnblicks um 0,1 bis 0,3 m. An der Nordkante der Goldbergspitze wuchs die Firndecke von 1960 auf 1961 um 6,5 m empor. An der Seite der Goldbergspitze betrug die Firnfelderhöhung 1,5 m. In der Fleißscharte vorgenommene Untersuchungen des vertikalen Aufbaues der Jahresfirnrücklage 1960/61 erbrachten für Schichtdicken von 430 und 437 cm eine durchschnittliche Dichte von 0,60. Im Hinblick auf die Mächtigkeit dieser Firnlage seit dem Sommerende 1960 erscheint der gewonnene Dichtewert verhältnismäßig hoch.

Der Zungenkörper des Kleinen Fleißkeeses sank in einem Querprofil in etwas unter 2600 m Höhe in seinem Nordteil bis zu 1,6 m ein. Von der Zungenmitte an bis zu seinem Südrand erlitt das Eis praktisch keinen Vertikalschwund mehr. Die Schattenwirkung des Kammes „Roter Mann"—„Kneisespitze" und lang anhaltender Altschnee vermochten diesen Teil des Zungengebietes des Kleinen Fleißkeeses völlig zu konservieren. Bei den Steinmarken 2 und 1 am hydrographisch linken Zungenrand war die über dem Zungeneis liegende Altschneedecke am 28. September 1961 überhaupt noch nicht abgeschmolzen.

Vertikaländerung der Oberfläche des Zungengebietes des Kleinen Fleißkeeses und Geschwindigkeit der Eisbewegung zwischen 1. September 1960 und 29. August 1961 in einem Profil quer über den Gletscher in ungefähr 2590 m Meereshöhe.

Stein Nr.	Vertikaländerung in m	Horizontalbewegung in m	
		1959/60	1960/61
8	1,07 Abnahme	0,9	0,5
7	1,62 ,,	1,75	1,15
6	0,12 ,,	2,9	2,05
5	0,03 ,,	3,5	3,05
4	0,01 ,,	4,2	3,50
3	0,02 ,,	3,2	2,10

Die Geschwindigkeit der Bewegung des Oberflächeneises hatte von 1960 auf 1961 etwas abgenommen. Die Geschwindigkeitsverringerung war wohl eine Folge der weiter fortgeschrittenen Abschnürung des Gletscherkörpers über dem Steilaufschwung in einer Höhe von rund 2750 m.

Die Massenberechnung des Kleinen Fleißkeeses 1961 gegenüber 1960 ergab, daß dieser Gletscher in den letzten 12 Monaten keine Gletscherspende erteilte, sondern seine Eissubstanz etwas vermehrte.

Großes Goldbergkees

Der Große Goldberggletscher verkürzte sein Zungenende von 1959 auf 1960 zum Teil beinahe überhaupt nicht und zum Teil wieder recht beträchtlich. Das Rückweichen der Gletscherzunge betrug bei den einzelnen Meßpunkten: 0,7 m bei |A, 0,6 m bei |22, 1,4 m bei |B, 14,4 m bei C_{54}, 6,5 m bei C_3 und 0,4 m bei 23. Das Goldbergkees, das 1959 in einer Seehöhe zwischen 2760 und 2860 m in zwei Teile zerriß, blieb 1960 weiter unterbrochen. Die Abschnürung des Gletschers beim Steilabfall des Oberen Gruepeten Keeses (in 2540 bis 2660 m) zeigte 1960 gegenüber 1959 keine wesentlichen Fortschritte. Die Firndecke an der Südflanke des Sonnblick-Ostgrates wuchs um 0,3 bis 0,6 m in die Höhe. Die Felsinsel südöstlich vom Sonnblickgipfel blieb gegenüber dem Vorjahr praktisch unverändert. Am Nordostgrat der Goldbergspitze stieg die Oberfläche des Firnfeldes um 1,6 m und weiter westlich davon um 1,7 m empor. In der Fleißscharte befand sich am 2. September 1960 eine Jahresfirnrücklage von 275 cm mit einer, wie bereits früher erwähnt, mittleren Dichte von 0,55.

Die Oberfläche des Großen Goldberggletschers bot im September 1960 gegenüber früheren Jahren einen reinen und spaltenarmen Eindruck.

Am 1. September 1961 zeigte die Gletscherzunge des Großen Goldberggletschers folgendes unterschiedliche Verhalten seit 1960: Rückgang von 1,1 m bei |22, 0,6 m bei |B, 9,9 m bei C_{54} und Vorstoß von 4,2 m bei |A und 1,5 m bei 23. An der Südseite des Sonnblick-Ostgrates erschien die Firndecke um rund 0,3 m höher als im Vorjahr. Die Felsinsel südöstlich des Sonnblickgipfels tauchte gegenüber 1960 um 0,8 und 1,2 m in das Firnfeld ein. Am unteren Teil des Nordostgrates der Goldbergspitze und an der Nordwestflanke erhöhte sich, wie ebenfalls schon einmal erwähnt, die Oberfläche des Firnfeldes um 6,6 und 1,5 m.

Die Jahresfirnrücklage 1961 (Ablagerungen vom Sommerende 1960 bis September 1961) betrug beim Schneepegel Fleißscharte 4,37 m. Ihre Durchschnittdichte war 0,60.

Kleines Sonnblickkees

Die schmale rechte Gletscherzunge des Kleinen Sonnblickkeeses lag im Jahre 1960 um 5,3 m tiefer als 1959 und 1961 um 4,2 m weiter unten als 1960. Das Verhalten des rechten Zungenlappens dieses kleinen Gletschers ist um so bemerkenswerter, als in höheren Teilen an vielen Stellen der Felsuntergrund zutage tritt.

Wurtenkees

Die schöne Mittelmoräne des Wurtengletschers überragte 1960 in ihren unteren Teilen die Eisoberfläche noch mehr als 1959. Der Prozeß des Emporsteigens der Mittelmoräne hielt auch noch 1961 an. Von 1959 auf 1960 wich das Zungenende bei den Meßpunkten D um 8,3 und bei A um 9,7 m zurück. Im Jahre 1961 verstärkte sich der Rückgang an beiden Seiten des Zungenendes auf 14,3 und 15,3 m.

Überreste des Neunerkeeses

Die Überreste des Neunerkeeses zeigten 1960 und 1961 gegenüber früheren Jahren keine Arealabnahme. Die Betrachtung von Photos aus der Zeit um 1947 und 1961 ergibt, daß die drei tiefst gelegenen Eisschilde des Neunerkeesrestes eher größer wurden und daß vor allem die Anzahl der perennierenden Schneefelder in den letzten Jahren zunahmen und sich die schon früher vorhandenen etwas vergrößerten.

Ergänzende Veröffentlichung von Niederschlags- und Schneepegelbeobachtungen im Sonnblick-Gebiet

Von Maria Roller, Wien

Zu den in den beiden letzten Jahresberichten des Sonnblickvereines veröffentlichten Schneepegel- und Totalisatorenbeobachtungen werden ergänzend für den gleichen Zeitraum und die Jahre bis inklusive 1960 die gleichzeitigen Niederschlagsmessungen des „Nordombrometers" und des „Südombrometers" veröffentlicht (Tab. 1).

Die Totalisatorenmessungen des Jahres 1960 sind der Tab. 2 zu entnehmen.

Die Schneepegelbeobachtungen für die Jahre 1957 bis 1960 wurden in Tab. 3 zusammengestellt. An Stelle der ausgefallenen Basisstation Kolm-Saigurn wurden die Schneehöhenmessungen der hydrographischen Meßstelle Naßfeld herangezogen. Um einen Anschluß an die Meßstelle Kolm-Saigurn zu ermöglichen, sind die vom Naßfeld vorliegenden Werte seit 1928 mitgeteilt. Somit ist das gesamte vorhandene Material an Niederschlags-, Totalisatoren- und Schneepegelmessungen im Sonnblickgebiet veröffentlicht (siehe auch Jahresberichte des Sonnblickvereines für die Jahre 1953—1955 und 1956—1959).

In Zukunft werden diese Messungen jeweils mit der Jahreszusammenfassung der meteorologischen Beobachtungen des Sonnblick-Observatoriums — wie dies im vorliegenden Jahresbericht geschehen ist — veröffentlicht.

Tabelle 1. **Vergleich der Monatssummen des Niederschlages (mm) am Hohen Sonnblick im Nord- und Südombrometer.** (In die Tabelle sind nur jene Monate aufgenommen, für die gleichzeitige Beobachtungen mit beiden Ombrometern vorliegen. Das Südombrometer hat seit 1958 eine neue, jedoch nur wenig veränderte Aufstellung.)

		I.	II.	III.	IV.	V.	VI.	VII.	VIII.	IX.	X.	XI.	XII.	Jahr
1930	N	—	—	—	—	—	—	136	101	147	129	87	38	—
	S	—	—	—	—	—	—	199	167	195	133	91	65	—
31	N	106	163	82	162	95	109	138	117	125	192	167	130	1586
	S	170	128	69	161	76	209	255	227	188	182	128	159	1952
32	N	52	58	86	186	175	91	120	66	37	151	130	31	1183
	S	59	52	84	241	224	223	186	135	80	160	108	196	1748
33	N	110	75	100	181	280	239	100	98	123	171	133	109	1719
	S	80	108	92	252	368	341	196	180	222	173	86	124	2222
34	N	138	36	119	176	112	127	123	187	92	97	159	131	1497
	S	165	127	103	70	108	307	267	192	123	145	144	122	1873
35	N	96	241	166	197	260	50	93	90	71	240	138	155	1797
	S	207	494	246	213	202	101	148	126	152	276	72	115	2352
36	N	88	164	74	186	193	138	108	51	119	93	44	223	1481
	S	112	143	60	225	148	177	176	88	144	97	45	215	1630
37	N	94	175	149	159	87	93	154	143	160	167	108	120	1609
	S	101	181	139	152	91	100	184	182	146	158	110	170	1714
38	N	116	91	—	—	—	—	—	—	—	—	—	—	—
	S	127	93	—	—	—	—	—	—	—	—	—	—	—
47	N	—	—	—	—	—	81	128	42	66	22	135	117	—
	S	—	—	—	—	—	97	187	66	94	44	395	232	—
48	N	128	191	84	75	53	177	113	106	50	89	34	57	1157
	S	224	335	136	140	98	360	201	212	57	85	86	60	1994
49	N	180	54	102	61	88	36	97	124	55	37	84	100	1018
	S	193	62	161	121	138	52	107	142	54	41	95	109	1275
1950	N	119	91	59	102	29	65	129	127	66	42	102	108	1039
	S	149	97	52	106	24	66	141	176	122	70	148	111	1262
51	N	270	141	171	136	53	92	77	76	71	19	256	61	1423
	S	327	156	161	97	52	93	82	82	80	20	265	62	1477
52	N	136	137	198	43	136	135	93	125	—	—	163	148	—
	S	148	140	246	53	142	159	114	159	—	—	139	163	—
53	N	92	87	67	154	151	177	—	—	—	—	24	62	—
	S	93	94	77	199	188	176	—	—	—	—	36	38	—
54	N	167	23	81	126	195	157	183	—	—	123	84	192	—
	S	300	23	86	260	232	156	257	—	—	146	109	223	—
55	N	27	132	31	175	147	127	172	—	—	116	84	—	
	S	62	186	37	313	191	202	249	—	—	122	186	—	
56	N	50	28	79	242	131	178	92	—	—	—	—	—	
	S	124	29	141	271	184	230	159	—	—	—	—	—	
58	N	—	93	135	191	50	109	145	158	100	247	124	177	
	S	—	131	170	214	68	174	172	247	122	272	94	182	
59	N	93	26	64	188	100	146	109	98	17	119	83	177	1220
	S	98	44	85	189	137	417	171	206	19	61	47	206	1680
1960	N	139	127	128	227	86	132	143	121	163	209	137	134	1746
	S	131	123	245	353	129	189	236	169	145	134	132	72	2058

Tabelle 2. Totalisatorenbeobachtungen im Sonnblickgebiet, 1960 (mm Wasserwert). (Ergänzung zum 54.—57. Jahresbericht des S.-V., Seite 61 ff.)

	I.	II.	III.	IV.	V.	VI.	VII.	VIII.	IX.	X.	XI.	XII.	Jahr
Unterhalb der Rojacherhütte, 2580 m													
	420	197	234	207	183	280	399	298	296	379	252	148	3293
Hoher Sonnblick (horizontale Auffangfläche), 3076 m													
	480	200	300	220	180	180	380	200	220	300	400	160	3220
Hoher Sonnblick (hangparallele Auffangfläche), 3076 m													
	520	200	400	340	220	350	610	350	480	320	400	180	4410
Oberes Fleißkees, 2808 m													
	228	64	181	227	89	180	240	334	282	207	81	103	2216
Unteres Fleißkees, 2558 m													
	203	95	168	130	42	148	274	245	183	120	134	95	1837

Tabelle 3. Schneepegelbeobachtungen im Sonnblickgebiet. Schneehöhe in cm am 1. jedes Monats sowie Firnrest in cm am Tage der Neufestsetzung des Pegelnulls. (Ergänzung zum 51.—53. Jahresbericht des S.-V., Seite 43 und Anhang VIII.)

Jahr	1.I.	1.II.	1.III.	1.IV.	1.V.	1.VI.	1.VII.	1.VIII.	1.IX.	1.X.	1.XI.	1.XII.	Firnrest cm	am
Naßfeld, 1630 m														
1928	9	80	102	98	10	—	—	—	—	—	—	66	—	—
29	95	134	123	58	35	—	—	—	—	—	40	30	—	—
1930	64	47	60	64	—	—	—	—	—	—	27	9	—	—
31	50	121	192	152	152	—	—	—	—	14	56	51	—	—
32	75	70	100	91	62	—	—	—	—	—	34	68	—	—
33	13	60	89	60	45	18	—	—	—	—	68	58	—	—
34	102	152	162	122	—	—	—	—	—	—	18	—	—	—
35	44	88	215	170	92	—	—	—	—	—	22	35	—	—
36	26	72	140	40	—	—	—	—	—	28	29	16	—	—
37	67	84	185	200	190	—	—	—	—	—	—	38	—	—
38	93	144	92	88	75	—	—	—	—	—	—	—	—	—
39	45	70	73	90	—	—	—	—	—	—	40	10	—	—
1940	39	70	65	76	—	—	—	—	—	—	—	—	—	—
46	102	174	87	—	—	—	—	—	—	—	2	36	—	—
47	78	98	129	117	—	—	—	—	—	—	—	20	—	—
48	121	150	198	168	101	—	—	—	—	—	—	3	—	—
49	45	126	125	85	—	—	—	—	—	—	16	23	—	—
1950	68	135	185	110	82	—	—	—	—	—	—	—	—	—
53	70	105	115	65	4	—	—	—	—	—	—	—	—	—
54	49	125	98	82	32	—	—	—	—	—	—	—	—	—
55	105	75	145	100	85	—	—	—	—	—	10	27	—	—
56	60	124	80	75	38	—	—	—	—	—	110	145	—	—
57	100	120	160	110	100	—	—	—	—	—	10	5	—	—
58	6	64	110	70	90	—	—	—	—	—	40	29	—	—
59	75	73	100	40	—	—	5	—	—	—	14	—	—	—
1960	82	102	90	78	52	—	—	—	—	—	—	20	—	—
Unterer Goldbergkeesboden, 2480 m														
1957	205	280	300	400	520	380	200	20	20	40	30	60	40	3. X.
1958	160	250	355	365	350	100	30	0	0	0	60	100	0	18. IX.
1959	250	275	400	390	480	350	160	40	0	0	50	120	0	23. X.
1960	231	260	380	600	640	350	200	150	0	0	100	180	0	1. X.

Oberer Goldbergkeesboden, 2710 m

1957	180	200	380	380	530	360	150	80	60	100	30	60	100	3. X.
1958	170	280	390	410	360	140	150	100	45	10	80	110	20	18. IX.
1959	270	260	300	335	400	385	235	70	20	0	60	100	0	23. X.
1960	210	300	370	560	610	530	330	280	170	0	100	165	0	1. X.

Oberer Steilhang des Goldbergkeeses, 2850 m

1957	175	250	380	410	400	400	100	120	120	80	30	60	80	3. X.
1958	120	250	380	390	380	130	110	70	60	20	90	120	35	18. IX.
1959	300	300	300	365	440	370	290	130	100	80	60	110	60	23. X.
1960	190	260	370	540	600	400	210	170	140	200	80	140	200	1. X.

Oberes Fleißkees (Pilatusscharte), 2880 m

1957	210	380	500	425	600	380	300	220	220	130	45	75	130	3. X.
1958	160	260	450	330	390	170	230	120	70	30	120	180	45	18. IX.
1959	320	330	320	360	460	400	280	120	180	160	85	130	150	23. X.
1960	310	420	510	680	750	670	390	300	210	275	90	175	275	1. X.

Fleißscharte, 2990 m

1957	193	370	430	450	520	443	328	223	222	223	27	80	210	3. X.
1958	160	270	400	380	350	120	190	140	90	30	120	130	80	18. IX.
1959	240	250	280	380	480	400	290	150	160	150	50	140	140	23. X.
1960	315	430	520	660	770	660	390	320	210	230	80	190	230	1. X.

Welche Beziehungen hat heute die höhere Schule zur Meteorologie?

Betrachtung zum Jubiläum „75 Jahre Hochobservatorium Sonnblick" im September 1961

Von P. Lautner, Bayreuth

Der deutsche Wetterdienst stellt seit Jahren den höheren Schulen seine tägliche Wetterkarte kostenlos zum Aushang zur Verfügung und man kann in den Unterrichtspausen beobachten, daß die Schüler diese Wetterkarten lebhaft studieren. Die für den Erdkundeunterricht eingeführten Schulatlanten enthalten eine Fülle von Klimakarten. Ein ganzes Schuljahr — in der Oberrealschule ist es das siebente — ist der allgemeinen Erdkunde gewidmet, und dafür gibt es ein eigenes Lehrbuch, dessen Inhalt zu etwa einem Viertel meteorologisch-klimatischen Charakter hat. Es muß aber bemerkt werden, daß trotzdem der Platz für Meteorologie etwas eingeengt bleibt, weil zur Zeit die Erdkunde zu den „einstündigen" Fächern zählt.

Viele Schulen verfügen über eine ganze Reihe von meteorologischen Meß- und Registriergeräten, wie Quecksilberbarometer, Schleuderthermometer, Aspirationspsychrometer, Haarhygrometer, Anemometer, Windfahne, Wolkenspiegel, Sonnenscheinautograph, Regenmesser, Baro-, Thermo-, Hygrograph usw., die wenigstens zeitweise in Gebrauch genommen werden.

Es wird zwar nur selten vorkommen, daß eine meteorologische Hütte aufgestellt und während des Schuljahres in Betrieb gehalten wird; aber auch das ist schon manches Mal durchgehalten worden, etwa von Schulen, die über einen botanischen Garten verfügen.

Es ist zwar nicht daran zu denken — und es ist auch nicht notwendig bei der Vielzahl der schon vorhandenen Pflichtfächer — Meteorologie als eigenes Unterrichtsfach einzuführen, aber der gesamte Unterricht in Mathematik, Physik, Chemie und Biologie gibt viel Gelegenheit, zahlreiche Anwendungsbeispiele aus der Meteorologie zu behandeln. Das beginnt mit den graphischen Darstellungen von Tages- und Jahresgängen einzelner meteorologischer Elemente (Luftdruck, Temperatur, Niederschlag, Feuchtigkeit, Wind usw.) und führt über Aufgaben aus der Mechanik, Wärmelehre, Thermodynamik usw. zur Fundierung der physikalischen Grundgesetze bis hinauf zu Rechnungen etwa über die Eindringtiefe der täglichen und jährlichen Temperaturwelle in den Erdboden.

In neun Schuljahren kann auf diese Weise sehr viel meteorologisches Wissen vermittelt werden, stets in engem Zusammenhang mit der grundlegend wichtigen Erarbeitung gediegener mathematischer und physikalischer Grundlagen als einer anerkannten Hauptaufgabe des Mathematik- und Physikunterrichts der höheren Schulen.

Wesentlich unterstützt wird die Darbietung meteorologischen Wissens durch dafür geeignete Lehrer, an denen es deshalb nicht fehlt, weil Hunderte von Pädagogen während des letzten Krieges im Wetterdienst eingesetzt waren. Auch sonst gibt es noch viele Schulmänner, die vor ihrem Eintritt in den Schuldienst als Flugmeteorologen, Wettererkundungsflieger, Bergmeteorologen und dergleichen jahrelang tätig waren und die zeitlebens dankbar auf ihren meteorologischen Lebensabschnitt zurückschauen.

Es ist daher auch weiter nicht erstaunlich, wenn aus solcher Verflechtung zwischen Schule und Meteorologie da und dort meteorologische Arbeitsgemeinschaften entstehen, die ein Teilgebiet exemplarisch behandeln und ausleuchten.

Den Anstoß dazu geben manchmal Lehrfahrten zu großen meteorologischen Instituten oder Observatorien oder Flughäfen. So kurz die Impulse oft auch sind, so nachhaltig wirken sie sich aus und manche Berufswahl mag dadurch schon beeinflußt worden sein.

Beispielsweise sind uns unvergessen eine Fahrt meiner ganzen Oberrealschule zum Zugspitzobservatorium, bei der die meisten Schüler zum ersten Male das Hochgebirge erlebt haben, unvergessen sind auch die Tage, die wir im Flughafen München-Riem oder Wien-Schwechat verbracht haben, wo wir den mächtigen Puls des Weltluftverkehrs verspürt haben und unvergessen sind auch unsere alljährlichen Besuche der Hohen Warte in Wien, wo die Schüler von der entsagungsvollen Arbeit einzelner Gelehrter ganz gewaltig beeindruckt worden sind. Sie haben das in ihren Schulaufsätzen und auch sonst immer wieder bekundet. Die zähe jahrzehntelange Ausdauer, die Bescheidenheit, die Genauigkeit, die Gewissenhaftigkeit, die Schwere und der Ernst wissenschaftlicher Arbeit sind manchem erst durch solche Besichtigungen und die damit verbundenen Fachvorträge in ihrer ganzen Größe klar geworden.

Hier sei betont, daß wir in naturwissenschaftlicher Hinsicht bestrebt sind, unsere Schüler zu kritischen Empiristen zu erziehen. Alle Erkenntnisse sollen durch Experimente gewonnen werden; möglichst keine Zahlen sollen den Büchern entnommen werden; alle Naturkonstanten sollen durch Versuche bestimmt werden. Jedes Meßinstrument soll vor seinem Gebrauch geeicht werden; immer soll gefragt werden: Was wird eigentlich gemessen und wie genau? Und oft sind hier gerade meteorologische Messungen besonders gut dazu geeignet, diese Erziehung zu leisten.

Der junge Mensch hat aber zudem noch einen romantischen und sportlichen Drang, der sich ebenfalls auswirken soll. So ist es begreiflich, daß manchmal kleine Expeditionen wie von selbst zustande kommen. Mit meteorologischen Instrumenten ausgerüstet ziehen dann Schülergruppen in den Oster-, Pfingst- und Sommerferien in einsame Gegenden und dabei brachten sie zuweilen recht ansprechende Meßreihen nach Hause. Sogar an luftelektrische Messungen haben sie sich schon mit Erfolg herangewagt. Zweimal hat dabei auch der Hohe Sonnblick Osterbesuch erhalten. 1956 haben sie den Kometen Roland Arend 1956 H gesehen und photographiert in der reinen Hochgebirgsluft und eine Woche lang haben sie den Beobachter bei seiner Tätigkeit bewundern können. Stets sind meine Schüler liebenswürdig aufgenommen worden und die empfangenen guten Eindrücke wirken noch lange nach.

Nebenbei gab es viel Gelegenheit **Lebensbilder und wissenschaftliche Leistungen** großer Meteorologen darzustellen. Mit Aufmerksamkeit haben die Schüler zugehört, als ihnen das Werk eines Julius **von Hann**, eines Felix **Exner**, eines Alfred **Wegener**, Heinz **von Ficker**, Wilhelm **Schmidt**, August **Schmauss**, Albert **Defant** usw. geschildert wurde. Es ist Beschwerde geführt worden, daß junge Meteorologen diese Altmeister unserer Wissenschaft schon gar nicht mehr in ihren Arbeiten zitieren, weil ihre Erkenntnisse sozusagen inzwischen Lehrbuchweisheit geworden sind. Aber die Jugend fesseln diese schwer gewonnenen Erkenntnisse trotzdem ganz besonders. Für Schüler, die zum ersten Male in ihrem Leben vom Föhnprinzip, von weltweiten Kältevorstößen, von Austausch, von Passat, Monsun usw. hören, ist es gut, sie aus den nunmehr schon **klassischen Quellen** trinken zu lassen. Die geschichtliche Verankerung unseres meteorologischen Wissens ist eben auch sehr wichtig.

Es beeindruckt die Schüler sehr, daß es Menschen gibt, die unsere Wissenschaft praktisch vom Anfang an erlebt und verfolgt haben und die wissen, daß es in der Forschung kein Ende geben wird. Mancher wird sich eines Tages in diesen Strom einfügen, seine Zeit mitwirken und auch Nachfolgern noch viel übrig lassen.

Was zeigen uns diese skizzenhaften Betrachtungen?

1. Obwohl sie kein selbständiges Unterrichtsfach ist, hat die Meteorologie in der höheren Schule durchaus den ihr gebührenden Platz.

2. Die Abiturienten, die ein Hochschulstudium irgendwelcher Art beginnen oder ins Leben hinaustreten, haben in neun Jahren soviel von Meteorologie gehört, daß sie den Wert und die Bedeutung unserer Wissenschaft soweit erkannt haben, daß sie in ihren Wirkungskreisen jederzeit die richtige Einstellung dazu haben werden.

3. Auch **Episoden**, wie ein Sonnblickbesuch können sich sehr positiv auswirken.

4. Vor einigen Jahrzehnten war der Bedarf an Meteorologen recht gering, und viele Meteorologen sind später in den Schuldienst gegangen. Der heute erforderliche Nachwuchs an Meteorologen ist aber allein schon dadurch gewährleistet, daß der Schüler in seiner langen Schulzeit viel über die meteorologische Forschung zu hören bekommt, im Gegensatz zu früheren Zeiten, wo es z. B. auf einem humanistischen Gymnasium durchaus möglich war, über Meteorologie nichts Besonderes zu erfahren.

Der Erlanger Experimentalphysiker R. **Fleischmann** hat nachgewiesen, daß rund 40 Prozent der Studenten ihr Ziel nicht oder doch gerade dürftig erreichen in Übereinstimmung mit den Reifezeugnissen, die ein echter und verlässiger Maßstab für die Eignung für ein Studium sind. Die sehr guten und guten Abiturienten schließen auch ihr Studium sehr gut oder gut ab. Und unter diesen wird es immer so viele Jünger unserer Wissenschaft geben, daß es uns um die Zukunft der Meteorologie in unserem Lande nicht bange zu sein braucht.

75 Jahre Sonnblick-Observatorium

Die Meteorologische Tagung und die Jubiläumsfeierlichkeiten in Rauris vom 7. bis 11. September 1961.

Von W. Friedrich, Wien

Mit 3 Textabbildungen

Das Jahr 1885 bedeutete für die Technik den Beginn des Automobilzeitalters und für die Meteorologie — mit der Gründung des Observatoriums auf dem Sonnblickgipfel — den Beginn des Zeitalters der Höhenstationen. Wenn wir die Berichte zum 50jährigen Jubiläum dieses Observatoriums aus dem Jahre 1936 oder die Situation nach Kriegsende, etwa 1946 betrachten, so müssen wir erkennen, daß die rasche Entwicklung der Technik bis dahin am Sonnblick nahezu spurlos vorübergegangen war. Während Flugzeuge, Raketen und Atomenergie schon so weit entwickelt waren, daß man sie mit Erfolg zur Vernichtung der Menschen einsetzen konnte, mußten Lebensmittel und Heizmaterial mühsam auf Menschenschultern auf den Sonnblick geschleppt werden. Während die Zerstörung großer Städte in wenigen Minuten über den ganzen Erdball durch Funk bekannt wurde, mühten sich die Beobachter am Sonnblick oft vergeblich, ihre Wettermeldungen ins Tal zu übermitteln.

Es mag hier vom Laien die Frage aufgeworfen werden, ob es sich denn überhaupt gelohnt hat, oder noch lohnt, unter solchen Schwierigkeiten, Entbehrungen, ja unter Aufopferung des Leben die Beobachtungen am Sonnblick aufzunehmen und weiterzubetreiben. Diese Frage muß mit einem klaren „Ja" beantwortet werden. Wir können aus den Vorträgen in Rauris erkennen, wie wichtig die Meldungen der Höhenstationen für Wasser- und Elektrizitätswirtschaft, für Flugverkehr und Fremdenverkehr, für Wissenschaft und Landwirtschaft, für Forschung und Erkenntnis sowohl im lokalen als auch im internationalen, weltweiten Ausmaß waren und sind.

Seit der Nachkriegszeit sind nun endlich auch dem Sonnblick einige Errungenschaften der modernen Technik zugute gekommen:

1. Die amerikanische Besatzungsmacht transportierte in den Jahren 1946 bis 1955 einige Male Lebensmittel und Heizmaterial mittels Flugzeug auf den Sonnblick.

2. Seit dem zweiten Weltkrieg wurden verschiedene Arten von Funksprechgeräten für die Übermittlung der Wettermeldungen eingesetzt, die sich jedoch — ebenso wie das schon vorher vorhandene Draht-Telephon — unter den gegebenen Umständen als zuwenig betriebssicher erwiesen.

3. Dank wirksamer Unterstützung durch das Bundesministerium für Unterricht konnte eine moderne drahtlose Sprechverbindung vom Sonnblick zum allgemeinen Fernsprechnetz der Post hergestellt werden, so daß es nicht mehr notwendig ist, den unter Fels und Eis liegenden, gerissenen Draht unter Lebensgefahr zu suchen und zu flicken.

4. Es wurde eine Materialseilbahn gebaut. Das Zugseil schleift manchmal an Felsen oder Eis, auf die Transportplattform tropfen Öl und Wasser, bei Wind ist die Einfahrt in die Bergstation nur durch schwierige Manipulationen der Beobachter an der oberen Kante

der 1500 m hohen Nordwand möglich, und trotzdem ist diese Seilbahn ein besonderes Juwel: ihre Herstellung konnte begonnen werden, weil Schulkinder in einer Sammelaktion ihre kostbar gesparten Groschen dem Sonnblick gegeben haben. Viele, viele Kinder haben gespendet und manche haben mit den paar Groschen ihr gesamtes damaliges Vermögen der Wissenschaft geopfert. Im Zusamemnhang mit der Seilbahn müssen hier die Tauernkraftwerke rühmend erwähnt werden, die bei der Errichtung der Seilbahn in großzügigster Weise halfen.

Daß Einrichtung und Versorgung des Sonnblick-Observatoriums trotz aller Bemühungen bei weitem noch nicht dem Stand der Technik in anderen Sparten angemessen ist, braucht nicht eigens erwähnt zu werden.

Bevor nun über die Feier anläßlich des 75jährigen Bestandes des Sonnblick-Observatoriums berichtet wird, soll noch die Frage aufgeworfen werden, ob es überhaupt angebracht ist, im Hinblick auf die großen Schwierigkeiten bei der Erhaltung des Observatoriums und im Zeichen des technischen Fortschrittes unserer schnellebigen Zeit, den 75. Geburtstag des Sonnblick-Observatoriums in größerem Rahmen zu feiern. Ein dreifaches „Ja" ist auf diese Frage zu antworten. Das erste Ja gilt dem erfüllten Zweck, der überaus reichen Ausbeute der ununterbrochenen Beobachtungsreihe für Wissenschaft und Praxis. Mit dem zweiten Ja soll die Feier dem dankbaren Gedenken aller jener Männer dienen, die ihr Leben ganz oder zeitweise dem Sonnblick gewidmet haben und nicht mehr unter uns weilen. Das dritte Ja soll allen Lebenden, die sich um das Sonnblick-Observatorium bemühen oder bemüht haben, von den Schulkindern bis zu den unterstützenden Behörden und Firmen, von der helfenden Bevölkerung der Sonnblicktäler bis zu den Männern im Gipfelobservatorium unseren herzlichen Dank sagen und bitten, weiterhin zu helfen und mitzuarbeiten. Möge diese Feier künden, daß es auch in unserer Zeit des unpersönlichen Massenlebens noch Menschen gibt, die bereit sind, sich ohne materiellen Lohn in den Dienst einer guten Sache zu stellen.

Die Österreichische Gesellschaft für Meteorologie, der Sonnblick-Verein und die Zentralanstalt für Meteorologie beschlossen, gemeinsam den 75jährigen Bestand des Sonnblick-Observatoriums würdig zu feiern und der internationalen Wertschätzung des Sonnblicks entsprechend, dieser Feier ein internationales Gepräge zu geben. Was lag näher, als mit dem Jubiläum eine meteorologische Tagung zu verbinden, auf der eine Auswahl der vielen Probleme der Hochgebirgsmeteorologie besprochen werden sollte. Die Wahl des Tagungsortes fiel auf Rauris.

Der Einladung zur Teilnahme an der Tagung und Feier leisteten über 200 Freunde des Sonnblicks Folge, und der Direktor der Zentralanstalt, Prof. Dr. F. Steinhauser, konnte zu Beginn der meteorologischen Tagung, die von Donnerstag den 7. bis Samstag den 9. September 1961 abgehalten wurde, Gäste aus Belgien, der Deutschen Bundesrepublik, Italien, Jugoslawien, Holland, Norwegen, Schweiz, Tschechoslowakei, Ungarn, USA und Österreich sowie einen Vertreter der Meteorologischen Weltorganisation (WMO) aus Genf begrüßen. Die bereits angemeldeten Teilnehmer aus der Deutschen Demokratischen Republik mußten in letzter Stunde absagen.

Der Einleitungsvortrag zur Tagung wurde von Professor Steinhauser über „Die Bedeutung der Bergobservatorien für die Hochgebirgsmeteorologie" gehalten, dem sich weitere Vorträge über Probleme der Hochgebirgsmeteorologie, sowie über die beiden anderen gestellten Themen: „Einfluß der Orographie auf die allgemeine Zirkulation" und „Ergebnisse hochalpiner Forschung" anschlossen. Insgesamt meldeten sich 32 Vortragende zu Wort. Die Ausführungen, die eine große Summe interessanter und wertvoller

Erkenntnisse im Rahmen der Hochgebirgsmeteorologie brachten, wurden in einem Sonderheft der Zeitschrift „Wetter und Leben" veröffentlicht [1].

Wenn das Wetter während der Tagungszeit nicht allzu schön war, so brachte dieser Umstand den Vorteil eines guten Besuches der Vorträge mit sich. Die wissenschaftliche Arbeit wurde durch Abendveranstaltungen belohnt, die vor allem von der Rauriser Gemeinde und Bevölkerung bestritten wurden.

Es muß auch über das außerordentliche Entgegenkommen, die Hilfsbereitschaft und die aktive Mitwirkung der Gemeinde Rauris lobend berichtet werden. Schon die Vorbereitungen der Tagung und Feier waren durch vorausplanende Maßnahmen des Bürgermeisters von Rauris, Oberförster Spielberger, wesentlich erleichtert und die Besprechungen durch Verständnis und Entgegenkommen gekennzeichnet. Der schöne Saal des Standesamtes wurde als Tagungsbüro zur Verfügung gestellt, das Gemeindetelefon konnte benützt werden, die Ausschmückung des Vortragssaales im Gasthof Grimming erfolgte durch die Gemeinde und alle die vielen großen und kleinen Wünsche der Organisation wurden erfüllt. Neben dem Gemeindeoberhaupt muß dankbar der Frau Bürgermeister, der Gemeindebediensteten mit Sekretär Stefan Reiter an der Spitze und nicht zuletzt Frau Granegger vom Fremdenverkehrsbüro, mit deren tatkräftiger Hilfe das schwierige Problem der Unterbringung zur allseitigen Zufriedenheit gelöst werden konnte, gedacht werden.

Die Rauriser waren es, die uns an jedem Abend nicht nur Unterhaltung, sondern auch erlesenen Kunstgenuß boten. Am Abend des Donnerstag (14. September) hielt Lehrer Gruber (dessen Hochzeit wegen der Inanspruchnahme des Standesamtes durch das Tagungsbüro um eine Woche verschoben werden mußte), bestens unterstützt durch seine künftige Gattin, einen hervorragend schönen Farbbildervortrag über das Brauchtum im Rauriser Tal im Verlauf der Jahreszeiten. Er führte uns mittels prächtiger Bilder auf den Sonnblick hinauf, zeigte uns unterwegs seltene Alpenblumen und vermittelte uns in bescheidener und sachkundiger Art viel Wissenswertes und Schönes. Am Freitagabend veranstaltete die Rauriser Sing- und Tanzgruppe unter Leitung von Oberlehrer Schönleitner einen Heimatabend, dessen gelungene Darbietungen die Tagungsteilnehmer und viele Gäste in beste Stimmung versetzten. Samstag mittag endete die meteorologische Tagung, deren Ergebnis allgemein befriedigte.

Am frühen Nachmittag wurde am Wohnhaus des bedeutenden Förderers des Sonnblickobservatoriums und des Rauriser Tales, Ritter Wilhelm von Arlt, eine Gedenktafel enthüllt, wobei Herr Julian Schläffer mit Worten dankbarer Erinnerung des Verstorbenen gedachte.

Um 16 Uhr, zur Eröffnung der eigentlichen Feierlichkeiten anläßlich des Sonnblickjubiläums, trafen der Landeshauptmann von Salzburg Dr. H. Lechner als Spitze der Behörde und der Präsident der Österreichischen Akademie der Wissenschaften, Hofrat Prof. Dr. R. Meister, als oberster Vertreter der Wissenschaft in Rauris ein.

Prof. Dr. K. Oberparleiter eröffnete als Vorsitzender des Sonnblick-Vereines die Jubiläumsfeierlichkeiten mit einer Begrüßung der Festgäste, vor allem Landeshauptmann Dr. Lechner, Landeshauptmannstellvertreter Ökonomierat Hasenauer, Präsident Prof. Dr. Meister, Vertreter der Meteorologischen Weltorganisation Mr. Thorslund, Vertreter der Max-Plank-Gesellschaft Prof. Dr. W. Dieminger, MR. Dr.

---

[1] „Meteorologische Tagung und Jubiläumsfeier anläßlich des 75jährigen Bestehens des Observatoriums auf dem Sonnblick." Sonderheft IX, 140 Seiten, Jahrgang 1961. Zu beziehen durch: Redaktion „Wetter und Leben", Wien XIX, Hohe Warte 38, zum Preis von ö. S. 50.—. Die Abonnenten der Zeitschrift erhalten das Sonderheft gratis mit dem Jahrgang 1961.

Süssenberger vom Verkehrsministerium der Deutschen Bundesrepublik, Bezirkshauptmann von Zell am See Dr. Gasteiger, Bürgermeister Spielberger, Gen.-Dir. Dr. Ing. Vas von der Verbundgesellschaft, Dr. Böck vom Donaukraftwerk Jochenstein, Vertreter der Tauernkraftwerke, Dr. Rabensteiner vom Hauptausschuß des Österreichischen Alpenvereines, Pastor M. Roenneke von der Sektion Halle des Deutschen Alpenvereines, Vertretern der schon genannten Länder sowie aller übrigen Festgäste. Der Begrüßung schloß sich Oberförster Spielberger als Bürgermeister und Hausherr an. Hierauf ergriff der Herr Landeshauptmann das Wort:

„... Das vergangene Jahr wurde von den Freunden Salzburgs häufig als das ‚Salzburger Jahr' bezeichnet: der Salzburger Dom ist herrlicher denn je erstanden, im neuen Festspielhaus wurde uns das modernste und schönste Musiktheater der Welt eröffnet, Hofrat Wallack begann die neue Alpenstraße über die Gerlos, der 25jährige Bestand der Glocknerstraße wurde gefeiert, die Festspiele konnten ihr 40jähriges Jubiläum begehen, um nur einiges herauszuheben.

Das Jahr 1961 brachte nicht nur wirtschaftliche Erfolge, sondern erfuhr eine Ehrung besonderer Art dadurch, daß viele für die Welt bedeutsame Kongresse und Tagungen in seiner Landeshauptstadt stattfanden.

Bei der erhebenden 100-Jahr-Feier der Wiedererlangung der Selbständigkeit des Landes Salzburg und bei der Eröffnung der Festspiele hat uns der Herr Bundespräsident durch seine Anwesenheit in der Stadt Salzburg ausgezeichnet. Auch heute ist unser Staatsoberhaupt beim 25jährigen Jubiläum des Forschungsinstitutes Gastein anwesend gewesen. Es war ihm leider nicht möglich, auch hierhier zu Ihrem Jubiläum zu kommen, doch hat mich der Herr Bundespräsident beauftragt, Ihnen seine besten Grüße zu übermitteln. Bei diesen beiden Feiern ist Trägerin bzw. Mittträgerin die Österreichische Akademie der Wissenschaften in Wien, die höchstangesehene wissenschaftliche Institution in unserem Vaterlande. Wir wissen die Interessenahme der Österreichischen Akademie an diesen Salzburger Instituten sehr zu schätzen und danken ihr dafür ebenso wie den staatlichen Stellen, den zuständigen Ministerien, die die Aufgaben dieser Institute unterstützen.

Im Vergleich zu den großen Festen und Jubiläen, die ich erwähnt habe, nimmt sich die 75-Jahr-Feier für das Sonnblick-Observatorium vielleicht unbedeutender aus. Und doch steht das Ereignis, das heute gefeiert wird, gegenüber den größeren, bekannteren nicht zurück, wenn man den Mut und die Voraussicht, die Opferbereitschaft und den menschlichen Einsatz berücksichtigt, der hier am Werke war! Idealisten haben dieses Werk, das nun einen so bedeutsamen wissenschaftlichen Rang erreicht hat, gegründet, gebaut und gefördert. Von Ignaz Rojacher angefangen bis zu den Schulkindern Österreichs, die in einer einmaligen Sammelaktion dieses einzigartige Gipfelobservatorium am Sonnblick in 3106 m Höhe in schwerer Zeit sichern halfen, haben Idealisten das Werk getragen und geführt und einige von den Wetterwarten, die hier, der Einsamkeit und den Unbilden des Wetters zum Trotz, gelebt und ausgeharrt haben, haben ihre Treue zum Werk mit dem Tode bezahlt.

Die Bedeutung der Wetterkunde nimmt ständig zu, und eine modern geführte Landwirtschaft braucht mehr denn je eine verläßliche Wettervoraussage. Der Fremdenverkehr, die Bauwirtschaft, die Elektrizitätswirtschaft und viele andere Produktionszweige sind auf sie angewiesen! Der Flugverkehr, der mehr und mehr das Fortbewegungsmittel unserer Zeit wird, braucht die meteorologischen Angaben und die heute mit der Wetterbeobachtung eng verbundene Beobachtung der Strahlungen, die seismographischen Messungen und viele andere Zweige der Wetter- und Klimakunde dienen der Sicherheit des Menschen. Je höher die Beobachtungsstellen, desto opfervoller sind sie zu betreuen. Mag die Versorgung der Sonnblickstation jetzt wirtschaftlich leichter erfolgen können — noch immer sind wesentliche Opfer notwendig. Mag die Technik die Einsamkeit und die Unsicherheit gemildert haben — noch immer stehen unsere Wetterwarte auf gefährdeten und einsamen Vorposten der Menschheit.

Ich möchte denen, vor allem den vielen einfachen und schlichten Männern und Frauen danken, die sich bisher für das Sonnblick-Observatorium eingesetzt haben. Ich möchte dem Bund und der Österreichischen Akademie der Wissenschaften danken, daß sie das Observatorium nunmehr betreuen! Euch Raurisern möchte ich aber gratulieren, daß ihr in eurem Gebiet, das sich durch besondere landschaftliche Schönheit auszeichnet, diese Zierde der Wissenschaft habt, und — wie die heutige Feier beweist — auch stolz seid auf sie!

Ich freue mich, daß ich Gelegenheit habe, Rauris aus dem Anlaß dieses Jubiläumsfestes das erste Mal als Landeshauptmann zu besuchen. Ich danke euch für den freundlichen Empfang und wünsche, daß Rauris und das Sonnblick-Observatorium einer guten Zukunft entgegengehen. Mögen die Wetterwarte, die da oben für uns Himmel und Erde beobachten, noch lange auf ein friedliches Land heruntersehen können, ein Land, in dem Arbeit, Fleiß, Ehrfurcht und tatkräftige Nächstenhilfe vorherrschen. Mögen sie bald beobachten können, daß die schweren Wetter und Gewitterwolken, die jetzt auch am politischen Horizont aufgestiegen sind, bald einer freundlichen Atmosphäre Platz machen."

Sodann trat Präsident Hofrat Prof. Dr. Meister an das Rednerpult: „... Gerne bin ich zu Ihrer heutigen Feier gekommen, um im Namen der Österreichischen Akademie der Wissenschaften, der Österreichischen Gesellschaft für Meteorologie, dem Sonnblick-Verein und der Zentralanstalt für Meteorologie und Geodynamik als den veranstaltenden Körperschaften, sowie dem Orte Rauris und seiner Bevölkerung die herzlichsten Glückwünsche zu dem Jubiläum des 75jährigen Bestandes des Sonnblick-Observatoriums zu überbringen und Ihnen zu danken, daß Sie diesen Gedenktag so feierlich zu begehen unternommen haben. Die wissenschaftliche Forschung auf den Gebieten der Meteorologie, Geodynamik und Geophysik und nicht zuletzt auch die damit zusammenhängende Gründung, Unterhaltung und wissenschaftliche Betreuung des Sonnblick-Observatoriums ist stets eines der bedeutendsten Anliegen der Akademie gewesen.

In der Gesamtsitzung der Akademie vom 13. Mai 1848 machte der damalige Vizepräsident Andreas Freiherr von Baumgartner der Akademie das hochsinnige Angebot, ihr seinen Funktionärgehalt für die Einrichtung von meteorologischen Beobachtungsstationen zur Verfügung zu stellen. Die mathematisch-naturwissenschaftliche Klasse setzte daraufhin in der Sitzung vom 18. Januar 1849 eine ‚Kommission zur Leitung des meteorologischen Beobachtungsdienstes im Österreichischen Kaiserstaate' ein und arbeitete hiefür folgendes Programm aus: 1. Organisierung eines meteorologischen Beobachtungsdienstes, zugleich für die klimatologischen Verhältnisse, für Erdmagnetismus und alle wiederkehrenden Erscheinungen in der Pflanzen- und Tierwelt, insofern sie mit dem Zustande des Klimas und der Atmosphäre zusammenhängen. 2. Errichtung einer Zentralanstalt für Meteorologie. So wurde die Meteorologie, insbesondere die Einrichtung und Führung von meteorologischen Beobachtungsstationen das erste Unternehmen einer kommissionellen Gemeinschaftsarbeit der Akademie auf naturwissenschaftlichem Gebiete. Als erste Aufgabe wurde die Einrichtung der Beobachtungsstationen und das Studium der damit zusammenhängenden Erscheinungen in der Atmosphäre in Angriff genommen. 1852 gab es in Österreich bereits 86 Beobachtungsstationen. Die zweitnächste Aufgabe betraf die Durchführung erdmagnetischer Aufnahmen. Demgemäß wurde die am 5. Juni 1852 eröffnete Anstalt als Zentralanstalt für Meteorologie und Erdmagnetismus benannt. 1904 wurde ihr Name in Zentralanstalt für Meteorologie und Geodynamik umgewandelt."

Nach Würdigung einzelner markanter wissenschaftlicher Untersuchungen der österreichischen Meteorologie, die immer wieder auch alpine Probleme zum Thema hatten, führte Präsident M e i s t e r weiter aus:

„Was besonders hervorgehoben werden soll, ist die enge Zusammenarbeit der Akademie mit der Zentralanstalt für Meteorologie und Geodynamik und mit dem Institut für Meteorologie und Geophysik an der Universität Wien. Sie kommt namentlich in der Tätigkeit der Geophysikalischen Kommission der Akademie zum Ausdruck und in den Berichten, die die Zentralanstalt alljährlich im Almanach der Akademie erstattet. Man darf wohl sagen, daß hier auf einem theoretisch wie praktisch hochwichtigen Forschungsgebiet eine ideale Zusammenarbeit im Sinne einer Koordination der Forschung erreicht worden ist.

Zu den bedeutendsten Leistungen der Akademie unter Führung des damaligen Inhabers der Lehrkanzel für Meteorologie an der Universität Wien und Direktors der Zentralanstalt Julius H a n n, 1877—1897, gehört die Errichtung jenes Instituts, dessen 75jährigen Bestand wir heute hier feiern, des Observatoriums auf dem Hohen Sonnblick, das 1886 seine Tätigkeit aufnehmen konnte. Nach seinem Muster wurde dann auch die Gipfelstation auf dem Hohen Obir 1891 ausgebaut. Über den Aufstieg und die wechselvollen äußeren Schicksale, sowie über die großen Leistungen des Observatoriums, die als eine wahre Aristeía wissenschaftlichen und menschlichen Forschungs- und Durchhaltenswillens gerühmt werden dürfen, wird Ihnen morgen ein Vortrag von zuständigster Seite Kunde geben. Meine Aufgabe konnte es nur sein, gleichsam den Hintergrund für diese das Anliegen unserer Feier betreffende Darstellung zu geben. Ich möchte aber meine Begrüßung nicht schließen, ohne den ganz besonderen Dank und der größten Hochachtung Ausdruck gegeben zu haben für die großen und opfermütigen Leistungen aller jener, die im Dienste des Sonnblick-Observatoriums und seiner Beobachtungen durch alle die Jahre seines Bestehens gearbeitet haben und heute daran arbeiten."

Als nächster Redner meldete sich Prof. Dr. D i e m i n g e r zu Wort:

„... Es ist für mich eine sehr angenehme Aufgabe, Ihnen die Grüße und Glückwünsche des Präsidenten der Max-Planck-Gesellschaft, Prof. B u t e n a n d t, zum 75. Jubiläum zu überbringen.

Die Max-Planck-Gesellschaft ist bekanntlich die Nachfolgerin der Kaiser-Wilhelm-Gesellschaft, die jahrzehntelang dem Kuratorium des Sonnblick-Vereines angehörte. Ich habe den alten Akten mit Genugtuung entnommen, daß die Kaiser-Wilhelm-Gesellschaft in mehreren Fällen dazu beitragen konnte, schwierige Situationen des Sonnblick-Vereines zu meistern. Die Max-Planck-Gesellschaft gehört nicht mehr dem Kuratorium an, wohl wegen der nach 1945 veränderten politischen Situation und weil sie in den Jahren nach dem Kriege selbst große Schwierigkeiten zu überwinden hatte.

Desto mehr betrachtet es die Max-Planck-Gesellschaft als ein Zeichen alter Verbundenheit, daß sie zu diesem Jubiläum eingeladen wurde. Leider ist Herr Professor B u t e n a n d t nicht in der Lage, der Einladung persönlich Folge zu leisten. Er hat mich beauftragt, seine Grüße und die der Gesellschaft zu überbringen.

Ich bin diesem Anruf gern gefolgt, und zwar aus drei Gründen: Erstens geht man ja überhaupt gern zu einer Geburtstagsfeier, vor allem, wenn sie in einem so netten und intimen Rahmen erfolgt, wie hier in Rauris. Zweitens fühle ich mich den Alpen persönlich verbunden. Obwohl ich im Flachland geboren und aufgewachsen bin, habe ich doch schon mit 4 Jahren die erste, wenn auch bescheidene Bergtour auf den Falkenstein bei Füssen gemacht. Mit 5 Jahren wanderte ich mit meinen Eltern von Langen am Arlberg nach Oberstdorf, und später habe ich als Student manchen Gipfel, manchen Höhenweg und manche Alpenvereinshütte zwischen dem Bodensee und Salzburg kennengelernt. Dabei bin ich auch mit den Problemen der Alpinen Meteorologie konfrontiert worden. So erinnere ich mich noch deutlich, daß ich auf der schon erwähnten Tour als Fünfjähriger einmal meine Wadlstrümpfe auszog und als Handschuhe benützte, weil ich so sehr an den Händen fror!

Der dritte Grund liegt auf fachlichem Gebiet. Es besteht nämlich der begründete Verdacht, daß die sogenannten ‚Whistler' hier im Rauriser Tal zum ersten Mal mit Bewußtsein beobachtet wurden.

Die Whistler sind eine sehr eigentümliche Sache. Sie sind eng verbunden mit einer anderen meteorologischen Erscheinung, den Gewittern. Die elektrischen Entladungen bei Gewittern sind nämlich nicht nur von einer sichtbaren Erscheinung, dem Blitz, begleitet, sondern es entstehen dabei auch elektrische Wellen, die wir als ‚atmosphärische Störungen' in unseren Rundfunkempfängern unangenehm bemerken. Diese Störungen umfassen ein sehr breites Frequenzspektrum und breiten sich z. T. auf Zickzackwegen zwischen Erde und Ionosphäre auf sehr große Entfernungen aus. Die Peilung dieser Störungen auf Kilometerwellen ist ein wichtiges Hilfsmittel der Meteorologie bei der Lokalisierung von herannahenden Gewitterfronten. Ein Teil des Spektrums, und zwar die Wellen mit 100 bis 10.000 Schwingungen pro Sekunde, vermögen die sonst reflektierende Ionosphäre zu durchdringen, wenn sie längs der erdmagnetischen Kraftlinien laufen. Sie folgen den Kraftlinien bis zum Scheitel über dem Äquator in einigen 10.000 km Höhe und kommen dann auf der anderen Hemisphäre wieder auf den Erdboden herunter. Dabei wird wegen der Laufzeitunterschiede der verschiedenen Schwingungen der ursprüngliche Knack, der bei der Blitzentladung entsteht, zu einem Pfiff mit fallender Tonhöhe auseinandergezogen. Solche Pfiffe, die also von Blitzentladungen in großer Entfernung herrühren, kann man ganz einfach hören, wenn man an eine gute Antenne einen Verstärker für niederfrequente Schwingungen und einen Kopfhörer oder Lautsprecher anschließt. Nun gab es hier im Rauriser Tal eine ganz ungewöhnlich gute Antenne, nämlich die viele Kilometer lange Telefonleitung vom Sonnblick-Observatorium nach Rauris. Sie war so wirksam, daß man gar keinen Verstärker benötigte, sondern die Pfiffe direkt im Telefonhörer hören konnte. Solches geschah bereits in den achtziger Jahren des verflossenen Jahrhunderts und wurde anschließend in einer meteorologischen Zeitschrift veröffentlicht, natürlich ohne die richtige Deutung der Erscheinung. Diese Entdeckung geriet völlig in Vergessenheit, bis auf der Tagung der Union Radio Scientifique Internationale in Boulder im Jahre 1957 der österreichische Vertreter auf diese Tatsache hinwies. Der Vorsitzende der Sitzung meinte daraufhin, dann sollte man eigentlich die ‚Whistler' lieber „Jodler" nennen.

Die große Bedeutung der Whistler liegt darin, daß man aus der Art der Pfiffe Schlüsse auf den Zustand der hohen Atmosphäre in Höhen von vielen tausend Kilometern ziehen kann. Dies wurde in den Jahren nach dem Krieg von dem Amerikaner S t o r e y und anderen erkannt und tatsächlich hatten wir schon recht zuverlässige Werte der Elektronendichte bis zu 30.000 km Höhe, bevor es gelang, Satelliten und Raumsonden in diese Höhe zu schicken.

So besteht eine sehr enge Beziehung zwischen diesem Tal mit seiner urwüchsigen Natur und dem modernsten Zweig der Geodynamik, der Weltraumforschung.

Ich darf daher die Glückwünsche der Gesellschaft mit meinen eigenen verbinden und dem Sonnblick-Verein für die folgenden 75 Jahre alles Gute wünschen. Möge es gelingen, immer die wirtschaftliche Voraussetzung für eine fruchtbare wissenschaftliche Arbeit zu schaffen, damit noch recht viele interessante Untersuchungen auf dem hohen Sonnblick durchgeführt werden können. Dies ist mein Geburtstagswunsch!"

Anschließend überbrachte Mr. Thorslund die Grüße der Glückwünsche der Meteorologischen Welt-Organisation, Präsident Dr. Bell sprach für den Deutschen Wetterdienst, Prof. Milosavljevic für Jugoslawien, Prof. Hojosy für Ungarn, Prof. Konček für die Tschechoslowakei. Dr. Rabensteiner übermittelte die Wünsche und Grüße des Hauptausschusses des Österreichischen Alpenvereins, mit dem zusammenzuarbeiten für uns besonders wertvoll ist, und P. Roenneke sprach für die Sektion Halle des Deutschen Alpenvereins, welche Besitzerin des Zittelhauses ist. Sodann verlas Dr. Friedrich das Begrüßungsschreiben des Herrn Bundesministers für Unterricht, Dr. H. Drimmel, Bundesminister für Finanzen Dr. Klaus,, Bundesminister für Verkehr- und Elektrizitätswirtschaft Ing. Waldbrunner, Bundesminister für Landesverteidigung Dr. Dipl.-Ing. Schleinzer u. a. Aus dem Ausland kamen Wünsche von der WMO, übermittelt durch Depeschen ihres Präsidenten Prof. Viaut, sowie des Generalsekretärs Mr. Davies und Dr. Langlo's. Ferner kam eine in besonders herzlichen Worten gehaltene Botschaft der Meteorologen aus der Deutschen Demokratischen Republik, von Prof. Dr. Philipps unterzeichnet, die gern persönlich am Sonnblickjubiläum teilgenommen hätten und nun ihre Wünsche und Grüße schriftlich übermitteln mußten.

Nun hielt der Vorsitzende des Sonnblick-Vereines, Prof. Oberparleiter, seinen Festvortrag, der die Geschichte des Sonnblick-Observatoriums zum Thema hatte:

„... Schon anläßlich des 50jährigen Bestehens des Sonnblick-Observatoriums im Jahre 1936 konnte Hofrat Durig auf die hohe wissenschaftliche Bedeutung der damals höchsten Gipfelstation Europas, des Sonnblick-Observatoriums, hinweisen. Die Ergebnisse dieser nun durch ein weiteres Vierteljahrhundert fortgesetzten Forschungsarbeiten auf meteorologischem und klimatologischem Gebiete vermochten mit der Beobachtungsdauer nur an wissenschaftlichen Werten zu gewinnen, und gerade diese Tatsache rechtfertigt Feier und Würdigung an dem erreichten Meilenstein der 75 Jahre im Zeitraume wissenschaftlicher Forschungstätigkeit.

In unseren Tagen der Weltraumfahrt wäre es nicht verwunderlich, würden die Taten unterschätzt oder gar vergessen, die in den achtziger Jahren des vergangenen Jahrhunderts vollbracht wurden, um das Haus auf dem 3100 m hohen Gipfel des Sonnblicks mancherlei Widerwärtigkeiten, nicht zuletzt den Wetterelementen trotzend, zu bauen, zu erhalten, der Forschung und damit der Menschheit dienstbar zu machen.

Wenngleich auf eine Vorgeschichte des Sonnblickhauses unter Hinweis auf die erschöpfende Darstellung Durigs und anderer bewährter Autoren im Jahresbericht des Sonnblick-Vereines für das Jahr 1936 verzichtet werden darf, so scheint es mir dennoch angezeigt, jener beiden Männer zu gedenken, deren Scharfblick, Tatkraft und Wagemut die Ausführung des für damalige Verhältnisse großartigen Unternehmens zu danken ist. Julius von Hann hatte auf dem Internationalen Meteorologenkongreß 1879 in Rom auf die Notwendigkeit der Schaffung eines Netzes von Höhenstationen auf exponierten Berggipfeln für die Beobachtung der Atmosphäre hingewiesen. Im Zuge der die Idee verbreitenden Propaganda hörte Ignaz Rojacher aus Rauris davon. Als Pächter des Goldbergwerkes in Kolm bot er dem Alpenverein an, in seinem 2430 m hoch gelegenen Knappenhaus eine Beobachtungsstation einzurichten und die Beobachtungen durchzuführen, wenn er dafür die erforderlichen Instrumente erhielte. Diese wurden ihm von der Meteorologischen Zentralanstalt zur Verfügung gestellt, und Rojacher begann nun mit seiner Arbeit. Vom damaligen Bezirkshauptmann von Zell am See auf den Gedanken gebracht, auf einem der Gipfel der Goldberggruppe eine Station in freier Lage zu errichten, stellte

Rojacher in ausgedehnten winterlichen Gipfelbegehungen die Sonnblickspitze als den einzigen geeigneten, im Winter eisfreien Gipfel fest. In einem vom 22. Februar 1885 datierten Brief unterrichtete Rojacher Prof. H a n n über den von ihm entworfenen Plan der Station auf dem Sonnblickgipfel, der allgemeine Zustimmung fand. Die Finanzierung konnte mit vereinten Kräften aus den Mitteln der Meteorologischen Gesellschaft, des Österreichischen und Deutschen Alpenvereins zustandegebracht werden.

Am 2. S e p t e m b e r 1 8 8 6 konnte endlich in Anwesenheit von 80 Festgästen die Eröffnung des Hauses auf dem Sonnblick feierlich begangen werden. Nach heutigen Begriffen erscheint es fast unvorstellbar, daß der Bau des Hauses einschließlich des Turmes und der ungemein schwierigen Telefonleitung um 5344 Gulden möglich war. Dies war zum guten Teil der Tüchtigkeit und dem Entgegenkommen R o j a c h e r s zu danken.

Die nun folgenden 4 Jahrzehnte des Stationsbetriebes standen ungeachtet der publizistisch laufend nachgewiesenen Beobachtungen und ihrer wertvollen Ergebnisse dauernd im Zeichen arger Geldnot, die insbesondere eine radikale Lösung des Transport- sowie des Telephonproblems nicht zuließ. 1891 hatte die Not einen Höhepunkt erreicht, der die Stillegung des Stationsbetriebes in unmittelbare Nähe rückte. Da regte in einer Vorstandsitzung der Meteorologischen Gesellschaft der Geograph P e n k, der selbst auf dem Sonnblick Gletschermessungen vorgenommen hatte, die Gründung eines Hilfsvereines, des Sonnblick-Vereines als Institution für die Beschaffung der nötigen Geldmittel an. Der Verein wurde 1 8 9 2 gegründet und Oberst O b e r m a y e r zu seinem ersten Präsidenten gewählt, der 23 Jahre hindurch bis zu seinem Tode dem Verein tatkräftig vorstand. Mit der Gründung des Sonnblick-Vereines war indes noch keineswegs alle Not gebannt.

Erst die 1926 von Prof. Felix Maria E x n e r mit der Kaiser-Wilhelm-Gesellschaft, der Akademie der Wissenschaften in Wien und dem Unterrichtsministerium geführte Verhandlungen ermöglichten die grundlegende Lösung durch Übernahme der rechtlichen Verantwortung für Erhaltung und Betrieb des Observatoriums durch den Sonnblick-Verein. Haus und Heizmaterial übernahm die Sektion H a l l e des Deutschen Alpenvereins. An die Spitze des umgestalteten Sonnblick-Vereines trat ein Kuratorium, in dem u. a. die Österreichische Akademie der Wissenschaften, die Kaiser-Wilhelm-Gesellschaft, Berlin, das Unterrichtsministerium und der Alpenverein vertreten waren. Das Unterrichtsministerium und die Kaiser-Wilhelm-Gesellschaft übernahmen die Verpflichtung, den Hauptteil der Auslagen zu bestreiten.

Das dem Forscherdrang und einem bewundernswerten Idealismus der Pioniere entsprungene Werk hatte endlich reale Hilfe gefunden, die auch in den räumlichen Ausbau der Station und in einer Vervollständigung ihres Instrumentariums Auswertung finden konnte, zumal auch von mehreren Seiten Spenden und öffentliche Zuwendungen flossen.

Zu Beginn des zweiten Weltkrieges wurde der Beobachtungs- und Meldedienst auf dem Sonnblick für die Zwecke der Flugsicherung erweitert, die Beobachterzahl auf 3 erhöht und die Versorgung des Observatoriums mit Lebensmitteln und Brennmaterial vom Militär übernommen. Ein Beobachter blieb in Diensten des Sonnblick-Vereines.

Die größten Schwierigkeiten für das Observatorium kamen nach Kriegsende. Der bisher wichtigste Förderer und Geldgeber, die Kaiser-Wilhelm-Gesellschaft, bestand nicht mehr. Der Mangel an Menschen, Material und Versorgungsgütern drohte den weiteren Betrieb völlig lahmzulegen. Der Alpenverein stellte zudem noch die Lieferung von Heizmaterial gänzlich ein. Trotzdem gelang die Weiterführung der Beobachtungstätigkeit über zwei schwere Jahre durch die Hilfe der amerikanischen Besatzungsmacht, welche Versorgungsflüge mit Brennmaterial und Lebensmitteln auf den Sonnblick unternahm. Klar zeichneten sich abermals die vordringlichsten Probleme ab, die zur Sicherung des

Betriebes von lebenswichtiger Bedeutung waren und in den Nachkriegsjahren mit besonderer Energie in Angriff genommen werden mußten: Das Transportproblem, die Nachrichtenübermittlung und ein ausreichender Blitzschutz.

Eine endgültige Lösung des Transportproblems war schon nach dem ersten Weltkrieg wegen der Gefährdung der Träger und der hohen Kosten geplant worden, doch mußte ein Seilbahnprojekt aus finanziellen Gründen fallengelassen werden. Nun hat Dr. Mesal dieses Projekt neuerlich in Angriff genommen und bereits im Jahre 1946 die Initiative zum Bau einer provisorischen Bahn ergriffen. Sie war 1947 fertig und leistete bis zu ihrer durch Unwetterschäden erzwungenen Einstellung im Jahre 1949 gute Dienste. Die ersten Mittel zum Bau einer definitiven und den Witterungseinflüssen standhaltenden Seilbahn sind einer Spendensammlung der Wiener Schulkinder zu danken, die der Lehrer Edmund B e n d l und Direktor Franz S t o c k h a m m e r durch eine rege Werbetätigkeit veranstalteten. Der damit erzielte Betrag bildete den Grundstein für die neue Seilbahn. Zur Verwaltung der Gelder wurde ein ‚Verein zur Errichtung einer Materialseilbahn auf den Sonnblick' gegründet, der im Jahre 1952 mit dem Bau begann und die Seilbahn 1953 in Betrieb nehmen konnte. Die Mittel wurden durch verschiedene Sammelaktionen sowie durch Spenden großer Industriebetriebe (V Ö E S T, S i m m e r i n g - G r a z - P a u k e r, Zementfabriken) und anderer Unternehmungen (C a s i n o A. G., verschiedene Baugesellschaften) aufgebracht. Wertvollste Unterstützung leisteten die Tauernkraftwerke beim Bau der Seilbahn. Trotz allem blieben bei Fertigstellung der Bahn noch erhebliche Schulden, die aber durch Subvention des Bundesministeriums für Unterricht und der Österreichischen Akademie der Wissenschaften, sowie durch eine Spendenaktion des Industriellenverbandes, der Verbundgesellschaft und der Bankenvereinigung schließlich getilgt werden konnten. Ich benutzte die Gelegenheit, den herzlichen Dank des Sonnblick-Vereines allen diesen Stellen hier noch einmal auszusprechen. Die mit den erhaltenen Mitteln geschaffene Seilbahn ist jetzt etwa 8 Jahre in Betrieb und es läßt sich sagen, daß sie für das Observatorium unentbehrlich geworden ist. Die Sorgen allerdings sind nicht beendet. Es gab bisher noch keinen Winter, der nicht durch Sturm, Vereisung, Steinschlag und Lawinenabgänge Schäden verursacht hätte, die immer wieder zu umfangreichen Reparaturen, Ergänzungsbauten und Erhaltungsarbeiten Anlaß gaben. Wiederum muß ich darauf hinweisen, daß uns hiebei von den T a u e r n k r a f t w e r k e n größte Unterstützung und vom Bundesheer Katastropheneinsatz geleistet worden ist, die uns zu großem Dank verpflichten. Gelegentlich, wenn Schäden die Bahn für längere Zeit stillegten, half der Flugrettungsdienst des Bundesministeriums für Inneres durch beispielhaften Einsatz, ihm ist auch rasche Hilfeleistung bei Erkrankung der Beobachter zu danken.

Das zweite technische Problem war die Schaffung einer dauerhaften Nachrichtenverbindung. Jahrzehntelang mußte die Telefonverbindung mit teils auf dem Boden verlegten Drähten aufrechterhalten werden. Diese Drahtleitungen waren im Sommer der Feuchtigkeit und Blitzgefahr, im Winter aber dem Schneedruck und den Lawinen ausgesetzt. Unendlich viel Arbeit wurde an Reparaturen geleistet, ganze Netze von Drähten ausgelegt, um die Verbindung einigermaßen sicher zu gestalten. Sie blieb jedoch dauernd störungsanfällig. Bei einer dieser Reparaturen wurde der Angehörige der meteorologischen Zentralanstalt Viktor K u z e l im Juli 1953 durch Blitzschlag getötet. Im zweiten Weltkrieg half sich die Wehrmacht durch den Einsatz von UKW-Fernsprechgeräten, auch in den Nachkriegsjahren wurden solche Geräte mit Erfolg verwendet. Wirkliche Sicherheit brachte eine UKW-Fernsprechanlage, die auch Wählbetrieb zuläßt. Sie wurde aus den Mitteln des Bundesministeriums für Unterricht errichtet und hat sich in ihrer nunmehr dreijährigen Funktionsdauer bestens bewährt. Ein kleiner Sprechverkehr mit der Bodenstelle Kolm-Saigurn, der hauptsächlich für die Seilbahntransporte dient, wird mit kleinen Funksprechgeräten klaglos durchgeführt.

Die beengten Raumverhältnisse des Observatoriums konnten durch einen zusätzlichen Vertrag mit dem Alpenverein im Jahre 1950 gebessert werden, der zwei über dem Observatorium gelegene Kammern zu unserer Benutzung überließ. Im Jahre 1957 wurde, um den Anforderungen des Internationalen Geophysikalischen Jahres zu entsprechen, an die Südseite des Zittelhauses ein stählerner Turm gebaut, auf dessen Plattform eine Reihe von Strahlungsmeßgeräten und ein Windregistriergerät aufgebaut wurden. Die Versorgung der Observatoriumsräume mit Licht mußte nach dem Kriege durch eine vollständige Neuinstallierung gesichert werden, ebenso wurde der Blitzschutz des gesamten Hauses nach modernen Gesichtspunkten vervollkommnet.

Damit wurde in den Jahren seit Kriegsschluß den ständigen Beobachtern und den zeitweilig hier oben arbeitenden Forschern ein Heim geschaffen, das zwar bescheiden ist, aber doch den Erfordernissen persönlicher Sicherheit so weit wie möglich entspricht.

Ein Problem wird aber trotz allen technischen Fortschritts immer schwieriger: die Frage nach den Beobachtern. Aus Sicherheitsgründen war das Observatorium schon vor dem zweiten Weltkrieg mit zwei Beobachtern besetzt, oder es wohnte ein Beobachter mit seiner Ehefrau oben. Im Kriege waren mehrere Soldaten mit den Beobachtungen betraut. Obwohl in der Nachkriegszeit die Beobachter in den öffentlichen Dienst übernommen wurden, setzte ein starker Wechsel ein, der sich in der Qualität der Beobachtungen und Messungen zeitweise unliebsam bemerkbar machte.

Das Bundesministerium für Unterricht und die Österreichische Akademie der Wissenschaften konnten dem häufigen Beobachterwechsel einigermaßen durch Gewährung von Zulagen steuern. Aus wissenschaftlichen Gründen wäre die Schaffung einer Planstelle für einen Sonnblick-Meteorologen anzustreben.

Es geziemt sich, außer den altverdienten Beobachtern Peter Lechner, Gebrüder Sepperer, Matthias Majacher, Leonhard und Marianne Winkler, die schon bei anderer Gelegenheit eine verdiente Würdigung erfahren haben, auch jener zu gedenken, die in treuer Pflichterfüllung länger als 5 Jahre auf dem Gipfel ausgeharrt haben: Es sind dies Hans Mühltaler, Ferdinand Mayr, Hermann und Vefi Rubisoier.

Leider hat der Berg auch schon Menschenleben unter den Sonnblickbeobachtern und Trägern gefordert: Im November 1944 geriet das Ehepaar Georg und Maria Rupitsch in einen Schneesturm und erfror auf dem Gletscher. Ein junger Träger namens Andreas Leiner fiel im November 1950 einer Lawine zum Opfer. Der tragische Tod Viktor Kuzels wurde schon erwähnt.

Es ist unsere Pflicht, der verewigten Präsidenten des Sonnblick-Vereines und Leiter der Höhenobservatorien in Dankbarkeit zu gedenken. Ihrer Initiative, ihrer Tatkraft und ihrem Weitblick ist die Entwicklung, die Erhaltung in schwierigen Zeiten und die wissenschaftliche Ausgestaltung und Planung zuzuschreiben. Es sind dies Prof. Wilhelm Schmidt, Prof. Heinrich Ficker und Prof. Walter Schwarzacher. Wir wollen auch des verstorbenen Dr. F. Sauberer gedenken, eines Strahlungsforschers, der den Sonnblick besonders eifrig besuchte und dort auch den Strahlungsmeßturm eingerichtet hat. Schließlich wollen wir uns an den verstorbenen Gönner des Observatoriums, Herrn Georg Ammerer, dankbar erinnern, der durch eine Grundstückabtretung den Bau der Seilbahn ermöglichte.

An den seinerzeitigen verdienten Präsidenten des Sonnblick-Vereines, den hochbetagten Herrn Hofrat Prof. Dr. A. Durig, der dem Verein zur 75-Jahr-Feier die besten

Erfolgswünsche übermittelt hat, aber richten wir eine Dankadresse, verbunden mit unseren besten Wünschen*).

Als derzeitiger Vorsitzender des Sonnblick-Vereines war es meine Aufgabe, diesen kurzen Bericht über die nüchternen Tatsachen der abgelaufenen drei Viertel eines hundertjährigen Bestandes des Sonnblick-Observatoriums und über die rund 70 Jahre seiner Hilfsorganisation, des Sonnblick-Vereines zu erstatten. Auch nur annähernd damit eine ausreichende Vorstellung von dem Pioniergeist, der Selbstlosigkeit und dem Opfermut aller jener zu vermitteln, denen das Werden und das ununterbrochene Bestehen unserer höchsten Warte der Österreichischen Meteorologie zu danken ist, geht weit über die Macht des Wortes hinaus.

An dieser Stelle ist es mir eine angenehme Pflicht, allen jenen amtlichen Stellen herzlichen Dank zu sagen, die durch ihre Unterstützung den Bestand des Observatoriums durch 75 Jahre, auch in Zeiten der Kriege und der Not ermöglichten; nicht minder aber sage ich im Namen des Sonnblick-Vereines allen jenen wirtschaftlichen Unternehmungen und deren Verbänden aufrichtigen Dank, die ihm in einsichtsvoller Aufgeschlossenheit ihre Hilfe nicht versagten. Möge mir die Bitte gestattet sein, dem Sonnblick-Verein auch in Hinkunft den so notwendigen Beistand und weitere Hilfe zu gewähren."

Anschließend bat der Herr Landeshauptmann zum Empfang, der von der Salzburger Landesregierung gemeinsam mit der Gemeinde Rauris veranstaltet wurde und dessen kulinarische und künstlerische Gestaltung in den Händen der Frau Bürgermeister lag und den Veranstaltern alle Ehre machte.

Am Abend des Samstags wurde von der Laienspielergruppe Rauris auf dem Marktplatz der „Bäuerliche Jedermann" von L ö s e r aufgeführt. Der leichte Regen, der zeitweise fiel, konnte den tiefen Eindruck, den das hervorragende Spiel der Rauriser hinterließ, nicht mindern.

In prächtigem Sonnenschein erstrahlte das Rauriser Tal am Sonntagmorgen, als Teilnehmer und Bevölkerung zum Festgottesdienst schritten. Der Pfarrer von Rauris, Hw. B e r g m e i e r wählte das Wort „Macht Euch die Erde untertan" zum Motiv seiner Predigt und nahm damit in erhebender Weise auf die Sonnblickfeier Bezug. Nach dem Kirchgang versammelten sich die Teilnehmer am Grab des Begründers des Sonnblick-Observatoriums Ignaz Rojacher. Prof. S t e i n h a u s e r schmückte das Grab mit einem Kranz und gedachte in bewegten Worten der Pionierarbeit und des Idealismus dieses Mannes und anderer Beobachter, denen die Wissenschaft soviel zu verdanken hat. Anschließend wurden auch am Kriegerdenkmal Kränze niedergelegt, wobei Bürgermeister S p i e l b e r g e r die Gedenkworte sprach.

Aus Begeisterung für die Meteorologie einerseits und für die Bergwelt andererseits war zur Sonnblickfeier auch Dr. S c h w a r z l von der Staatsoper Wien (Bühnenorchester) mit 4 Kameraden nach Rauris gekommen. Dieses Opern-Bläserquintett brachte bei den Kranzniederlegungen weihevolle Choräle zum Vortrag und konzertierte sodann auf dem Marktplatz, ein künstlerisches Ereignis für die Einheimischen und ihre Gäste.

Den Höhepunkt der Festlichkeiten bildete wohl der historische Festzug, den die rührige Bevölkerung von Rauris dem Sonnblickjubiläum zu Ehren veranstaltete (Abb. 1, 2). Historische Gruppen aus der Zeit des Goldbergbaues, ländliche Berufe, Trachten und Bräuche wurden in dem Festzug, vom zahlreichen Publikum lebhaft akklamiert, vorge-

---

*) Professor DURIG ist am 18. Oktober 1961 in seinem Heim in Schruns, Montafon, gestorben. Siehe Nachruf auf Seite 105.

führt. Nur eine ausgezeichnete Zusammenarbeit zwischen Gemeinde, Schule und der gesamten Bevölkerung konnte eine derart sehenswerte Leistung vollbringen.

Am Nachmittag des Sonntags fuhren die Teilnehmer mit Autobussen nach Kolm am Fuß des Sonnblicks. Strahlend blauer Himmel, glänzende Firnfelder, majestätische Berge, tief im Schatten liegende dunkle Felswände und grüne Almwiesen waren der eindrucks-

Abb. 1. Ehrengäste beim historischen Rauriser Festzug.

Abb. 2. Festzug. Wagen mit einem Modell des Sonnblick-Observatoriums in seiner ursprüglichen Form.

volle Anblick, den Kolm seinen Besuchern bot. Um seiner Begeisterung Ausdruck zu verleihen, packte einer der Hornisten sein Instrument aus und begann, abseits auf einem Hügel stehend, klassische Motive zu spielen. Bald waren auch die andern vier Künstler zur Stelle und die improvisierten Darbietungen des Opernbläserquintetts vor dieser wildromantischen Kulisse wurde für viele Zuhörer ein unvergeßliches Erlebnis.

Anschließend sprach der Leiter des Sonnblick-Observatoriums, Dr. H. Tollner, über die wissenschaftlichen Arbeiten am Sonnblick und führte unter anderem aus:

„... Das Sonnblick-Observatorium lieferte natürlich nicht nur meteorologisch-klimatologische Daten, die außer in zahlreichen Einzelveröffentlichungen in den Klimadarstellungen von Hann und Steinhauser verarbeitet werden. Das Observatorium bot auch zahlreichen Gelehrten die Möglichkeit, die verschiedensten Untersuchungen anzustellen oder aus einzelnen meteorologischen Beobachtungen bedeutsame allgemeine meteorologische Erkenntnisse zu gewinnen.

So wurden schon 1888 von Elster, Geitel und Obermayr das Elmsfeuer studiert und von Pernter Ausstrahlungsmessungen vorgenommen. Hann vermochte in dieser Zeit bereits aus dem Verhalten der Temperatur auf dem Sonnblick die damals herrschende Ansicht über das Wesen der Antizyklonen und Zyklonen zu revidieren. Man nahm seinerzeit an, daß die Hochdruckgebiete durch eine tiefe und die Zyklonen durch eine hohe Temperatur der Luft verursacht werden. Hann wies auf Grund der auf dem Sonnblick angestellten Beobachtungen nach, daß gerade umgekehrt der Luftkörper des Hochs warm und jener des Tiefs hingegen verhältnismäßig kalt ist. Die Ergebnisse der Sonnblickbeobachtungen erwiesen sich damit von grundlegender Bedeutung für die allgemeine Meteorologie.

Elster und Geitel untersuchten die Absorption der ultravioletten Strahlung und lieferten die ersten Daten über die Abnahme der UV-Strahlen mit abnehmender Meereshöhe.

Vom Sonnblick aus wurden noch im vorigen Jahrhundert von Eysen gründliche botanische Untersuchungen vorgenommen. Trabert studierte die Elektrizität der Wolken auf Grund des Knisterns des Telephones usw.

1896 begannen die ersten regelmäßigen Gletschermessungen von Penk und Forster.

1900 beschäftigte sich Conrad mit der Konstitution der Wolken, und Hann stellte auf Grund der Sonnblick-Drucke die erste Theorie der Berg- und Talwinde auf.

1903 beschäftigte sich Otto Szlavik mit dem Problem der Nebensonnen und der Sonnenringe und der Zusammensetzung der Atmosphäre in größeren Seehöhen.

Exner nahm 1902 Messungen der Sonnenstrahlung und der nächtlichen Ausstrahlungen vor. Ein Jahr später führten Exner und Conrad luftelektrische Registrierungen aus und leiteten den täglichen Gang des luftelektrischen Potentiales auf dem Sonnblick ab und studierten das luftelektrische Verhalten bei Schneetreiben, Nebelregen usw.

1904 wurden von Pernter verschiedene optische Erscheinungen auf dem Sonnblick untersucht, 1905 wurde den Ursachen des Kaltlufteinbruches vom 31. Dezember zum 1. Jänner 1905 auf dem Sonnblick nachgegangen.

Obermayr stellte 1907 erste Versuche mit Konvexspiegeln zur Schätzung des Bewölkungsgrades an.

Wagner beschäftigte sich 1908 auf dem Sonnblick mit dem Wassergehalt der Wolken, mit der Schneedichte usw.

In den Jahren 1910 bis 1912 maß Andres auf dem Sonnblick mittels Sternecksscher Pendel die Schwerkraft der Erde in 3100 m Seehöhe. Für diese Zwecke wurde eine eigene Hütte, die Pendelkammer, gebaut.

1911 wurden auch astronomische Messungen vorgenommen. Die dafür errichtete Hütte steht nicht mehr. Es ist nur mehr der Pfeiler erhalten geblieben.

1914 wurden Untersuchungen über Niederschlag und Abfluß angestellt.

In der Nachkriegszeit erkannte Ficker auf Grund der Änderung verschiedener meteorologischer Elemente im Zusammenhang mit den verschiedenen Entwicklungsstadien einer Depression seine bekannten 6 Bergregeln für eine Wetterprognose.

Von Albrecht wurde 1924 der Chlor- und Jodgehalt der Wolken bestimmt. 1926 setzte Albrecht seine Wolkenuntersuchungen fort, erweiterte sie auch auf Rauhreifbeobachtungen.

1927 untersuchte Hess auf den Sonnblick die Schwankungen der kosmischen Ultragammastrahlung. Die dazu notwendigen Apparaturen waren im Gelehrtenzimmer aufgestellt.

Im darauffolgenden Jahr waren Wolken, Wassergehalt der Wolken, Gegenstand der Forschung von Köhler. Fuchs studierte die Sende- und Empfangsverhältnisse für drahtlose Telegraphie und atmosphärische Störungen. Lauscher begann mit Strahlungsmessungen und mit der Ermittlung des Trübungsfaktors.

Steinmaurer setzte 1929 die Registrierung der Hessschen kosmischen Strahlung fort.

Löhlex aus Potsdam untersuchte 1930 die Sichtweiten, Cauer den Jodgehalt der Luft und Toperczer widmete seine Aufmerksamkeit der Helligkeit des Nachthimmels.

Lauscher und Schwarz bestimmten 1931 auf dem Sonnblick den Chlorgehalt des Nebelfrostes und in diesem Jahr wurden von Roschkott mit mehreren Mitarbeitern Sonderuntersuchungen der Luftströmungen auf dem Sonnblick und im weiteren Sonnblickgebiet vorgenommen.

1932 faßte Steinhauser die Ergebnisse der Totalisatoren-Niederschlagsmessungen zusammen. Es zeigte sich, daß in größeren Höhen des Gebirges wesentlich mehr Niederschlag fiel, als man bisher glaubte.

Daimer führte 1936 Versuche mit Infrarotplatten im Zusammenhang mit der Fernphotographie aus und stellte Messungen des Infrarotgehaltes des Tageslichtes an.

Im Jahre 1938 beschäftigte sich Brocks mit Messungen von Lichtstrahlschwankungen auf dem Sonnblick. Er konnte völlig neue Einblicke in das Wesen der Vertikal- in Horizontal-Refraktion in großen Höhen gewinnen.

Im gleichen Jahr erschien die ‚Meteorologia des Sonnblicks' von Steinhauser, in der das gesamte vorliegende Beobachtungsmaterial einer grundlegenden Bearbeitung unterzogen ist.

In der Zeit nach dem zweiten Weltkrieg wurden von Tollner die regelmäßigen Gletscheruntersuchungen fortgesetzt.

Für das Geophysikalische Jahr wurde der Strahlungsturm errichtet und der Turm mit Geräten für die Messungen und Registrierungen der verschiedensten Strahlungsarten beschickt. Sauberer und Dirmhirn besuchten den Sonnblick wiederholt und setzten die Strahlungsreflexion von Schnee- und Eisflächen. Zuletzt richteten Dirmhirn und Mahringer Registrieranlagen für die Temperatur von Gesteinen in verschiedenen Tiefen ein."

Als nur noch die höchsten Berggipfel in der untergehenden Sonne rot erglühten und aus dem Blau der kühlen Dämmerung emporragten, erinnerte der Pfarrer von Bucheben, Hw. Hütter in einer Ansprache vor der Kolmer Kapelle an die Ewigkeit des Allmächtigen, worauf das Bläserquintett die „Ehre Gottes" von L. v. Beethoven vortrug. Es waren dies Minuten der inneren Einkehr und des Bewußtwerdens, wie klein und unbedeutend sich der Mensch mit seinen Sorgen ausnimmt angesichts der gewaltigen Berge und des ewigen Eises.

Mit dieser Abendandacht war das offizielle Programm der Sonnblickfeier beendet.

Eine Gruppe von 55 Teilnehmern blieb in Kolm über Nacht und stieg am frühen

Morgen des Montags bei wolkenlosem Himmel unter Führung Dr. Tollners auf den Sonnblick (Abb. 3). Herrliche Fernsicht lohnte die Mühe des Aufstiegs. Dr. Tollner führte durch die Räume des Observatoriums, erläuterte die Instrumente und erzählte über das schwierige Leben der Beobachter auch von der menschlichen Seite:

Abb. 3. Die Teilnehmer an der Sonnblick-Exkursion am 11. September 1961 vor dem Zittelhaus.

„... In 26 Ländern der Erde konnten die Kinobesucher in der Wochenschau die Einrichtungen des Observatoriums sehen und die Tätigkeit der Wetterwarte miterleben. Die österreichische Postverwaltung brachte eine schöne Sondermarke mit dem Bild des Sonnblick heraus und würdigte die wissenschaftliche Arbeit des Observatoriums in einer kleinen Sonderveröffentlichung. Da seither genug über die Bedeutung und die wechselvollen Schicksale der Sonnblick-Höhenstation gesprochen, gesendet und geschrieben wurde, soll nunmehr auch etwas über die menschliche Seite der Institution berichtet werden, die wegen der Einmaligkeit der Verhältnisse zweifellos ebenfalls die Allgemeinheit interessiert. Die Gründung des Observatoriums im Jahre 1886 fiel in jene Zeit, zu der es im unmittelbaren Bereich des Sonnblicks keinen Verkehr gab, nicht einmal Postboten. Damals führten dort die Bergknappen — der erste Sonnblick-Wetterwart war gleichfalls ein ehemaliger Bergknappe — ein einsames, abgeschlossenes Leben. Sie nährten sich hauptsächlich von frischem und von geräuchertem Ziegenfleisch, von Ziegenmilch, Nocken, Faferln usw. Den Menschen dieses Gebirgstales schienen die hohen Berge mit geisterhaften, entweder freundlich oder feindlich gesinnten Wesen erfüllt. Man glaubte an die Existenz von Bergmandl, Kasermandl, liachthaarigen guaten und besonders gefürchteten bösen Weibelen. Später soll auch noch der Geist des Initiators der Sonnblick-Wetterwarte, der Kolmnaz, gesehen worden sein. Die ersten Beobachter erlebten auf dem Sonnblickgipfel unheimliche Naturerscheinungen, weil sie in der gleichen Art und Häufigkeit in tieferen Lagen nicht auftraten. Das Elmsfeuer leuchtete auf dem Sonnblick nicht nur flächenhaft gelbgrün oder phosphoreszierend, sondern mitunter auch in rötlichen, zungenähnlichen Gebilden. Die Sonnblickbeobachter stammten meist aus der Umgebung, waren hart gegenüber den Unbilden der Hochgebirgswitterung und sehr anspruchslos, was Essen, Trinken, Kleidung, Unterhaltung und Freizeitgestaltung betraf. Ein Tourist schenkte einmal einem Wetterwart eine Banane, und dieser, der noch nie eine derartige Frucht gesehen hatte, aß sie seelenruhig mitsamt der Schale. Die Beobachter, die aus ganz einfachen Verhältnissen kamen und meist nur eine geringe Schulbildung erhalten hatten, verstanden es in der Regel bald, jene Kenntnisse zu erwerben, die für den Beobachtungsbetrieb und für die Wartung der meteorologischen Instrumente und Registriergeräte notwendig waren. Bei vielen Untersuchungen und Messungen leisteten sie den auf dem Observatorium befindlichen Forschern wertvolle Hilfe. Auch an technischen Einrichtungen lernten sie rasch Mängel zu erkennen und zu beheben. Das Telefon vom Sonnblick hinunter nach Kolm-Saigurn funktionierte früher besser als in der Zeit bis vor wenigen Jahren. Und dies bei dem enormen Fortschritt der Technik. Die Sonnblickbeobachter besaßen für das Telefon ein eigenes Buchstabier-Alphabet. Ein Bergsteiger wollte einmal ein Telegramm nach Eichsfelde absenden, und der Beobachter versuchte, es auf dem Telefon nach Rauris durchzusprechen. Der dortige Postmeister konnte jedoch den Bestimmungsort nicht verstehen. Da erklärte der Wetterwart: „Na, e i wie Oachkatzl', worauf der Postmeister zurückbedeutete: ‚Warum sagst denn das nicht gleich, Du Rindvieh?' Auf dem Sonnblick waren übrigens nicht nur männliche, sondern auch weibliche Beobachter erfolgreich tätig. In den Zeiten, in denen ein Beobachter-Ehepaar auf dem Sonnblick waltete, herrschten natürlich in den Räumen des Observatoriums mustergültige Sauberkeit und Ordnung. Die auf sich allein gestellten Männer erwiesen sich hin und wieder mehr genial veranlagt und legten weniger Wert auf Zusammenräumen und Fußbodenreiben. Während des ersten Weltkrieges trat auf dem Sonnblick Mangel an Lebensmitteln und Heizmaterial ein. Auch nach dem zweiten Weltkrieg bedrohten Hunger und Kälte das Observatorium. Da halfen die Amerikaner aus und warfen Lebensmittel und Kohle aus schweren Flugzeugen ab, leider jedoch oft daneben in die Sonnblicknordwand. Jeweils von Ende Juni bis Ende September wird das Zittelhaus auf dem Sonnblick, das Schutzhaus der Sektion Halle/Saale des DAV, von einem Pächter bewirtschaftet. In der übrigen Jahreszeit — ausgenommen Ostern, 1. Mai und Pfingsten — fungieren die Beobachter nebenamtlich als einfache ‚Winterwirtschafter'. Der Dienst der Sonnblickleute ist derzeit gegenüber der guten alten Zeit wesentlich erweitert. Heute gilt es neben den meteorologischen Messungen und Beobachtungen und der Ablesung der Totalisatoren (Niederschlagssammler) im Sonnblickgebiet vor allem die Strahlungsgeräte auf dem ‚Strahlungsturm' zu betreuen, ein Ultrakurzwellen-Telefon zu bedienen und mit der Materialseilbahn zu fahren. Der Betrieb der Seilbahn erforderte zwar zusätzliches Erlernen einer Reihe von technischen Dingen, dafür aber erhalten die Beobachter nun wenigstens im Sommer frisches Brot, Gemüse, Obst, Post und vor allem Trink- und Kochwasser. Früher wurde Schnee geschmolzen oder man verwendete in der kurzen warmen Jahreszeit das auf dem Dach aufgefangene Regenwasser. Die Tätigkeit der Sonnblickbeobachter ist natürlich nicht ganz ungefährlich. Der Sonnblick forderte leider einige Todesopfer. Manche unter den Beobachtern machten auch nähere Bekanntschaft mit Schneebrettern und Gletscherspalten. Vor einigen Jahren war es noch schwer, Beobachter zu gewinnen. Seit kurzem hingegen tragen sich nicht selten Männer aller Altersstufen, aber auch Mädchen, für den schweren Dienst auf dem Sonnblick-Observatorium, der 75 Jahre alt gewordenen, höchsten Gipfelwetterwarte Europas, an."

Eine andere Gruppe von ebenfalls etwa 50 Teilnehmern fuhr am Montag von Rauris nach Kaprun, um der Einladung der Tauernkraftwerke zur Besichtigung der Kraftwerkanlagen von Kaprun zu folgen. Dr. Rott, welcher die meteorologischen Beobachtungen im Raum der Tauernkraftwerke leitete, hatte vortreffliche organisatorische Arbeit geleistet und die Exkursion konnte als Gast der Tauernkraftwerke mit Autobussen und Schrägaufzug unter fachkundiger Führung die Talsperren und das Kraftwerk besichtigen.

Der Betriebsleiter und Bürgermeister von Kaprun, Ing. P a z o k a, hielt im Anschluß an die Führung eine Ansprache, in der er die vielseitigen Bindungen zwischen der Meteorologie und der Wasserkraftwerke, also die praktische Verwertung der meteorologischen Daten aufzeigte und damit von der Verbraucherseite her einen Beweis für die Zweckmäßigkeit und Notwendigkeit der Höhenobservatorien lieferte.

Im Namen der ausländischen Gäste sprach Präsident Dr. B e l l Worte des Dankes an die Tauernkraftwerke für die überaus interessante Führung und Ansprache, sowie an den Österreichischen Wetterdienst für das reichhaltig Dargebotene anläßlich des Sonnblickjubiläums, das sowohl in wissenschaftlicher als auch in geselliger Hinsicht sehr wertvoll und erlebnisreich war. Dr. B e l l dankte auch dem Organisationskomitee Dr. F r i e d r i c h, Frau E d e r und Ing. B i n d e r für die viele erfolgreiche Mühe anläßlich der Tagung und Feier in Rauris. Dr. F r i e d r i c h verabschiedete die Teilnehmer im Namen der Veranstalter und gab der Hoffnung Ausdruck, daß die Gäste einen angenehmen Eindruck von Rauris mit nach Hause nehmen mögen.

Wohl jeder, der die gewaltigen Kapruner Anlagen besichtigte, war überwältigt von der Größe der technischen Tat und auch von der Schönheit der Ausführung. Mancher unserer Teilnehmer, dem am Vorabend die relative Kleinheit seines Ichs bewußt wurde, wird angesichts dieser großartigen Bauwerke einen gewissen Stolz gefühlt haben, daß der Mensch in so machtvoller Weise die Naturkräfte bändigt, beherrscht und ausnützt. Er mag aber auch bedacht haben, daß nur eine harmonische Einfügung des Menschenwerkes in die naturgegebene Kulisse, nur eine genaue Kenntnis der Naturgewalten, nur eine Art „Einverständnis mit der Natur" solche technischen Leistungen ermöglichen. Der Sonnblick ist ein vorgeschobener, exponierter Punkt der Linie, auf der Forschung und Technik mit der Natur jenen Kontakt haben, aus dem sich dieses Einverständnis und damit der Erfolg aufbauen können. So wollen wir dem Sonnblick-Observatorium zunächst für das volle Jahrhundert guten Bestand und viele Erfolge wünschen.

Arnold Durig †

Kurz vor Vollendung seines 89. Lebensjahres starb in Schruns, Vorarlberg, am 18. Oktober 1961, der seinerzeitige Präsident des Sonnblick-Vereines, Hofrat Univ.-Prof. Dr. Arnold Durig*. Der Verstorbene leitete vom Jahre 1932 bis 1938 die Geschicke des Vereins. In einer Zeit der wirtschaftlichen Depression war es seiner Umsicht und Tatkraft gelungen, das Sonnblick-Observatorium und das Netz der umliegenden Talstationen arbeitsfähig zu erhalten und darüber hinaus noch wissenschaftliche Untersuchungen durch den Sonnblick-Verein fördern zu lassen. Im Jahre 1936 oblag ihm die Durchführung der Feier zum 50jährigen Bestandsjubiläum des Sonnblick-Observatoriums.

Der Sonnblick-Verein gedenkt seiner als eines stets hilfsbereiten Förderers, der sich für die wirtschaftlichen wie die wissenschaftlichen Belange des Vereins mit ganzer Kraft eingesetzt hat.

---

*) Ausführliche Würdigungen des wissenschaftlichen Lebenswerkes und der Persönlichkeit von Arnold Durig sind a, a. O. erschienen, z. B. in:
Wiener Klinische Wochenschrift, 73, 897 (1961) von W. Auerswald.
Mitteilungen des Österreichischen Alpenvereins, 17, 25 (1962) von W. Flaig.
Ferner wird ein Nachruf im Almanach der Österreichischen Akademie der Wissenschaften für das Jahr 1963 veröffentlicht.

In der Persönlichkeit des Physiologen Arnold Durig vereinigte sich eine erstaunliche Fülle menschlicher und geistiger Gaben. Wir sind stolz darauf, daß auch die Arbeit für den Sonnblick-Verein ein Teil der reichen Ernte seines langen und bis zuletzt schöpferischen Lebens ist.

O. Eckel

SONDERPOSTMARKE

In Würdigung der Bedeutung und aus Anlaß des 75jährigen Bestandes des Sonnblick-Observatorium hat die österreichische Postverwaltung am 1. September 1961 eine Sonderpostmarke mit der Abbildung des Sonnblicks mit dem Observatorium in einer Auflage von 3 Millionen Stück aufgelegt. Die Marke wurde im Tiefdruckverfahren in ultramariner Farbe nach einem Entwurf und Stich von Professor Hans Ranzoni d. J. hergestellt und war eine freudige Überraschung für alle Philatelisten, Freunde des Sonnblicks und die vielen Teilnehmer der meteorologischen Tagung und Gäste der Jubiläumsfeierlichkeiten in Rauris und am Sonnblick im Herbst 1961. Neben dem Ersttagpostamt in Rauris errichtete die österreichische Postverwaltung auch im Observatorium auf dem Sonnblick zu Gunsten der SOS-Gemeinschaft „Kinderdorf" ein Sonderpostamt. Der Sonnblick-Verein gab dieser erfolgreichen „Kinderdorf-Aktion" seine Zustimmung, um auf diese Weise der österreichischen Jugend für die seinerzeit als Grundlage zur Errichtung der Materialseilbahn gespendeten Spargroschen symbolisch seinen Dank abzustatten.

L. Binder

Eine Heimatkunde vom Unterpinzgau

Hw. Kanonikus J. Lahnsteiner ist kein Unbekannter auf dem Gebiet der geschichtlichen und heimatkundlichen Beschreibungen seiner engeren Heimat, des Salzburger Landes. Seine neueste Veröffentlichung „Unterpinzgau — Zell am See, Taxenbach, Rauris" (Selbstverlag J. Lahnsteiner, Hollersbach-Pinzgau, 515 Seiten, 110 Abbildungen, Leinen S 100.—) behandelt das Salzachtal von Bruck bis Lend und die Seitentäler nach Fusch, Rauris und Dienten sowie die Orte Zell am See, Bruck, Fusch, Taxenbach, Eschenau, Rauris, Bucheben, Lend, Embach und Dienten mit allen ihren historischen Begebenheiten, Entstehungsgeschichten, verborgenen Kunstschätzen und überlieferten Sagen und Volksbräuchen. In bewunderungswürdiger Kleinarbeit hat der Autor eine Fülle von ungehobenen Schätzen aus den Archiven und Chroniken der Gemeinden und Pfarren zusammengetragen. Auch Geologie, Flora, Fauna, Bevölkerung und Wirtschaft sowie die Errungenschaften und Einrichtungen der Gegenwart werden beschrieben, so daß er mit diesem Buch nicht nur ein Geschichts- und Heimatbuch, sondern auch ein reichhaltiges Nachschlagewerk geschaffen hat. Auch dem Sonnblick und dem wechselvollen Geschick seines Goldbergbaues und seinem berühmten Observatorium ist gebührender Raum gewidmet. Jedem, der ernste Heimatkunde betreiben will, sei er Laie oder Fachmann, Lehrer oder Schüler, Urlauber oder Tourist, wird dieses Werk Nutzen und Freude bringen. Ein Heimatbuch, wie es leider noch viel zu wenige gibt! L. Binder

Chronik und Sagen des Rauriser Tales

Unter dem Titel „Im Schatten des Hohen Sonnblick" hat Hw. R. K ü m m e r t, Caritasdirektor in Würzburg, ein ansprechendes Büchlein mit einer kurzen Chronik und zahlreichen Sagen des Rauriser Tales zusammengestellt (68 Seiten). Sein Ertrag — es wird für eine Mindestspende von S 5.— durch das katholische Pfarramt in Bucheben, Post Rauris, ausgeliefert — soll der Wiederinstandsetzung der B a r b a r a - K a p e l l e in Kolm-Saigurn, die noch aus der Blütezeit des Goldbergbaues stammt, dienen. H. K ü m m e r t ist ein langjähriger Freund des Sonnblicks und Sommergast im Pfarrhaus Bucheben, der anläßlich seiner häufigen Besuche des Sonnblickgipfels dort stets zur Freude und Erbauung der Touristen und Beobachter eine hl. Messe liest. L. Binder

Vereinsnachrichten

Im Berichtszeitraum fand eine ordentliche Hauptversammlung statt, und zwar am 26. Mai 1961. Der Sonnblick-Verein hat durch Tod 13 Mitglieder verloren. Hervorgehoben seien Hofrat Prof. Dr. A. Durig, Präsident des Sonnblick-Vereins in den Jahren 1932 bis 1938, Prof. Dr. F. Ruttner, ehemaliger Leiter der Biologischen Station Lunz am See, und Hofrat Dr. Heinrich Schuöller. Letzterer starb im 96. Lebensjahr und hatte als zwanzigjähriger Bergsteiger an der Eröffnungsfeier des Observatoriums im Jahre 1886 bereits teilgenommen.

34 neue Mitglieder wurden geworben.

Die Geldgebarung im Berichtszeitraum wird mit folgenden Zahlen ausgewiesen:
Übertrag aus 1960 .... S 134 785,55
Einnahmen (1. 1.—31. 12. 1961) ...... S 106 293,57
Ausgaben (1. 1.—31. 12. 1961)........ S 73 320,13
Vortrag für 1962.....................S 167 758,99

Bericht über die Tätigkeit des Sonnblick-Vereins im Jahre 1961

Der Beobachtungsdienst am Observatorium lief ohne Unterbrechung; es trat kein Beobachterwechsel ein.

Im Sonnblickgebiet wurden im Herbst 1961 Vermessungen der Gletscherflächen und -decken durch Dr. H. Tollner vorgenommen. Dr. Inge Dirmhirn und Dr. W. Mahringer führten im April auf dem Sonnblickgipfel Messungen der spektralen Verteilung der Schnee-Albedo durch. Zugleich wurde die Strahlungs-Registrieranlage einer Kontrolle und Nacheichung unterzogen.

Im Juli wurden durch Dr. Inge Dirmhirn, Dr. W. Mahringer und H. Schaffler Untersuchungen über die Höhenabhängigkeit der Eichfaktoren von Strahlungsmeßgeräten vorgenommen. Dr. Mahringer richtete außerdem eine Temperatur-Registrieranlage in verschieden geneigten Felsblöcken ein. Die Registrierungen lieferten bereits interessante Einblicke in die Thermik der Felsoberflächen in Hochgebirgslage. Der auf dem Sonnblick-Strahlungsmeßturm probeweise montierte Böenschreiber der Firma Siap, Bologna, war vom September 1960 bis Oktober 1961 in Betrieb. Die Registrierungen geben Aufschluß über die bisher unbekannte Struktur des Windes auf den Hochgebirgsgipfeln der Ostalpen. Das Gerät wurde überholt und ist seit März 1962 wieder aufgestellt.

Das gesamte vorliegende Beobachtungsmaterial vom Sonnblick-Observatorium wurde auf Lochkarten übertragen.

Wie in einem Sonderbericht eingehend geschildert, veranstaltete der Sonnblick-Verein aus Anlaß des 75jährigen Bestandes des Sonnblick-Observatoriums Anfang September eine Jubiläumsfeier, der eine mit der Österreichischen Gesellschaft für Meteorologie und der Zentralanstalt für Meteorologie und Geodynamik gemeinsam vorbereitete Meteorologische Tagung vom 7. bis 9. September vorausging. Die Vorarbeiten für die Tagung und die Feier leiteten die Herren Dr. W. Friedrich als Sekretär der Österreichischen Gesellschaft für Meteorologie sowie Herr Ing. L. Binder als Funktionär des Sonnblick-Vereins.

Die Materialseilbahn erlitt zweimal Schäden durch Lawinen. Im November 1960 und im Juni 1961 wurde die Köpflstütze weggerissen. Im Juli erfolgte der Bau einer soliden Metallkonstruktion einer Zugseil-Fangstütze auf einer etwas geschützteren Stelle des Sonnblick-Köpfls. Für die Seilbahn wurde ein Wagen mit eingebauter Tragseil-Schmiervorrichtung angeschafft. Die Lager für das Antriebsrad der Seilbahn wurden erneuert.

Schadhaft gewordene Teile der Licht-Akku-Anlage wurden ergänzt. Die beiden Lichtstrom-Generatoren wurden überprüft, ebenso die UKW-Funktelefonanlage.

Für einen Transport von Baumaterialien zur Errichtung eines Provisoriums der beschädigten Köpflstütze flogen dankenswerterweise die Piloten Haas und Erbler vom Flugrettungsdienst des Bundesministeriums für Inneres mit Hubschrauber mehrmals im Februar 1961 von Salzburg auf den Sonnblick.

Ergebnisse der meteorologischen Beobachtungen auf dem Sonnblickgipfel (3106,5 m) aus dem Jahre 1961

	Luftdruck, mm [1]			Temperatur			Bewölkung, Zehntel	Niederschlagsmenge [2]		Zahl der Tage mit					Tage			Sonnenscheindauer in Stunden	Windstärke m/sec
				Mittel	Absolutes														
	Mittel	Max.	Min.		Max.	Min.		N	S	Niederschlag ≧ 0,1 mm	Schnee	Nebel	Sturm	Heitere	Trübe	Frost-	Eis-		
Jänner	519,9	524,7	504,8	−11,9	−3,8	−18,4	5,3	70	57	11	11	17	6	7	6	31	31	149	4,7
Februar	21,0	31,5	03,5	−10,6	−0,5	−20,0	6,0	222	142	16	16	21	6	6	9	28	28	138	4,2
März	21,7	31,6	08,3	−9,5	−0,5	−22,1	5,7	129	116	15	15	19	9	7	9	31	31	218	4,6
April	18,7	25,1	11,7	−4,8	1,5	−10,3	7,9	157	141	16	16	29	0	1	4	30	26	125	4,0
Mai	19,3	25,4	12,0	−5,6	3,0	−13,4	8,4	276	251	25	25	31	1	0	13	31	26	126	3,9
Juni	24,9	31,8	16,1	0,6	10,3	−6,0	7,8	94	158	18	16	29	2	1	17	21	6	179	2,8
Juli	24,5	31,9	17,0	−0,3	9,4	−6,9	7,8	159	236	18	15	26	2	2	18	24	6	171	3,1
August	26,9	33,7	17,3	1,5	10,6	−8,0	5,9	98	173	12	12	24	1	2	6	19	6	236	3,1
September	27,8	32,8	21,0	2,8	10,0	−6,2	4,2	39	67	11	5	17	0	9	4	9	2	250	3,0
Oktober	22,3	31,3	04,9	−2,7	5,1	−13,6	6,0	74	66	10	8	18	12	4	12	28	14	165	5,9
November	17,0	27,5	08,5	−7,5	0,5	−19,8	6,1	97	63	12	12	19	16	6	12	30	28	127	7,4
Dezember	15,2	23,9	06,8	−11,5	−1,6	−29,6	7,1	108	160	14	14	22	20	2	14	31	31	98	8,6
Jahr	521,3	533,7	503,5	−5,0	10,6	−29,6	6,5	1523	1630	178	165	272	75	47	134	313	235	1982	4,6

[1]) Die Korrekturen wurden bereits angebracht. $B_c = -0,61$ mm und $G_c = -0,21$ mm.
[2]) Ombrometer-Aufstellungen nördlich und südlich vom Observatoriumsgebäude.

Totalisatorenbeobachtungen im Sonnblickgebiet, 1961 (mm Wasserwert)

	I.	II.	III.	IV.	V.	VI.	VII.	VIII.	IX.	X.	XI.	XII.	Jahr
Kolm-Saigurn, 1600 m	—	—	—	—	—	—	152	118	71	196	107	181	2677
Radhaus, 2117 m	—	—	—	—	—	—	154	150	54	231	161	153	—
Unterhalb der Rojacherhütte, 2580 m	143	194	196	242	294	304	321	236	107	161	178	301	2840
Hoher Sonnblick, 3076 m (horizontale Auffangfläche)	140	360	320	240	420	200	350	230	40	100	180	260	2840
Hoher Sonnblick, 3076 m (hangparallele Auffangfläche)	160	380	320	320	440	360	554	246	130	120	220	360	3450
Oberes Fleißkees, 2808 m	193	210	165	131	214	420	240	200	260	120	240	246	2059
Unteres Fleißkees, 2558 m	141	168	146	110	196	420	160	200	260	100	120	185	1606

Schneepegelbeobachtungen im Sonnblickgebiet, 1961 (Schneehöhe in cm am 1. jedes Monats sowie Firnrest in cm am Tage der Neufestsetzung des Pegelnulls)

	I.	II.	III.	IV.	V.	VI.	VII.	VIII.	IX.	X.	XI.	XII.	Firnrest am:
Naßfeld, 1630 m	80	72	106	83	9	—	—	—	—	—	—	8	—
Unterer Goldbergkeesboden, 2480 m	200	210	345	275	360	250	270	140	10	0	15	100	0 7. Okt.
Oberer Goldbergkeesboden, 2710 m	210	235	335	335	380	260	320	220	130	0	20	50	0 7. Okt.
Oberer Steilhang des Goldbergkees, 2850 m	280	290	310	315	380	280	360	270	260	250	30	301	250 7. Okt.
Oberes Fleißkees (Pilatusscharte), 2880 m	240	230	330	390	400	420	380	350	260	250	35	260	250 7. Okt.
Fleiß-Scharte, 2990 m	430	500	480	480	400	420	380	350	260	330	40	185	320 7. Okt.

Für die Fertigstellung dieses Jahresberichtes haben folgende Firmen in dankenswerter Weise Druckkostenbeiträge geleistet:

AEG-AUSTRIA — Kreditstelle der Stadt Wien — Betriebsstoff Verteilungsgesellschaft m. b. H. — Dr. Biowski, Kleiderfabrik — Caro-Werk Gesellschaft m.b.H. — CIBA Gesellschaft m. b. H. — Dipl. Ing. H. Durst — ELIN AG — Erzhütte Akt. Ges. — Europäische Reisegepäckversicherungs-AG GEWISTA, Gemeinde Wien — F. M. Hämmerle — Bernhard Kandl — Langbein-Pfannhauser-Werke AG — Maschinenfabrik Heid AG — Dr. Robert Metzger — Minerva, wissenschaftliche Buchhandlung G. m. b. H. — ODOL-Werke G. m. b. H. — Österreichische Nationalbank — Österreichische Rohrbau G. m. b. H. — Österreichische Tabakwerke A.G. — Österreichisches Creditinstitut A. G. — Polkarbon, Österr. Kohlenhandelsgesellschaft — Schaffler & Co. — Schmidtstahlwerke — SHELL AUSTRIA, Aktiengesellschaft — Vedepha Ges. m. b. H. — Verband der Zuckerindustrie — Vereinigte Wiener Metallwerke AG — WAG Warenverkehrs- und Autokreditgesellschaft m. b. H. — Wertheim-Werke AG Wiener Porzellanmanufaktur Augarten

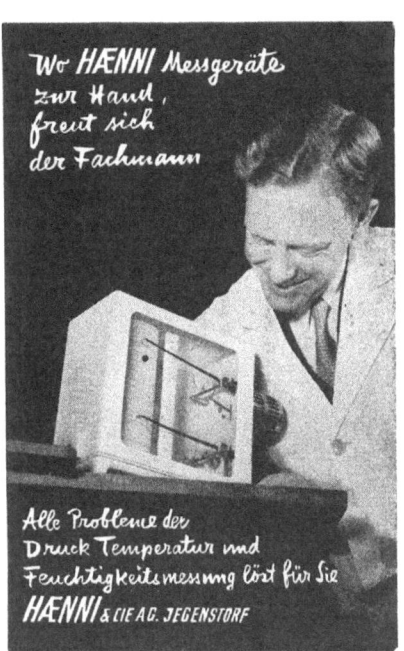

Vertretung für Österreich:
ING. KARL BITZ, Ges. m. b. H.
Wien I, Johannesgasse 14

MIKROPHONE
AUS WIEN
FÜHREND
IN DER WELT

AKUSTISCHE U. KINO-
GERÄTE GMBH

WIEN XV, NOBILEGASSE 50
AUSTRIA

TELEFON: (0222) 92 16 47   TELEX: 01 1839
TELEGRAMME: MICROPHONE WIEN

Der

österreichische

Qualitäts-

Taschenschirm

Elias

JERSEY STOFFE

Wien I, Bauernmarkt 9

Österreichischer Alpenverein
Zweig Gmunden

Kranabethsattelhütte (1334 m)
Gmundnerhütte auf dem Traunstein (1691 m)
Grünbergwarte (995 m)

Gmunden, am 11. Mai 1957.

An die

Eternit - Werke Ludwig Hatschek

Vöcklabruck.

Es wird Ihnen sicher bekannt sein, dass unsere
Schutzhütte am Traunstein in äusserst exponierter
Lage steht und den schweren Weststürmen, die nicht
selten Windstärke 12 erreichen, ausgesetzt ist. Umso
mehr freut es uns festzustellen, dass das vor
50 Jahren von Ihrer Firma gelieferte " Eternit "-
Dachmaterial diese schwere Beanspruchung glänzend
überstanden hat und sich die Eindeckung heute noch
in tadellosem Zustand befindet.

Vielleicht kann sich einer Ihrer Herren, gelegentlich einer Bergfahrt auf den Traunstein, von der
Ihnen heute gemachten Mitteilung selbst überzeugen.

Wir hoffen, dass diese Nachricht für Ihre Firma von
Interesse ist und zeichnen

hochachtungsvoll !

[Unterschrift]

Österreichischer Alpenverein
Sektion Gmunden

Eines der vielen Atteste,
welche die Bewährung von
Asbestzement-Dachplatten
der Marke „ETERNIT"
unter Beweis stellen.

ETERNIT-WERKE
LUDWIG HATSCHEK

Vöcklabruck — Oberösterreich

Wien IX, Maria Theresien-Str. 15

PERLMOOSER ZEMENTWERKE

AKTIENGESELLSCHAFT

Wien IV, Operngasse Nr. 11

VERKAUFSBÜROS:

Graz, Hans-Sachs-Gasse Nr. 7, Stmk.

Kirchbichl, Tirol

Portlandzementwerke:

Rodaun, Wien XXIII
Mannersdorf a. Lthgb., N.-Ö.
Retznei bei Ehrenhausen, Stmk.
Weißenegg bei Graz, Stmk.
Kirchbichl, Tirol

Portlandzement PZ 275

Eisenportlandzement EPZ 275
Frühhochfester Portlandzement
PZ 375
Perlmooser Höchstwert PZ 475
Hochsulfatbeständiger Portland-
zement „Contragress" PZ 275
Hochsulfatbeständiger Portland-
zement „Contragress" PZ 375

Jahresleistungsfähigkeit: 1,650.000 t

WIEN

Mikroskope

Mikrotome

Nebenapparate

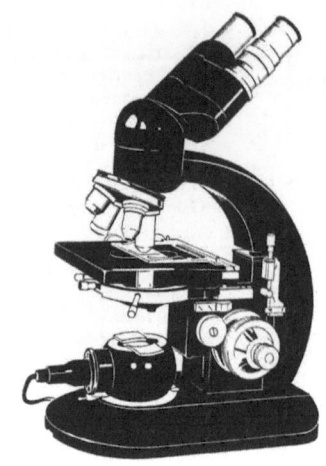

 **C. REICHERT** OPTISCHE WERKE AG

WIEN XVII, HERNALSER HAUPTSTRASSE 219

Der **HOCHFESTEN SCHRAUBE**

GEHÖRT AUCH IM SEILBAHN-MASTBAU DIE ZUKUNFT

HOCHFESTE **BUNDU**-SCHRAUBEN HABEN SICH HIER BEREITS BESTENS BEWÄHRT

BREVILLIER-URBAN A.G.

Die Zuckerfabriken Österreichs

Ennser Zuckerfabriks A. G.
Wien I, Heßgasse 6

Fabrik:
Enns, Oberösterreich

Hohenauer Zuckerfabrik
der Brüder Strakosch
Wien III, Am Heumarkt 13

Fabrik:
Hohenau a. d. March
Niederösterreich

Leipnik-Lundenburger Zuckerfabriken
Actiengesellschaft
Wien I, Börsegasse 9

Fabrik:
Dürnkrut, NÖ. und
Leopoldsdorf a. d. March
Niederösterreich

Österreichische Zuckerindustrie
Aktiengesellschaft
Wien IV, Theresianumgasse 23

Fabrik:
Bruck a. d. Leitha
Niederösterreich

Siegendorfer Zuckerfabrik
Conrad Patzenhofer's Söhne
Siegendorf, Burgenland

Fabrik:
Siegendorf
Burgenland

Tullner Zuckerfabrik A. G.
Wien I, Schauflergasse 6

Fabrik:
Tulln, Niederösterreich

JENBACHER WERKE AG

DIESEL-
NOTSTROM-
AGGREGATE
MIT AUTOMATSTART
VON 10 KVA — 500 KVA

ROST frißt EISEN

bester Rostschutz
BLEIWEISS auf BLEIMINIUM

BÜCHER, die helfen, die Zeit zu verstehen,
BÜCHER, die uns die Menschen anderer Länder näherbringen,
BÜCHER, die uns bereichern,
bietet

Die Buchgemeinde

ihren Teilnehmern zu den günstigsten Bedingungen. Die Monatsbeiträge der BUCHGEMEINDE sind Sparbeiträge und die Teilnehmer wählen aus der ständig wachsenden vielseitigen Auswahlreihe zwanglos das Buch, das sie sich wünschen.

Näheres über

Die Buchgemeinde

Wien I, Strobelgasse 2, Tel. 52 92 98

MIT

SEILBAHNEN

IN DIE

WUNDERWELT

DER BERGE

SGP erzeugt
Seilbahnen seit dem
Jahre 1905

In Österreich wurden folgende
Anlagen von uns ausgeführt:

**LÜNERSEE
MUTTERSBERG
VALLUGA
GALZIG
PENKEN
KITZBÜHLER HORN
ROFAN
STUBACH-WEISSEE**

sowie die modernste und
sicherste Pendelbahn Europas
auf den
UNTERSBERG/SALZBURG

SIMMERING-GRAZ-PAUKER A. G.
Wien 7, Mariahilfer Straße 32
Tel.: 93 35 35   Fs.: 01 2767

Eis und Schnee
Sonne und Regen
Wind und Wetter

allen Naturgewalten müssen die alpinen Bauten widerstehen

Deshalb für alle Holzteile nur die

XYLAMON-PRÄPARATE,

denn

XYLAMON HÄLT HOLZ GESUND!

Alle technischen Aufschlüsse und Bezugsquellennachweis bei den

EBENSEER SOLVAY-WERKEN

Wien I, Parkring 12   Telephon 52 45 06

Anhang I zu:
F. STEINHAUSER, Die säkularen Änderungen der Niederschlagsmengen in Österreich.

Reihen der Jahresniederschlagsmengen in verschiedenen Teilgebieten Österreichs, ausgedrückt in Prozenten der Gebietsmittelwerte 1891-1950.

Gebiet:	I.	II.	III.	IV.	V.	VI.	VII.	VIII.	IX.	X.	XI.	XII.	XIII.	XIV.	XV.	XVI.	XVII.	XVIII.
1852	-	-	-	-	-	-	-	-	-	-	-	-	-	-	-	-	-	-
1853	-	-	-	-	-	73	-	-	-	-	-	-	-	-	-	-	-	-
1854	-	-	-	-	-	91	-	-	-	-	-	-	-	-	-	-	-	-
1855	-	-	-	-	-	80	-	-	-	-	-	-	-	-	-	-	-	-
1856	-	-	-	-	-	84	-	-	-	-	-	-	-	-	-	-	-	-
1857	-	-	-	-	-	60	-	-	-	-	-	-	-	-	-	-	-	-
1858	-	-	-	-	77	86	-	-	-	-	-	-	-	-	-	-	-	-
1859	-	-	-	-	78	82	-	-	-	-	-	-	-	-	-	-	-	-
1860	-	-	-	-	71	79	-	-	-	-	-	-	-	-	-	-	-	-
1861	-	-	-	-	67	84	-	-	-	-	-	-	-	-	-	-	-	-
1862	-	-	-	-	85	101	-	-	-	-	-	-	-	-	-	-	-	-
1863	-	-	-	-	72	94	-	-	-	-	-	-	-	-	-	-	-	-
1864	-	-	-	-	86	97	-	107	-	-	-	-	-	-	-	-	-	-
1865	-	-	-	-	49	66	-	82	-	-	-	-	-	-	-	-	-	-
1866	-	-	-	-	86	102	-	118	-	-	-	-	-	-	-	-	-	-
1867	-	-	-	-	84	113	-	136	-	-	-	-	-	-	-	-	-	-
1868	-	-	-	-	56	84	-	83	-	-	-	-	-	-	-	-	-	-
1869	-	-	-	-	93	95	-	112	-	-	-	-	-	-	-	-	-	-
1870	-	-	-	-	107	94	-	103	-	-	-	-	-	-	-	-	-	-
1871	-	-	-	-	107	84	-	87	-	-	-	-	-	-	-	-	-	-
1872	-	-	-	-	82	99	-	85	-	-	-	-	-	-	-	-	-	85
1873	-	-	-	-	86	81	-	90	-	-	-	-	92	-	-	-	-	142
1874	88	-	-	-	81	85	-	92	-	-	-	-	110	-	-	-	-	109
1875	102	-	-	-	98	99	-	110	-	-	-	-	98	-	-	-	-	109
1876	105	-	-	-	78	96	-	97	-	-	-	-	102	-	-	-	-	96
1877	114	-	-	103	94	95	109	106	123	-	-	-	91	-	82	-	85	122
1878	117	-	-	138	101	111	128	117	95	-	-	-	123	-	110	-	121	93
1879	99	-	-	101	82	96	91	102	94	-	-	-	101	-	97	-	105	135
1880	88	94	-	116	108	113	110	108	91	103	-	-	102	-	101	95	100	101
1881	100	80	-	83	107	94	82	102	81	89	-	-	80	-	89	76	86	84
1882	104	92	-	95	83	100	96	109	83	86	-	-	91	-	111	121	124	139
1883	91	85	-	60	77	86	86	82	68	79	-	-	84	-	92	87	77	68
1884	69	92	-	80	79	90	84	99	101	95	-	-	97	-	108	94	98	75
1885	81	97	-	83	69	74	78	84	90	78	-	-	87	-	112	104	114	131
1886	68	79	-	87	71	83	86	95	87	83	-	-	89	114	108	95	111	103
1887	99	76	-	76	79	72	78	96	62	79	-	-	100	114	102	90	101	104
1888	107	98	-	93	78	95	92	112	92	96	-	-	104	107	103	110	105	110
1889	109	98	-	88	79	90	93	104	84	86	-	-	93	106	105	100	106	131
1890	115	96	-	102	89	102	99	117	116	109	-	-	97	99	108	120	93	117
1891	102	106	-	92	83	77	85	98	73	73	-	-	81	102	99	105	86	100
1892	99	109	-	107	95	106	97	118	95	96	-	-	106	129	113	107	109	126
1893	96	105	-	88	84	84	94	92	92	76	-	-	93	93	95	82	80	74
1894	96	93	-	103	100	87	94	95	93	99	-	-	97	87	104	110	95	69
1895	95	92	-	98	88	85	99	94	104	102	-	-	116	119	107	88	85	94
1896	118	119	102	113	101	104	99	110	113	108	99	106	113	96	113	117	107	123
1897	111	101	100	92	102	111	107	121	124	126	106	106	92	101	100	88	92	91
1898	104	107	82	94	93	84	98	73	82	83	86	88	95	104	105	110	105	131
1899	95	105	104	102	119	113	111	116	118	118	99	108	92	106	89	90	95	81
1900	98	94	105	90	91	88	89	89	86	111	93	94	99	108	107	94	97	99
1901	94	101	96	83	83	82	83	84	95	100	98	82	87	89	96	94	108	125
1902	89	103	100	93	98	87	99	90	105	94	92	95	113	99	100	110	95	90
1903	89	90	99	100	101	106	104	93	107	125	91	116	132	119	111	117	114	122
1904	90	96	92	97	96	107	104	82	91	100	94	100	110	92	109	114	121	117

Fortsetzung der Tabelle Anhang I

Gebiet:	I.	II.	III.	IV.	V.	VI.	VII.	VIII.	IX.	X.	XI.	XII.	XIII.	XIV.	XV.	XVI.	XVII.	XVIII.
1905	102	113	105	98	101	93	106	94	98	96	100	92	112	98	109	111	93	100
1906	95	114	97	95	105	124	111	112	126	136	90	127	133	106	108	94	102	105
1907	90	95	101	106	97	112	126	97	103	106	95	95	120	100	98	101	101	113
1908	92	89	83	81	78	80	95	78	82	78	97	82	81	77	81	80	76	76
1909	99	88	89	103	99	98	100	108	112	118	89	116	114	109	101	105	114	98
1910	131	120	128	121	123	115	119	128	126	133	108	122	135	136	113	115	122	112
1911	81	84	83	85	71	79	99	81	75	97	99	85	111	91	93	98	94	92
1912	116	121	121	112	128	134	118	120	109	108	99	113	103	124	98	91	97	91
1913	111	106	116	109	119	129	122	108	92	91	101	111	126	99	98	88	94	90
1914	105	101	101	98	104	110	106	106	98	103	96	112	113	85	92	87	95	120
1915	96	93	107	92	108	111	94	118	118	130	111	113	113	83	111	104	110	108
1916	117	133	103	127	122	104	105	113	112	122	111	108	125	111	127	149	144	157
1917	95	95	69	92	78	90	97	80	79	86	98	81	103	96	100	114	105	124
1918	96	102	98	104	97	115	102	106	89	92	100	110	131	95	110	108	109	106
1919	106	99	114	97	98	102	96	104	109	119	108	98	114	118	104	107	105	113
1920	84	95	89	101	112	103	102	98	95	96	107	95	122	109	95	110	101	100
1921	79	88	91	80	88	91	98	108	92	86	95	102	108	88	72	70	63	46
1922	137	123	122	111	109	113	110	124	118	103	105	107	111	102	103	98	93	103
1923	101	106	98	101	99	96	103	100	92	98	97	94	90	98	116	109	119	106
1924	103	90	86	100	104	91	100	95	87	68	99	82	84	79	85	89	101	107
1925	91	82	96	104	97	101	104	111	110	99	92	99	107	68	107	114	116	117
1926	118	108	104	115	114	109	116	119	125	109	100	111	119	96	112	114	123	134
1927	117	110	95	103	89	91	101	93	94	81	99	85	96	94	111	104	111	112
1928	102	111	102	105	104	100	103	108	103	108	105	97	98	95	99	93	98	131
1929	87	90	73	91	85	77	89	83	77	78	94	79	86	94	91	82	87	88
1930	105	91	71	88	98	91	93	104	109	111	108	101	97	117	108	84	98	96
1931	108	108	105	109	99	97	102	92	101	92	95	90	99	88	94	100	99	124
1932	95	83	81	88	89	87	88	89	89	76	88	80	82	65	72	71	73	71
1933	99	109	110	112	110	104	103	98	92	93	95	100	110	96	113	115	119	119
1934	97	88	92	98	74	75	87	76	78	78	80	76	90	85	94	105	128	138
1935	115	120	99	110	104	101	109	95	98	92	91	96	104	103	97	113	99	134
1936	107	94	96	102	108	103	104	116	105	104	115	108	110	114	109	105	105	86
1937	107	110	108	121	111	101	107	102	105	116	115	112	124	131	138	128	121	134
1938	94	85	94	83	97	98	95	95	100	99	90	102	114	122	92	93	90	81
1939	123	97	103	105	94	95	92	108	120	123	117	103	111	110	92	99	88	97
1940	122	96	101	91	98	98	96	106	110	102	107	108	110	107	112	101	95	96
1941	100	92	107	95	89	108	86	118	131	124	127	127	118	144	97	91	84	93
1942	91	96	84	95	102	94	84	85	85	92	93	95	92	97	78	78	74	89
1943	78	84	78	91	73	99	92	86	100	84	83	93	88	101	81	86	86	70
1944	117	112	139	121	123	136	99	125	122	102	138	138	133	124	106	105	97	91
1945	97	95	101	94	126	106	95	104	91	96	89	103	108	77	80	76	74	82
1946	86	99	91	90	88	84	72	94	96	104	94	105	99	85	91	90	89	91
1947	83	79	82	80	85	89	90	82	88	96	83	111	90	80	80	84	83	95
1948	92	116	101	116	105	107	106	120	105	99	100	105	101	102	95	89	99	92
1949	77	93	98	107	110	133	116	117	95	114	112	124	118	83	82	95	80	90
1950	94	107	94	102	87	91	98	88	92	103	97	100	103	113	98	110	97	97
1951	89	102	79	97	88	86	112	82	79	96	89	88	105	103	110	107	105	132
1952	110	116	97	115	102	129	110	110	120	104	102	112	98	82	94	98	95	93
1953	81	76	75	89	78	72	74	76	73	82	76	79	88	78	85	38	181	103
1954	114	132	125	135	124	125	118	119	119	116	109	98	123	102	122	126	107	102
1955	107	128	108	102	101	110	91	106	106	118	105	98	102	99	96	82	88	79
1956	110	111	150	117	108	169	103	102	104	98	98	98	106	87	100	95	93	89
1957	98	98	90	102	92	100	92	96	99	106	92	97	104	97	90	91	91	97
1958	109	116	103	114	104	113	124	120	120	109	116	110	112	94	111	120	118	105
1959	84	84	102	97	97	98	94	103	92	112	107	93	92	115	96	92	94	98
1960	109	114	104	109	93	101	96	100	106	101	90	82	99	92	98	120	120	144
1961	90	91	94	99	97	105	100	95	95	100	70	93	97	90	91	89	85	80

Anhang II zu:
F. STEINHAUSER, Die säkularen Änderungen der Niederschlagsmengen in Österreich.

Reihen der Niederschlagsmengen in verschiedenen Teilgebieten Österreichs im Frühling, ausgedrückt in Prozenten der Gebietsmittel 1891-1950.

Gebiet:	I.	II.	III.	IV.	V.	VI.	VII.	VIII.	IX.	X.	XI.	XII.	XIII.	XIV.	XV.	XVI.	XVII.	XVIII.
1852	-	-	-	-	-	60	-	-	-	-	-	-	-	-	-	-	-	-
1853	-	-	-	-	-	106	-	-	-	-	-	-	-	-	-	-	-	-
1854	-	-	-	-	-	49	-	-	-	-	-	-	-	-	-	-	-	-
1855	-	-	-	-	-	105	-	-	-	-	-	-	-	-	-	-	-	-
1856	-	-	-	-	-	55	-	-	-	-	-	-	-	-	-	-	-	-
1857	-	-	-	-	-	64	-	-	-	-	-	-	-	-	-	-	-	-
1858	-	-	-	-	87	90	-	-	-	-	-	-	-	-	-	-	-	-
1859	-	-	-	-	86	139	-	-	-	-	-	-	-	-	-	-	-	-
1860	-	-	-	-	80	81	-	-	-	-	-	-	-	-	-	-	-	-
1861	-	-	-	-	96	124	-	-	-	-	-	-	-	-	-	-	-	-
1862	-	-	-	-	68	67	-	-	-	-	-	-	-	-	-	-	-	-
1863	-	-	-	-	84	113	-	-	-	-	-	-	-	-	-	-	-	-
1864	-	-	-	-	74	105	-	105	-	-	-	-	-	-	-	-	-	-
1865	-	-	-	-	29	46	-	85	-	-	-	-	-	-	-	-	-	-
1866	-	-	-	-	77	74	-	90	-	-	-	-	-	-	-	-	-	-
1867	-	-	-	-	131	166	-	202	-	-	-	-	-	-	-	-	-	-
1868	-	-	-	-	39	127	-	109	-	-	-	-	-	-	-	-	-	-
1869	-	-	-	-	104	67	-	97	-	-	-	-	-	-	-	-	-	-
1870	-	-	-	-	84	76	-	74	-	-	-	-	-	-	-	-	-	-
1871	-	-	-	-	147	108	-	116	-	-	-	-	-	-	-	-	-	71
1872	-	-	-	-	64	80	-	80	-	-	-	-	-	-	-	-	-	147
1873	-	-	-	-	132	100	-	146	-	-	-	-	97	-	-	-	-	107
1874	101	-	-	-	101	98	-	107	-	-	-	-	140	-	-	-	-	91
1875	81	-	-	-	76	86	-	68	-	-	-	-	45	-	-	-	-	51
1876	133	-	-	133	95	110	-	126	-	-	-	-	91	-	-	-	-	204
1877	99	-	-	77	106	119	112	112	78	-	-	-	86	-	97	-	83	119
1878	133	-	-	150	124	148	169	134	97	-	-	-	135	-	84	-	110	122
1879	87	-	-	87	78	76	77	139	62	-	-	-	102	-	102	-	100	137
1880	80	105	-	99	97	89	97	113	92	112	-	-	101	-	99	97	102	83
1881	107	96	-	87	123	147	107	152	98	142	-	-	112	-	80	69	59	67
1882	63	82	-	69	67	63	64	70	51	48	-	-	59	-	63	103	98	114
1883	89	55	-	60	63	74	69	70	39	65	-	-	88	-	89	52	65	50
1884	61	65	-	47	39	39	51	60	45	74	-	-	62	-	75	50	100	83
1885	78	73	-	47	62	58	64	83	74	110	-	-	91	-	134	116	141	94
1886	46	60	-	64	51	67	75	73	67	113	-	-	92	136	87	72	62	66
1887	76	75	-	78	105	84	110	115	84	139	-	-	146	112	112	94	82	89
1888	103	78	-	76	62	79	80	99	66	77	-	-	84	150	106	100	91	114
1889	82	68	-	60	63	81	71	88	78	89	-	-	98	159	116	69	82	66
1890	84	77	-	84	79	72	86	110	94	145	-	-	112	106	136	134	89	106
1891	89	85	-	90	68	63	78	92	72	82	-	-	72	80	109	110	98	107
1892	74	80	-	93	74	77	94	70	66	71	-	-	81	133	127	136	145	170
1893	64	86	-	69	81	92	78	89	100	84	-	-	93	58	48	72	43	35
1894	85	110	-	114	94	79	100	111	111	155	-	-	110	74	130	140	118	117
1895	102	94	-	99	100	84	112	115	126	116	-	-	150	169	125	107	86	65
1896	174	199	178	170	182	165	171	168	132	134	148	167	156	126	94	112	80	72
1897	130	156	136	126	152	136	152	157	145	182	148	128	117	120	127	155	133	114
1898	109	96	73	88	80	80	95	82	90	85	69	99	117	108	127	117	72	161
1899	127	112	105	112	125	115	123	132	148	132	126	117	93	146	127	102	123	87
1900	107	98	136	96	99	92	94	92	76	135	88	96	118	144	151	116	114	118
1901	102	122	84	87	83	84	82	79	77	115	88	80	87	138	99	115	114	158
1902	102	131	134	108	141	113	142	118	125	85	117	108	116	102	102	118	94	64
1903	77	83	92	70	83	84	69	79	86	95	98	92	85	74	80	44	73	64
1904	117	122	99	88	89	96	82	85	94	91	76	75	96	105	121	94	123	123
1905	115	1	5	98	84	99	84	79	117	113	88	106	87	90	105	98	95	89	96
1906	119	102	100	107	117	125	119	104	127	113	94	118	124	88	92	97	98	103
1907	117	156	142	143	119	133	185	101	110	126	95	117	175	92	131	153	123	111
1908	94	94	91	90	84	89	102	76	89	90	69	77	103	61	122	104	118	112
1909	70	82	74	91	74	66	74	65	78	75	92	96	107	115	82	87	89	97

Fortsetzung der Tabelle Anhang II

Gebiet:	I.	II.	III.	IV.	V.	VI.	VII.	VIII.	IX.	X.	XI.	XII.	XIII.	XIV.	XV.	XVI.	XVII.	XVIII.
1910	106	108	119	115	120	120	132	119	132	136	144	143	145	162	94	113	104	93
1911	70	95	113	109	95	96	99	95	75	152	106	114	157	150	108	107	96	83
1912	139	182	172	135	156	224	140	166	119	116	166	143	125	126	95	80	88	90
1913	89	87	80	93	63	65	76	82	69	80	84	64	62	61	67	75	82	83
1914	132	125	103	120	144	148	124	158	135	104	132	126	109	73	88	121	139	170
1915	90	100	110	85	85	105	93	92	95	114	87	96	83	78	70	83	67	60
1916	110	88	94	97	91	78	81	83	99	115	102	90	121	120	159	145	161	139
1917	89	82	68	85	85	94	91	92	83	112	90	79	100	101	105	95	102	131
1918	57	46	80	68	56	66	77	55	49	52	47	62	106	59	100	92	108	112
1919	113	95	99	84	88	112	111	116	110	126	118	121	132	144	77	92	74	96
1920	101	104	91	113	107	84	93	93	96	102	99	94	98	95	85	103	96	114
1921	67	105	85	68	76	54	74	68	65	93	91	94	112	119	89	74	79	69
1922	103	92	85	109	80	70	100	104	96	57	73	57	60	57	106	116	141	144
1923	80	66	67	80	72	62	72	77	64	92	75	73	73	98	103	96	111	127
1924	119	89	92	106	97	90	94	110	106	89	89	122	107	107	100	87	87	108
1925	85	83	72	105	82	79	88	103	91	96	94	89	106	113	102	126	138	142
1926	129	136	117	140	120	122	134	124	120	126	150	117	123	116	95	107	108	147
1927	93	116	102	105	110	114	111	126	124	101	124	108	105	94	109	133	128	109
1928	103	92	90	113	122	120	120	122	110	146	139	117	109	103	118	86	118	128
1929	85	58	46	73	84	70	66	77	79	89	79	80	78	96	76	55	63	63
1930	120	108	90	91	112	112	97	124	121	100	158	117	94	108	97	90	103	118
1931	93	77	81	81	98	54	70	55	50	49	46	41	55	52	67	63	79	90
1932	119	94	95	99	90	111	108	116	140	90	111	95	80	67	83	87	104	86
1933	125	126	136	125	92	122	134	89	79	60	84	101	116	68	95	96	96	90
1934	55	39	49	92	97	40	53	55	59	62	56	46	57	68	66	104	143	157
1935	121	132	91	101	95	121	130	119	119	115	100	111	133	116	117	126	104	121
1936	97	90	81	109	93	85	98	101	101	115	99	81	106	127	149	151	124	103
1937	101	68	76	100	101	86	85	84	92	81	89	100	91	127	133	98	139	151
1938	79	70	88	90	106	128	120	106	88	75	96	124	146	91	113	103	106	81
1939	159	97	142	117	105	94	102	111	122	146	156	130	144	133	102	86	92	84
1940	135	118	153	124	104	154	122	133	128	154	139	154	174	167	119	97	77	84
1941	95	79	70	80	92	94	72	116	138	137	142	142	150	181	95	98	103	126
1942	101	91	86	97	91	104	87	91	104	112	106	124	134	112	107	66	71	57
1943	84	136	99	92	80	140	122	106	105	86	88	111	108	85	53	73	63	56
1944	97	80	144	137	109	185	128	127	138	106	153	176	144	106	100	102	87	73
1945	121	117	123	114	84	110	124	114	110	98	92	95	105	64	55	70	61	65
1946	57	34	43	42	67	35	35	46	42	45	45	38	71	37	85	57	65	80
1947	74	77	75	85	77	64	56	62	74	71	62	57	56	62	80	94	79	81
1948	60	95	80	95	94	98	100	81	78	65	72	76	81	40	65	72	74	61
1949	98	73	118	118	133	136	117	138	140	148	126	114	117	101	89	86	61	71
1950	77	95	84	89	68	67	81	58	65	64	57	69	75	71	76	95	64	91
1951	76	83	48	98	82	82	80	78	78	123	96	98	116	169	124	107	108	99
1952	77	85	90	108	122	166	123	115	106	98	103	132	128	86	63	72	37	51
1953	95	81	87	101	91	33	82	66	55	62	57	69	86	52	71	77	48	56
1954	83	108	114	121	113	113	102	120	117	142	129	102	133	106	139	104	108	114
1955	111	176	100	120	115	126	98	91	94	112	90	95	115	95	87	82	82	85
1956	109	134	117	136	108	130	128	97	102	112	109	101	137	85	122	113	112	101
1957	86	72	83	103	99	102	106	69	73	86	72	88	85	96	100	104	102	88
1958	87	65	80	62	83	98	78	77	88	75	70	77	71	53	65	51	68	75
1959	93	94	109	102	101	99	92	95	95	107	109	82	112	113	129	105	114	101
1960	90	102	128	85	92	108	77	99	106	103	113	86	93	71	75	64	76	58
1961	113	134	124	113	150	160	102	127	125	136	118	126	112	98	87	65	66	56

Anhang III zu:
F.STEINHAUSER, Die säkularen Änderungen der Niederschlagsmengen in Österreich.

Reihen der Niederschlagsmengen in verschiedenen Teilgebieten Österreichs im Sommer, ausgedrückt in Prozenten der Gebietsmittelwerte 1891-1950.

Gebiet:	I.	II.	III.	IV.	V.	VI.	VII.	VIII.	IX.	X.	XI.	XII.	XIII.	XIV.	XV.	XVI.	XVII.	XVIII.
1852	-	-	-	-	-	79	-	-	-	-	-	-	-	-	-	-	-	-
1853	-	-	-	-	-	102	-	-	-	-	-	-	-	-	-	-	-	-
1854	-	-	-	-	-	88	-	-	-	-	-	-	-	-	-	-	-	-
1855	-	-	-	-	-	82	-	-	-	-	-	-	-	-	-	-	-	-
1856	-	-	-	-	-	101	-	-	-	-	-	-	-	-	-	-	-	-
1857	-	-	-	-	-	73	-	-	-	-	-	-	-	-	-	-	-	-
1858	-	-	-	-	77	114	-	-	-	-	-	-	-	-	-	-	-	-
1859	-	-	-	-	85	81	-	-	-	-	-	-	-	-	-	-	-	-
1860	-	-	-	-	69	73	-	-	-	-	-	-	-	-	-	-	-	-
1861	-	-	-	-	63	79	-	-	-	-	-	-	-	-	-	-	-	-
1862	-	-	-	-	95	105	-	-	-	-	-	-	-	-	-	-	-	-
1863	-	-	-	-	70	90	-	-	-	-	-	-	-	-	-	-	-	-
1864	-	-	-	-	120	142	-	122	-	-	-	-	-	-	-	-	-	-
1865	-	-	-	-	81	94	-	98	-	-	-	-	-	-	-	-	-	-
1866	-	-	-	-	98	117	-	125	-	-	-	-	-	-	-	-	-	-
1867	-	-	-	-	61	66	-	91	-	-	-	-	-	-	-	-	-	-
1868	-	-	-	-	70	63	-	66	-	-	-	-	-	-	-	-	-	-
1869	-	-	-	-	100	93	-	106	-	-	-	-	-	-	-	-	-	-
1870	-	-	-	-	96	99	-	107	-	-	-	-	-	-	-	-	-	-
1871	-	-	-	-	93	111	-	101	-	-	-	-	-	-	-	-	-	-
1872	-	-	-	-	108	130	-	98	-	-	-	-	-	-	-	-	-	131
1873	-	-	-	-	70	70	-	73	-	-	-	87	-	-	-	-	-	105
1874	99	-	-	-	86	94	-	99	-	-	-	135	-	-	-	-	-	74
1875	93	-	-	-	107	82	-	99	-	-	-	120	-	-	-	-	-	120
1876	90	-	-	99	65	83	-	71	-	-	-	118	-	-	-	-	-	159
1877	106	-	-	107	88	77	107	99	94	-	-	85	-	54	-	86	-	109
1878	117	-	-	123	98	96	124	92	87	-	-	130	-	121	-	101	-	131
1879	106	-	-	119	98	125	118	110	125	-	-	124	-	93	-	124	-	123
1880	113	93	-	107	120	130	122	99	113	102	-	-	109	-	103	102	114	139
1881	80	87	-	80	94	86	90	96	85	97	-	-	79	-	96	96	112	111
1882	113	101	-	108	110	126	115	132	104	117	-	-	110	-	119	112	138	129
1883	89	101	-	95	91	85	92	83	79	120	-	-	79	-	106	106	88	106
1884	101	98	-	97	87	117	103	130	153	121	-	-	109	-	144	110	126	116
1885	56	94	-	82	76	84	80	77	88	66	-	-	75	-	79	84	94	108
1886	121	108	-	109	100	127	114	130	112	108	-	-	112	124	128	109	124	112
1887	59	67	-	73	80	75	88	95	60	71	-	-	88	85	83	96	91	105
1888	116	102	-	100	85	112	118	135	122	121	-	-	120	152	115	111	124	100
1889	118	123	-	101	100	111	117	109	97	77	-	-	88	83	95	109	126	134
1890	167	140	-	135	117	126	132	147	153	97	-	-	108	107	106	132	115	190
1891	135	143	-	105	97	93	99	106	89	77	-	-	103	140	117	136	121	144
1892	96	118	-	103	112	115	103	131	101	118	-	-	109	126	129	98	125	124
1893	91	95	-	79	64	61	74	76	109	59	-	-	97	105	113	74	99	89
1894	107	87	-	111	113	110	98	91	100	93	-	-	93	99	93	105	93	92
1895	90	98	-	101	94	85	109	90	95	104	-	-	119	149	106	102	75	82
1896	120	107	104	113	109	108	104	121	112	125	118	110	118	125	138	119	132	126
1897	111	108	119	105	132	142	139	144	159	155	136	129	118	143	116	107	108	99
1898	99	106	91	100	96	94	99	80	84	87	77	96	96	108	120	132	123	125
1899	57	62	85	71	85	82	84	96	136	94	95	92	70	76	62	58	71	70
1900	86	104	105	98	91	87	94	67	80	71	84	85	88	79	88	93	87	89
1901	106	108	116	99	106	103	77	92	97	100	79	89	74	62	83	78	97	106
1902	82	82	89	96	99	76	93	90	100	84	77	93	126	108	100	113	89	96
1903	103	110	108	100	122	133	110	107	120	142	124	148	152	158	99	115	99	93
1904	64	80	74	87	86	93	88	58	50	59	51	65	68	46	92	111	106	101

Fortsetzung der Tabelle Anhang III

Gebiet:	I.	II.	III.	IV.	V.	VI.	VII.	VIII.	IX.	X.	XI.	XII.	XIII.	XIV.	XV.	XVI.	XVII.	XVIII.
1905	98	120	100	98	96	78	92	68	62	74	64	75	104	70	100	108	76	95
1906	92	75	83	86	102	121	99	114	116	132	122	130	132	133	102	77	96	81
1907	81	83	82	96	86	99	103	110	112	98	94	93	107	126	92	84	90	112
1908	97	112	97	100	84	81	101	81	82	84	76	95	91	81	77	90	84	90
1909	121	100	101	109	105	98	104	122	121	133	114	121	120	119	107	104	124	105
1910	142	128	133	127	124	122	126	126	138	146	136	121	142	147	118	132	127	119
1911	67	72	66	79	51	52	67	56	60	65	59	51	71	60	91	74	79	70
1912	109	108	99	106	116	107	99	106	114	100	79	81	96	131	92	88	95	101
1913	125	108	131	115	126	128	131	104	101	90	107	126	140	131	111	79	100	97
1914	97	103	92	99	94	108	98	87	111	127	95	122	132	101	112	87	113	95
1915	100	96	101	101	111	116	83	116	100	126	142	124	115	132	112	93	94	96
1916	105	110	101	111	119	110	95	126	124	124	130	117	111	142	79	97	87	101
1917	92	94	63	80	64	81	81	74	77	62	53	79	82	54	71	97	68	76
1918	108	114	114	102	133	152	122	136	98	96	142	154	163	136	128	100	115	105
1919	98	80	115	90	96	104	88	89	96	113	99	95	104	109	110	91	124	100
1920	94	104	94	115	126	133	122	114	107	119	108	130	164	117	111	122	113	99
1921	77	74	87	87	81	92	93	98	86	70	77	93	95	59	78	80	81	59
1922	130	108	102	94	102	85	89	98	97	80	88	83	88	77	71	81	61	69
1923	75	85	85	84	90	78	80	82	72	65	80	75	65	74	104	83	116	94
1924	138	128	109	136	142	114	129	104	85	55	88	89	80	71	81	126	145	152
1925	92	86	105	102	108	117	125	126	139	118	114	121	126	137	105	110	108	99
1926	123	111	115	113	129	120	126	141	169	122	138	134	138	124	146	114	134	105
1927	103	112	91	113	69	94	112	89	110	90	92	85	107	100	112	100	100	115
1928	94	118	102	83	86	86	92	97	84	96	90	80	80	83	95	95	92	100
1929	99	116	99	94	82	83	81	89	83	76	78	74	76	94	94	95	92	94
1930	97	89	63	90	93	89	107	88	97	107	109	94	88	92	104	82	91	104
1931	130	137	112	131	103	106	127	107	124	105	112	93	111	81	101	129	100	158
1932	101	71	74	81	81	83	73	88	89	87	88	70	75	73	51	51	57	60
1933	98	105	107	105	108	106	104	123	115	109	106	106	106	100	105	104	96	114
1934	133	128	134	125	110	106	121	104	102	105	108	106	121	100	122	122	135	149
1935	84	74	74	90	79	73	63	63	46	57	55	62	70	60	66	73	64	81
1936	113	92	98	99	102	97	98	128	120	111	131	102	99	111	95	98	94	88
1937	108	111	112	120	104	96	125	89	106	133	115	120	139	143	145	136	130	129
1938	118	104	112	97	103	92	97	103	127	135	104	107	130	157	104	121	121	115
1939	86	76	82	88	76	75	70	96	109	103	93	82	96	113	71	95	80	99
1940	107	73	71	77	61	94	106	98	111	96	112	122	114	97	110	118	92	100
1941	114	102	138	111	91	116	102	117	135	116	132	128	101	157	97	103	85	109
1942	93	100	78	90	109	91	89	82	81	85	84	84	88	109	76	92	78	116
1943	79	87	84	117	84	99	93	91	106	99	100	102	92	119	111	105	127	90
1944	83	83	101	109	141	107	82	110	108	93	110	104	114	130	105	104	90	106
1945	78	79	81	90	107	88	100	91	78	74	67	73	79	57	101	81	95	123
1946	108	133	110	107	87	86	92	108	101	129	109	80	99	121	112	127	139	152
1947	72	76	66	88	77	72	85	71	62	85	69	75	99	51	75	81	79	92
1948	129	124	128	140	132	134	136	146	142	115	135	127	121	101	130	120	132	129
1949	56	91	95	106	117	151	140	116	93	131	132	168	141	85	83	97	82	82
1950	87	95	84	85	71	72	81	66	75	77	62	68	65	77	63	91	64	85
1951	92	96	81	91	88	79	74	84	78	99	84	93	110	113	91	83	57	70
1952	73	84	69	104	69	85	94	80	90	92	75	80	81	67	71	106	81	106
1953	94	108	95	116	100	91	99	116	120	120	122	123	131	124	114	129	94	135
1954	120	142	131	135	122	121	120	128	130	98	106	88	109	97	123	134	100	133
1955	101	103	124	102	108	134	91	131	122	139	124	115	110	121	99	70	69	73
1956	135	110	128	120	114	109	95	124	124	94	116	102	91	91	114	90	109	98
1957	132	134	111	120	105	111	106	119	133	130	106	116	134	104	110	113	109	126
1958	92	97	87	111	85	97	116	122	121	122	107	104	130	124	120	121	145	116
1959	85	101	144	123	136	137	132	152	130	166	154	152	123	168	102	114	104	89
1960	114	109	99	112	100	117	101	116	134	118	89	91	113	114	97	142	113	135
1961	90	80	90	90	83	92	87	89	93	79	85	80	73	75	86	77	76	77

Anhang IV zu:
F. STEINHAUSER, Die säkularen Änderungen der Niederschlagsmengen in Österreich.

Reihen der Niederschlagsmengen in verschiedenen Teilgebieten Österreichs im Herbst, ausgedrückt in Prozenten der Gebietsmittelwerte, 1891-1950.

Gebiet:	I.	II.	III.	IV.	V.	VI.	VII.	VIII.	IX.	X.	XI.	XII.	XIII.	XIV.	XV.	XVI.	XVII.	XVIII.
1852	-	-	-	-	-	74	-	-	-	-	-	-	-	-	-	-	-	-
1853	-	-	-	-	-	51	-	-	-	-	-	-	-	-	-	-	-	-
1854	-	-	-	-	-	76	-	-	-	-	-	-	-	-	-	-	-	-
1855	-	-	-	-	-	55	-	-	-	-	-	-	-	-	-	-	-	-
1856	-	-	-	-	-	104	-	-	-	-	-	-	-	-	-	-	-	-
1857	-	-	-	-	-	69	-	-	-	-	-	-	-	-	-	-	-	-
1858	-	-	-	-	87	70	-	-	-	-	-	-	-	-	-	-	-	-
1859	-	-	-	-	78	77	-	-	-	-	-	-	-	-	-	-	-	-
1860	-	-	-	-	76	84	-	-	-	-	-	-	-	-	-	-	-	-
1861	-	-	-	-	39	58	-	-	-	-	-	-	-	-	-	-	-	-
1862	-	-	-	-	49	47	-	-	-	-	-	-	-	-	-	-	-	-
1863	-	-	-	-	62	63	-	-	-	-	-	-	-	-	-	-	-	-
1864	-	-	-	-	77	90	-	120	-	-	-	-	-	-	-	-	-	-
1865	-	-	-	-	32	58	-	65	-	-	-	-	-	-	-	-	-	-
1866	-	-	-	-	77	99	-	110	-	-	-	-	-	-	-	-	-	-
1867	-	-	-	-	75	109	-	114	-	-	-	-	-	-	-	-	-	-
1868	-	-	-	-	42	55	-	60	-	-	-	-	-	-	-	-	-	-
1869	-	-	-	-	89	129	-	146	-	-	-	-	-	-	-	-	-	-
1870	-	-	-	-	158	131	-	136	-	-	-	-	-	-	-	-	-	-
1871	-	-	-	-	64	59	-	65	-	-	-	-	-	-	-	-	-	44
1872	-	-	-	-	70	107	-	68	-	-	-	-	-	-	-	-	-	150
1873	-	-	-	-	89	102	-	84	-	-	-	-	122	-	-	-	-	165
1874	62	-	-	-	58	78	-	70	-	-	-	-	72	-	-	-	-	55
1875	146	-	-	-	125	148	-	182	-	-	-	-	140	-	-	-	-	90
1876	90	-	-	67	71	99	-	105	-	-	-	-	80	-	-	-	-	57
1877	84	-	-	84	78	95	90	118	72	-	-	-	53	-	98	-	92	96
1878	95	-	-	246	99	102	130	130	123	-	-	-	122	-	134	-	190	207
1879	102	-	-	99	72	114	77	103	83	-	-	-	102	-	83	-	79	60
1880	126	99	-	102	96	97	94	113	75	111	-	-	82	-	110	85	100	111
1881	131	94	-	101	119	112	86	112	92	85	-	-	99	-	108	88	96	92
1882	152	110	-	104	90	101	119	120	74	93	-	-	97	-	166	172	160	211
1883	127	73	-	72	73	67	75	71	55	33	-	-	58	-	84	73	87	48
1884	74	82	-	85	94	104	77	114	117	114	-	-	138	-	91	104	78	52
1885	127	177	-	109	93	97	126	114	142	106	-	-	119	-	150	141	145	87
1886	57	63	-	76	58	59	60	58	42	34	-	-	59	43	64	74	92	65
1887	63	114	-	79	71	83	83	107	73	87	-	-	103	139	130	86	114	125
1888	137	120	-	103	73	81	83	118	120	87	-	-	70	95	97	110	104	126
1889	121	118	-	106	89	74	114	111	94	117	-	-	101	155	130	147	130	220
1890	112	91	-	90	121	158	117	136	163	128	-	-	107	120	116	90	92	78
1891	90	63	-	70	53	47	56	66	58	41	-	-	43	41	77	55	68	87
1892	131	126	-	112	97	91	124	116	133	114	-	-	115	104	88	108	74	97
1893	125	132	-	102	100	105	96	122	81	90	-	-	81	87	117	90	94	95
1894	97	102	-	102	88	86	91	120	117	144	-	-	130	120	131	119	107	64
1895	58	67	62	87	77	81	85	80	83	72	-	-	76	40	72	58	68	82
1896	112	104	62	110	78	82	86	66	76	66	64	68	87	50	102	133	115	183
1897	91	65	54	63	73	74	63	78	77	66	82	87	51	65	55	40	51	49
1898	100	104	71	80	57	44	68	51	65	94	63	52	66	106	88	82	95	128
1899	104	130	130	129	186	188	178	152	142	160	139	152	126	118	83	95	77	49
1900	65	59	57	60	63	60	55	83	72	84	92	87	88	98	93	87	100	84
1901	83	96	98	75	63	72	90	77	115	96	82	84	117	84	138	113	107	104
1902	78	101	102	77	73	55	64	62	59	77	71	57	53	60	73	77	75	64
1903	124	135	117	145	118	140	162	112	152	148	118	128	174	149	122	176	151	191
1904	107	118	122	130	140	164	152	125	150	172	156	191	185	153	115	136	118	117

Fortsetzung der Tabelle Anhang IV.

Gebiet:	I.	II.	III.	IV.	V.	VI.	VII.	VIII.	IX.	X.	XI.	XII.	XIII.	XIV.	XV.	XVI.	XVII.	XVIII.
1905	117	124	125	110	117	117	112	119	130	113	114	119	123	118	144	118	120	116
1906	66	95	90	96	97	138	129	122	157	172	147	147	146	146	95	113	197	126
1907	48	56	55	74	65	71	71	56	50	61	49	59	85	64	97	93	101	145
1908	79	59	56	47	50	61	53	65	65	43	52	60	46	31	43	53	55	44
1909	97	78	80	92	87	106	85	103	90	88	88	102	79	87	75	88	112	76
1910	127	91	117	84	101	116	102	135	142	141	130	128	140	187	120	86	98	81
1911	93	82	67	96	62	61	89	72	58	72	67	70	104	75	94	145	130	133
1912	122	123	137	137	147	165	160	150	120	138	138	147	115	107	126	114	124	106
1913	124	116	130	106	156	185	183	146	106	105	127	144	180	108	104	119	108	107
1914	81	79	126	87	118	139	116	114	89	102	74	145	139	88	59	62	71	90
1915	72	66	89	81	105	93	90	120	142	160	146	112	146	141	124	102	120	84
1916	132	163	117	147	162	100	112	118	88	121	106	104	127	80	158	181	182	178
1917	125	100	93	111	82	117	110	88	94	71	84	79	112	103	122	148	137	126
1918	71	93	82	91	62	73	76	74	79	100	91	80	103	117	107	118	124	126
1919	101	100	84	109	90	95	95	112	120	145	138	92	132	136	124	138	124	111
1920	67	70	78	74	109	57	77	54	40	23	42	42	69	38	59	87	93	69
1921	104	94	88	71	93	85	96	76	86	74	102	89	90	71	51	46	30	14
1922	163	155	189	145	144	176	148	180	147	192	180	196	196	196	168	128	108	102
1923	122	117	86	104	85	91	98	97	112	101	96	87	104	99	133	126	144	116
1924	71	62	69	54	83	81	74	92	82	56	88	74	72	56	64	73	60	64
1925	107	67	109	117	97	104	104	99	94	87	78	100	106	104	142	113	118	99
1926	90	98	78	105	71	64	73	87	84	74	71	69	78	60	97	131	147	184
1927	138	113	105	113	99	86	94	92	89	61	87	82	86	67	110	102	123	127
1928	105	126	107	108	102	90	106	102	121	100	104	83	101	94	106	95	108	154
1929	76	87	74	110	84	83	132	74	65	61	69	74	76	63	88	80	100	102
1930	152	124	96	117	139	126	121	132	181	146	149	129	140	200	131	95	114	103
1931	75	82	93	100	103	113	96	104	111	107	120	128	115	103	96	91	100	119
1932	94	108	103	110	106	95	104	92	85	72	89	103	108	72	108	120	84	87
1933	98	128	110	129	106	90	114	84	77	96	80	83	100	104	141	162	180	156
1934	102	87	86	86	66	62	61	48	45	43	51	60	75	62	88	93	120	118
1935	119	145	113	156	103	97	126	106	136	118	126	104	109	104	106	114	114	194
1936	101	83	100	100	118	135	123	134	118	113	129	157	136	128	87	64	75	42
1937	97	120	101	118	143	106	140	120	104	130	125	111	132	125	133	172	162	130
1938	54	61	54	63	71	78	63	78	71	68	76	82	81	116	53	65	51	67
1939	179	157	141	136	119	134	134	139	177	152	143	136	133	108	116	115	97	105
1940	135	112	102	107	109	81	99	115	113	76	91	74	72	79	132	114	138	139
1941	105	91	116	95	90	130	110	124	130	120	141	134	117	108	81	58	44	50
1942	102	133	118	138	135	133	127	96	94	96	96	110	72	72	41	63	76	98
1943	71	68	52	67	58	61	70	82	109	75	71	60	65	52	75	86	74	78
1944	173	190	168	130	129	132	94	123	131	129	136	115	138	186	133	122	126	109
1945	105	105	117	138	141	125	102	91	92	132	109	143	139	134	63	92	47	52
1946	66	62	56	86	73	77	62	68	70	83	72	62	65	92	71	57	60	45
1947	93	79	92	56	111	109	90	94	90	72	86	98	80	65	49	48	57	72
1948	47	48	40	56	46	35	35	46	46	56	47	57	54	84	70	57	80	67
1949	69	87	76	80	66	76	80	70	57	74	84	77	93	78	89	100	106	116
1950	133	128	120	113	134	145	129	161	153	196	207	179	170	218	133	113	94	84
1951	72	61	60	70	66	76	83	74	75	78	91	81	86	65	109	109	90	110
1952	168	177	130	137	134	152	134	150	172	128	135	126	96	81	113	104	91	118
1953	59	38	46	47	38	39	39	41	28	37	31	38	41	45	70	50	57	125
1954	106	91	118	108	122	128	82	106	105	97	87	91	111	85	102	85	67	44
1955	73	125	86	80	65	70	92	62	70	90	80	77	95	84	99	105	78	84
1956	101	128	121	123	113	126	110	105	113	112	124	98	114	101	79	108	86	102
1957	61	66	59	71	57	66	56	62	80	88	78	73	76	83	59	57	70	74
1958	120	164	131	158	128	135	153	117	105	106	126	122	117	81	118	140	100	100
1959	69	54	49	52	35	36	43	35	45	32	33	37	36	40	56	60	66	110
1960	135	146	96	122	84	86	100	88	100	93	90	88	109	96	118	128	141	189
1961	47	42	49	66	38	41	64	61	66	79	60	70	96	101	106	106	107	111

Anhang V zu :
F.STEINHAUSER, Die säkularen Änderungen der Niederschlagsmengen in Österreich.

Reihen der Niederschlagsmengen in verschiedenen Teilgebieten Österreichs im Winter, ausgedrückt in Prozenten der Gebietsmittelwerte 1891-1950.

Gebiet:	I.	II.	III.	IV.	V.	VI.	VII.	VIII.	IX.	X.	XI.	XII.	XIII.	XIV.	XV.	XVI.	XVII.	XVIII.
1852/53	-	-	-	-	-	30	-	-	-	-	-	-	-	-	-	-	-	-
1853/54	-	-	-	-	-	85	-	-	-	-	-	-	-	-	-	-	-	-
1854/55	-	-	-	-	-	124	-	-	-	-	-	-	-	-	-	-	-	-
1855/56	-	-	-	-	-	68	-	-	-	-	-	-	-	-	-	-	-	-
1856/57	-	-	-	-	-	32	-	-	-	-	-	-	-	-	-	-	-	-
1857/58	-	-	-	-	41	44	-	-	-	-	-	-	-	-	-	-	-	-
1858/59	-	-	-	-	57	61	-	-	-	-	-	-	-	-	-	-	-	-
1859/60	-	-	-	-	58	71	-	-	-	-	-	-	-	-	-	-	-	-
1860/61	-	-	-	-	81	75	-	-	-	-	-	-	-	-	-	-	-	-
1861/62	-	-	-	-	136	157	-	-	-	-	-	-	-	-	-	-	-	-
1862/63	-	-	-	-	75	99	-	-	-	-	-	-	-	-	-	-	-	-
1863/64	-	-	-	-	76	89	-	100	-	-	-	-	-	-	-	-	-	-
1864/65	-	-	-	-	24	46	-	68	-	-	-	-	-	-	-	-	-	-
1865/66	-	-	-	-	66	61	-	88	-	-	-	-	-	-	-	-	-	-
1866/67	-	-	-	-	93	128	-	154	-	-	-	-	-	-	-	-	-	-
1867/68	-	-	-	-	38	117	-	128	-	-	-	-	-	-	-	-	-	-
1868/69	-	-	-	-	98	115	-	126	-	-	-	-	-	-	-	-	-	-
1869/70	-	-	-	-	69	50	-	81	-	-	-	-	-	-	-	-	-	-
1870/71	-	-	-	-	91	69	-	95	-	-	-	-	-	-	-	-	-	140
1871/72	-	-	-	-	39	32	-	44	-	-	-	-	-	-	-	-	-	69
1872/73	-	-	-	-	80	66	-	69	-	-	-	-	-	-	-	-	-	216
1873/74	59	-	-	-	61	73	-	76	-	-	-	59	-	-	-	-	-	48
1874/75	116	-	-	-	94	78	-	113	-	-	-	70	-	-	-	-	-	179
1875/76	102	-	-	110	104	113	-	122	-	-	-	146	-	-	-	-	-	128
1876/77	128	-	-	99	120	151	-	146	-	-	-	124	-	-	-	-	112	85
1877/78	119	-	-	74	101	109	142	148	75	-	-	134	-	78	-	66	32
1878/79	111	-	-	83	59	53	51	82	78	-	-	50	-	154	-	152	128
1879/80	48	-	-	85	66	53	65	83	80	37	-	59	-	73	43	61	45
1880/81	68	74	-	86	121	105	93	85	62	66	-	-	83	-	43	74	41	21
1881/82	29	22	-	42	35	39	29	44	50	23	-	-	34	-	26	17	27	44
1882/83	107	99	-	110	70	128	104	128	128	82	-	-	130	-	85	136	74	107
1883/84	138	146	-	72	92	114	110	92	90	64	-	-	83	-	59	98	45	25
1884/85	63	64	-	61	50	48	50	49	42	47	-	-	66	-	130	106	81	89
1885/86	56	58	-	55	59	54	53	76	91	73	-	-	66	-	122	65	111	88
1886/87	47	58	-	61	49	42	58	78	84	52	-	-	80	60	116	128	142	164
1887/88	139	132	-	107	112	129	122	109	57	118	-	-	145	155	96	140	116	121
1888/89	65	60	-	54	54	81	51	88	51	50	-	-	68	74	82	30	57	45
1889/90	41	30	-	37	33	46	46	58	51	97	-	-	52	91	31	36	35	37
1890/91	37	33	-	43	42	30	29	64	29	94	-	-	44	68	84	53	54	78
1891/92	167	174	-	173	148	182	138	194	98	78	-	-	159	134	87	138	95	141
1892/93	104	108	-	105	98	103	132	109	120	116	-	-	81	84	55	98	75	46
1893/94	73	75	-	58	51	48	57	37	31	40	-	-	45	12	31	49	48	36
1894/95	72	50	-	50	48	45	68	69	63	62	-	-	62	42	110	63	124	111
1895/96	126	150	120	70	114	113	110	121	126	118	111	121	128	158	96	90	74	78
1896/97	113	59	61	53	66	70	54	81	84	60	74	63	50	73	79	71	89	97
1897/98	103	118	79	91	80	92	91	62	79	62	65	81	83	42	83	114	138	156
1898/99	106	128	100	113	87	91	89	88	82	74	76	87	74	45	57	106	105	76
1899/00	156	129	131	128	114	101	106	120	105	140	124	102	123	172	142	131	156	178
1900/01	73	64	64	45	68	68	54	84	91	95	92	78	77	82	50	50	55	63
1901/02	76	85	73	77	65	75	78	84	106	100	117	87	99	80	175	148	159	192
1902/03	102	119	107	90	98	97	116	93	133	138	113	120	154	106	79	106	93	95
1903/04	65	55	67	69	48	54	68	51	75	103	64	70	116	105	208	135	193	170
1904/05	86	68	115	143	113	127	190	99	132	130	101	116	180	82	114	174	128	135

Fortsetzung der Tabelle Anhang V.

Gebiet:	I.	II.	III.	IV.	V.	VI.	VII.	VIII.	IX.	X.	XI.	XII.	XIII.	XIV.	XV.	XVI.	XVII.	XVIII.
1905/06	75	77	80	58	66	67	54	79	92	102	79	84	97	90	74	61	87	81
1906/07	122	116	179	119	134	161	160	113	125	134	101	119	107	72	132	91	111	63
1907/08	134	97	117	94	120	121	97	122	126	119	107	112	100	103	89	63	79	58
1908/09	66	50	55	92	96	103	112	103	121	143	104	124	119	73	82	84	78	93
1909/10	148	163	162	165	166	109	140	136	100	106	105	106	146	136	220	194	245	175
1910/11	81	63	72	62	68	87	87	87	95	104	86	89	108	67	52	54	61	79
1911/12	119	128	116	101	126	152	140	142	112	119	120	126	104	102	98	75	89	100
1912/13	73	76	77	70	71	82	71	55	56	51	45	67	64	44	42	40	29	22
1913/14	136	122	122	106	98	106	104	88	74	77	68	94	87	81	79	88	105	122
1914/15	92	106	134	105	107	101	93	116	95	115	114	91	102	130	170	95	232	278
1915/16	135	156	104	126	140	138	130	144	172	120	134	128	132	109	94	122	89	91
1916/17	89	130	64	158	97	83	129	88	95	112	80	87	139	99	176	222	250	350
1917/18	65	58	46	53	46	70	73	74	70	101	70	88	106	105	63	76	51	41
1918/19	146	182	130	177	124	119	118	137	116	116	133	110	123	132	136	171	134	203
1919/20	118	155	135	132	147	157	136	152	187	111	174	114	110	152	44	89	51	79
1920/21	69	98	104	100	102	125	135	125	126	142	139	126	174	157	155	133	116	102
1921/22	134	124	113	104	106	143	120	122	126	113	139	122	124	94	62	64	40	26
1922/23	129	132	137	121	154	140	153	152	132	136	142	137	119	112	98	112	68	114
1923/24	113	132	116	110	99	121	144	111	119	131	111	114	136	84	108	130	81	91
1924/25	58	64	68	91	56	59	55	63	54	50	61	54	49	58	59	91	108	167
1925/26	101	90	94	100	115	113	103	119	117	99	84	94	105	101	75	110	87	96
1926/27	99	119	110	110	125	121	119	89	73	83	86	99	113	83	100	80	69	83
1927/28	85	76	88	82	109	88	85	96	80	62	86	90	95	94	64	71	45	53
1928/29	69	61	58	56	78	59	62	79	73	102	91	78	110	126	115	86	88	83
1929/30	65	60	44	61	75	58	55	79	60	84	88	85	88	103	69	54	64	67
1930/31	126	107	109	96	112	91	93	93	95	116	101	92	105	133	132	107	128	131
1931/32	82	89	86	84	98	97	89	76	80	59	76	93	90	60	53	45	51	29
1932/33	63	70	65	46	79	66	57	72	68	75	101	72	72	100	77	55	64	77
1933/34	52	46	59	73	69	71	66	60	65	77	80	84	113	103	83	89	94	108
1934/35	157	204	143	145	154	149	154	127	128	121	123	134	134	117	110	180	140	164
1935/36	116	77	99	95	104	80	90	89	82	66	82	94	116	72	180	124	200	155
1936/37	134	159	144	115	126	124	108	123	111	87	112	100	69	86	69	92	72	95
1937/38	114	104	126	77	91	114	94	97	98	84	102	105	99	108	112	76	111	65
1938/39	74	57	52	66	66	69	53	80	66	84	72	67	64	97	92	71	71	87
1939/40	111	89	81	81	91	61	65	85	71	98	78	65	81	117	92	56	88	72
1940/41	95	108	82	51	76	71	58	103	122	130	88	78	87	123	106	74	87	80
1941/42	82	100	81	70	81	85	73	102	96	95	95	102	105	61	116	81	83	52
1942/43	62	83	63	63	83	65	64	60	65	39	57	71	20	115	56	44	50	44
1943/44	93	118	124	94	93	134	118	134	119	86	155	178	146	100	55	47	50	40
1944/45	96	124	98	143	214	103	104	135	88	102	126	118	144	70	122	122	121	78
1945/46	124	179	158	94	162	147	116	148	145	129	109	162	164	106	44	71	75	89
1946/47	69	102	74	99	76	66	71	111	92	142	79	81	97	157	167	94	135	124
1947/48	156	250	205	183	195	212	216	204	208	235	178	211	210	164	132	178	129	154
1948/49	68	100	60	84	69	95	81	59	51	53	54	76	77	69	47	168	61	56
1949/50	119	184	140	162	50	134	121	122	114	102	118	137	130	97	88	109	97	85
1950/51	106	190	126	193	102	84	121	65	76	66	66	62	104	75	221	251	255	410
1951/52	129	100	128	117	120	153	101	130	135	119	141	138	111	121	134	100	115	74
1952/53	85	56	60	67	61	75	56	64	71	79	67	68	71	69	84	58	73	66
1953/54	110	128	100	126	110	91	103	82	60	85	71	71	83	67	70	109	38	70
1954/55	172	174	135	149	126	117	118	130	148	146	125	99	115	126	115	173	123	144
1955/56	102	92	84	89	88	87	78	85	83	81	82	90	78	71	61	57	40	34
1956/57	94	86	102	114	123	146	116	111	87	92	93	112	124	93	72	68	61	60
1957/58	130	116	110	119	123	115	134	154	158	120	161	128	110	82	112	146	127	117
1958/59	93	76	90	75	70	88	82	75	84	78	78	71	64	76	65	76	79	77
1959/60	103	109	110	119	117	123	102	127	103	115	105	86	92	126	119	92	133	140
1960/61	91	97	88	110	67	75	91	68	70	77	66	92	80	75	93	139	158	181

If you have any concerns about our products,
you can contact us on
ProductSafety@springernature.com

In case Publisher is established outside the EU,
the EU authorized representative is:
**Springer Nature Customer Service Center GmbH
Europaplatz 3, 69115 Heidelberg, Germany**

Printed by Libri Plureos GmbH
in Hamburg, Germany